现代工程训练与创新实践丛书

机械工程训练理论基础

主　编　刘彬彬
副主编　王　群　易守华　曹　益

中国水利水电出版社
www.waterpub.com.cn
·北京·

内容提要

本书根据教育部最新发布的《关于开展新工科研究与实践的通知》和《关于推进新工科研究与实践项目的通知》的指导编写而成，以实用、精炼为原则，强调理论联系实际，同时兼顾了教材广泛的适用性。全书共分为12章，分别介绍了工程训练的目的、内容及意义和相关的安全知识、工程材料相关知识、铸造及金属材料成型方法、材料连接技术及不同材料表面改性和防护技术、传统加工方法及先进制造技术、钳工与装配技术、产品质量检验与控制、陶艺及水处理生产工艺流程和相关设备等。本书配套系列丛书中的《机械工程训练综合实践》一起使用效果更佳。

本书主要作为本科院校机械类和近机类专业学生进行工程训练的教材及开设本课程的其他专业的选用教材，也可供高等职业院校及成人教育同类专业选用，还可供相关工程技术人员参考。

图书在版编目（CIP）数据

机械工程训练理论基础 / 刘彬彬主编. -- 北京 :
中国水利水电出版社, 2018.10
（现代工程训练与创新实践丛书）
ISBN 978-7-5170-6411-4

Ⅰ. ①机… Ⅱ. ①刘… Ⅲ. ①机械工程－高等学校－
习题集 Ⅳ. ①TH-44

中国版本图书馆CIP数据核字(2018)第074367号

书　　名	现代工程训练与创新实践丛书 **机械工程训练理论基础** JIXIE GONGCHENG XUNLIAN LILUN JICHU
作　　者	主　编　刘彬彬 副主编　王　群　易守华　曹　益
出版发行	中国水利水电出版社 (北京市海淀区玉渊潭南路1号D座　100038) 网址：www. waterpub. com. cn E-mail：sales@waterpub. com. cn 电话：(010) 68367658（营销中心）
经　　售	北京科水图书销售中心（零售） 电话：(010) 88383994、63202643、68545874 全国各地新华书店和相关出版物销售网点
排　　版	北京智博尚书文化传媒有限公司
印　　刷	三河市龙大印装有限公司
规　　格	170mm×240mm　16开本　13.5印张　240千字
版　　次	2018年10月第1版　2018年10月第1次印刷
印　　数	0001—3000册
定　　价	39.00元

现代工程训练与创新实践丛书编委会

序

SEQUENCE

高等教育发展水平是一个国家发展水平和发展潜力的重要标志。习近平总书记指出，“我们对高等教育的需要比以往任何时候都更加迫切，对科学知识和卓越人才的渴求比以往任何时候都更加强烈”。当前世界范围内新一轮科技革命和产业变革加速进行，综合国力竞争愈加激烈。为响应国家战略需求，支撑服务新经济和新兴产业，推动工程教育改革创新，2017 年 2 月，我国高等工程教育界达成了“新工科”建设共识，加快了培养创新型卓越科技工程人才的步伐。在工程教育体系中，工程训练课程是最基本、最有效、学生受益面最广的工程实践教育资源，其作用日趋凸显，是人才培养方案中不可或缺的实践环节。

“现代工程训练与创新实践丛书”（下称“丛书”）正是在上述背景下，针对新一轮科技革命和产业变革对工程实践教育及人才培养的新要求，深入开展创新教学研究和实践而形成的教学改革成果。它以大工程为基础，以适应现代工程训练为原则，强调综合性、创新性和先进性的同时，兼顾教材广泛的适用性。

丛书由多位具有多年实践教学经验的实验教师和工程技术人员共同编写，主要以机械、材料、电工、电子、信息等学科理论为基础，以工程应用为导向，集基础技能训练、工程应用训练、综合设计与创新实践于一体。其特色与创新之处在于：

第一，编者阵容强大，教学经验丰富。本套教材的主编及参编人员均来自湖南大学，长期从事本专业的教学工作，且大多有着博士学位。本套丛书是这些教师长期积累的教学经验和科研成果的总结。

第二，精选基础内容，重视先进技术。建立了传统内容与新知识之间良好的知识构架，适应社会的需求。重视跟踪科学技术的发展，注重新理论、新技术、新材料、新工艺、新方法的引进，力求使教材内容具有科学性、先进性、时代性和前瞻性。

第三，体例统一规范，教学形式新颖。重视处理好教材的体例及各章节间的内部逻辑关系，力求符合学生的认识规律。实训操作要领配套了大量视频，通过扫描二维码即可观看学习。以学生为中心，充分利用学生零散时间，将教学形式最优化，能实现工程训练泛在化学习。

第四，重视工程实践，注重项目引导。改变以往教材过于偏重知识的倾向，重视实际操作。注重理论与实际相结合，设计与工艺相结合，分析与指导相结合，培养学生综合知识运用能力。将科研成果、企业产品引入教材，引导学生通过实践训练培养创新思维能力和群体协作能力，建立责任意识、安全意识、质量意识、环保意识和群体意识等，为毕业后更好地适应社会不同工作的需求创造条件。

“博于问学，明于睿思，笃于多为，志于成人”是岳麓书院的优秀传统，揭示了人要成才，必须认真学习积累基础知识，勤于思考问题，还要多动手、多实践、更要有立志成才的理想。2016 年 6 月 2 日，中国成为国际本科工程学位互认协议《华盛顿协议》的正式会员，标志着我国工程教育进入了新的阶段。工程教育的基本定位是培养学生解决复杂工程问题的能力。工程训练的教学目标是学习工艺知识，增强工程实践能力，提高工程素质，培养创新精神，提升就业创业能力。因此，丛书的出版正逢其时。它不仅仅是一套教材，更是自始至终的教育支持，无论是学校、机构培训还是个人自学，都会从中得到极大的收获。

当然，人无完人，金无足赤，书无完书，本套教材肯定会有不足之处，恳请专家和读者批评指正。

现代工程训练与创新实践丛书编委会

2018 年 9 月

前言
FOREWORD

本书主要作为本科院校学生进行工程训练的教材，也可作为从事机械制造的工程技术人员的参考书。本书共分为12章。第1章为绪论，主要介绍工程训练的目的、内容及意义和相关的安全知识；第2章为工程材料，主要介绍工程材料的发展与分类，材料的力学性能和结构；第3章为铸造，主要介绍常规的铸造方法和铸造新方法；第4章为材料成型，主要介绍了锻压、轧制、挤压、拉拢和板料成型方法；第5章为材料连接技术，主要介绍焊接技术、胶接技术和机械连接技术等；第6章为不同材料表面改性和防护技术；第7章为机械加工，主要介绍切削相关基础知识、切削机床设备；第8章为钳工与装配；第9章为先进制造技术，主要介绍数控加工、特种加工和逆向工程技术等；第10章为质量检验与控制，主要介绍检验工具及检验方法；第11章为陶艺制作工艺，主要介绍现代陶艺制作的基础知识及工具的使用；第12章为生产工艺流程，主要介绍纯净水的生产的流程及灌装生产线的相关设备。

本书第1章、9.1节第一、二部分和7.4节由王群同志编写；第2章、第4章和第6章由刘彬彬同志编写；第3章由文思维同志编写；7.1～7.3节由曾益华同志编写；第8章和9.2节由曹益同志编写；9.1节第三部分和7.5节由易守华同志编写；第5章和10.3节由李英芝同志编写；10.1、10.2、10.4～10.6节由田万一同志编写并参与了机械部分统稿工作；9.3节由吴占涛同志编写；第11章由张小兰同志编写；第12章由杨灵芳同志编写。刘彬彬同志对全书进行了统稿。

为便于学生阅读和理解，我们将部分资料制作成文档及视频，以二维码的形式印在书中，读者可通过扫码进行学习。

在编写过程中，编者参考了诸多论著和教材，在此对各位作者深表谢意。

限于编者的水平，本书中难免有不妥之处，恳请读者不吝指正。

图书资源总码

编　者

2018年6月

目录 CONTENTS

第1章 绪论

1.1 工程训练的目的、内容和意义

工程训练是高等工程教育不可或缺的组成部分。该训练的目的是培养学生的工程实践能力、团队协助精神和创新意识，通过工艺基础知识的学习及系统性综合项目的训练，增强工程实践能力，提高工程素质，培养创新精神。在一个特定的环境中，学生通过典型的工艺基础及综合项目训练，不仅要获得专业基础知识，更要获得解决实际问题的能力，养成良好的工程素养。英国著名工程教育专家齐斯霍姆曾说："要想培养出真正的外科医生，必须有外科医生资格的师资，有外科手术室的学习环境。"培养工程师也是如此，要具有工程师资格的老师和一个充满活力的工业实践环境。

工程训练主要内容包括工程安全、工程材料及热处理、铸造、锻压、焊接、切削加工基础、车削加工、铣削加工、磨削加工、钳工、特种加工（光、电、声等）、数控加工、CAD/CAM 等基础工艺训练。随着社会发展的需要，工程训练（金工实习）在传统的基本教学上，不断在更新现代机械制造的新技术、新工艺、新材料等内容。目前，因普遍认识到系统性综合项目的训练在培养学生的工程实践能力、综合工程素质、创新精神、创新思维和创新能力起到的重要作用，故很多工程训练内容中增加了综合项目制训练。

国外很多高校的工程素质的培养是借助企业的力量来完成的，如德国，5 年的学习中有 1/2 的时间到企业进行工业训练或当助研，参与老师的科研。受我国国情的影响，基于诸多问题，我国学生的工程教育企业还承担的很少。因此，我国的工程训练的意义在于在一个虚拟与真实相结合的环境中，通过工程材料基础、材料成形与热处理、基本制造技术、数控加工基础及综合项目训练，使学生掌握基本操作技能，并培养在课堂上无法体会的工程意识（包括责任意识、安全意识、群体意识、环保意识、经济意识、管理意识、市场意识、竞争意识、法律意识、社会意识和创新意识等）。强调学生的实践训

练，切实提高学生的工程素质、实践能力以及解决实际问题的能力。在此基础上进一步激发学生的创新意识，培养学生的创新思维和创新精神。实践是内容最丰富的教科书；实践是实现创新最重要的源泉；实践是贯穿素质教育最好的课堂；实践是心理自我调节的一剂良药；实践是完成从知识到能力，从简单到综合，从聪明到智慧转化的催化剂。

1.2 机械工程概论

1.2.1 机械

机械一词的英文 machine 来源于希腊语中 mechine 及拉丁文 machina，原指“巧妙的设计”。作为一般性的机械概念，可以追溯到古罗马时期，当时对机械的定义主要是为了与手工工具进行区别。古罗马建筑师维特鲁威对于搬运重物能发挥效力的机械和工具作了区分：机械是以一人或多人与很人的力量结合而发生重大效应，如吊车；而工具则是基本由一名操纵人员通过合适的处理方法来达到目的，如钳子。因此机械和工具都是不可缺少的东西。英国机械学家威利斯所给的定义是：“任何机械都是由用各种不同方式连接起来的一组构件组成，使其一个构件运动，其余构件将发生一定的相应运动，这些构件与最初运动之构件的相对运动关系取决于它们之间连接的性质。”德国机械学家勒洛的定义为“机械是由多个具有抵抗力的物体组成的组合体，其组合方式及一定的确定运动，使其能够强迫自然界的机械力做功”。

中文中“机械”由“机”与“械”两个字组成。“机”指局部的关键机件；“械”指古代某一整体器械或器具。两字连在一起，组成“机械”一词，即指一般性的机械概念。

机构和机器的定义源自于机械工程学，是现代机械原理中的最基本的概念，是一切具有确定运动系统的机器和机构的总称。机械能够将能量、力从一个地方传递到另一个地方，能改变物体的形状结构创造出新的物件。在生活中，有数不清的不同种类的机械在为我们工作。机械的日常理解就是机械装置，也就是各种机器与器械，具有相当重要的基础地位。生活中接触的各种物理的装置，如电灯、电话、电视机、冰箱、电梯等等都包含有机器的成分，或者包含在广义的机械之中，而从生产中来看，各种机床、自动化装备、飞机、轮船、火箭等，都少不了机械。所以，机械是现代社会的基础。任何现代产业或领域都离不开应用机械，就是人们的日常生活，也越来越多地依赖各种机械，如自行车、汽车、火车、钟表、相机、洗衣机、冰箱、空调机、吸尘器、手机等。

总体来讲，机械是通过巧妙的整体设计实现各部分之间确定的相对运动，可以代替人完成有用的机械功或转换机械能的多个实物构件的组合体。它一般包括原动机、传动装置和工作机三个基本部分。机械是工业之母，是现代社会进行生产和服务的六大要素（即人、资金、信息、能量、材料和机械）之一，并且能量和材料的生产还必须有机械的参与。机械是机器和机构的总称。

1.2.2　工程

“工程”一词源于18世纪的欧洲，本来只与兵器制造、军事活动有关。随着人类文明的不断发展，人们可以制造出比单一产品更大、更复杂的产品，这些产品不再只与军事兵器相关，而是发展到诸多领域，且结构或功能不再单一，即各种各样的所谓的“人造系统”（比如建筑物、交通道路、轮船、飞机、火箭等），于是就产生了工程的概念，并且它逐渐发展为一门独立的学科和技艺。

现代社会中，“工程”一词有广义和狭义之分。狭义“工程”定义为“以设想的目标为依据，应用相关的科学知识和技术手段，通过有组织的一群人将某个（或某些）现有实体（自然的或人造的）转化为具有预期使用价值的人造产品的过程”。广义“工程”定义是由一群（个）人为达到某种目的，在一个较长时间进行协作（或单独）活动的过程。

工程其实就是综合应用科学理论和技术手段，使自然资源最佳地为人类服务的专门技术的综合 。它是为了满足特定的社会需要，由具有专门知识和技能的人所从事的研究、设计、开发、制造、运行、营销、管理和咨询等诸多活动过程，以及这种过程所使用和创造的各种手段、知识和规则的总和。

1.2.3　机械工程

根据不同领域，不同用途，可将工程分为很多类，本书主要是指机械工程。

机械工程（mechanical engineering）：以有关的自然科学和技术科学为理论基础，结合生产实践中的技术经验，研究和解决在开发、设计、制造、安装、运用和修理各种机械中的全部理论和实际问题的应用学科。

各个工程领域的发展都需要机械工程提供所必需的机械基础，都需要机械工程有与之相适应的发展。某些专业机械的发明和完善，又会推动新的工程技术和新的产业的出现和发展。例如内燃机、燃气轮机、火箭发动机等的发明和进步，以及飞机和航天器的研制成功导致了航空、航天事业的兴起；

机车的发明促进了铁路工程和铁路事业的兴起；高压设备的发展促进了许多新型合成化学工程的成功；大型动力机械的制造成功，促成了电力系统的建立等。

机械工程在各领域不断提高的需求的压力下获得发展动力，同时又从各个学科和技术的进步中得到改进和创新的能力。

18世纪以前，机械工匠师全凭直觉、手艺和个人经验进行机械加工制作。直到18—19世纪，才逐渐形成机械工程的基础理论。最先是动力机械与科学相结合，成为一门新的学科——热力学。19世纪初，研究结构和运动的机构学第一次被列为高等工程学院（巴黎的工艺学院）的课程。从19世纪后半期起，开始在设计计算时考虑材料的疲劳。随后断裂力学、实验应力分析、有限元法、数理统计、电子计算机等相继被用在设计计算中。

机械工程以提高劳动生产率、增加生产、提高生产的经济性为目标，来研制和发展新的机械产品或技术。在资源日趋耗尽的未来，新产品的研制将以降低资源消耗，发展干净的可再生能源，治理、减轻乃至消除环境污染作为最终的目标任务。

机械可以完成人能完成和不能完成的工作，而且完成得更好、更快。现代机械工程创造出越来越复杂、越来越精巧、功能越来越完善的机械及机械装置，使过去的许多不敢想象的东西变成现实。如目前人类已能远窥百亿光年，近察细胞和分子，甚至上天（飞机、火箭等），入海（蛟龙号等）。目前，人类可以使用计算机来模拟人的某些思维过程和智能行为，加强并部分代替人脑，这就是人工智能。这一领域的发展已经深入到人类生活的很多方面，显示出巨大的影响力，而且在未来它还将不断创造出人们无法想象的奇迹。

人工智能与机械工程之间的关系类似于人的大脑与手脚之间的关系，但人工智能的硬件还需要利用机械制造出来。过去，各种机械离不开人的操作和控制，其制造速度和精度受到人脑和神经系统的限制，人工智能的出现将会消除这个限制。计算机科学与机械工程学科之间互相促进，会使得机械工程在更高的层次上开始新的发展。

1.3　工程训练安全

为适应机械工程及社会的发展，我国逐步加大了对工程教育的重视和投入力度，全国各地正在掀起建设工程训练中心的热潮。或在原有实习工厂的基础上加以拓展，或通过整合校内资源，或采取新建训练基地或中心等措施，使工程训练基地的规模空前扩大，训练内容不断拓展，与此同时也带来训练安全保障的问题。

工程训练是一门实践性很强的课程，主要以工业素质教育和创新能力培养为核心，它与一般的理论性课程不同，主要学习环境不是在教室，而在车间或实训室。所有的工程训练中心，都拥有一套完整的管理制度，主要包括设备管理制度、设备安全操作规程、学生实习守则、安全卫生制度等，这些管理制度的制定，目的是防止发生人身安全和设备安全事故。

1.3.1 相关法规

为了保障人民群众的生命财产安全，有效遏制生产安全事故的发生，国家颁布了一系列法律法规，从法律上保证了安全生产的顺利进行。具体可扫二维码查阅全文。

1-1 相关法规

1.3.2 机械安全

机械设备是现代生活中各行各业不可缺少的生产设备。但是，因为设备自身（如设计、制造、安装、维护等存在缺陷）、使用环境（如光线不足、场地狭窄等）或人为（如对设备性能不熟悉、操作不当、违反安装操作规程等）等原因，人们在使用机械的过程中，存在着各种潜在危险。

机械伤害事故的形式多样，如挤压、碾压、搅、磨、被弹出物体砸到等，一旦发生损失惨重。当发现有人被机械伤害时，即使及时紧急制动，但因设备惯性作用，仍可能受到伤害，甚至身亡。

1. 机械的危险

机械的危险分为静止机械和运动机械的危险。

静止的机械如装有刀具等利器，有被割伤的危险；机械表面有水或油时，有重物滑落砸伤的危险，如刀具、工具或工件应放置合适的位置，以免滑落砸伤。

运动的机械分为直线运动和旋转运动。机械直线运动有砸伤或挤压伤的危险，如刨床的滑枕、外圆磨床的工作台、数控铣床的工作台等在运动过程中，人进入其运动范围内，可能会被砸伤或挤压伤。旋转运动的机械更加危险，如车、铣、钻等机床的刀具和工件旋转时，人靠近有被碰伤或卷入的危险。运动的机械还存在飞出物击伤人的危险。

2. 机械伤害的形式

1）引入或卷入碾轧的危险。引起这类伤害的主要是相互配合的运动副，如轮子与轨道、车轮与路面等滚动的旋转引发的碾轧；啮合的齿轮之间以及齿轮与齿条之间，带与带轮、链与链轮进入啮合部位的夹紧点，两个相对回转运动的辊子之间引发的引入或卷入等。

2）挤压、剪切和冲击的危险。引起这类伤害的是做往复直线运动的部件。其运动轨迹可能是横向的，如牛头刨床的滑枕、机床的移动工作台、运转中的带链等；也可能是垂直的，如压力机的滑块、机床的升降台、剪切机的压料装置和刀片等。做直线运动特别是相对运动的两部件之间、运动部件与静止部件之间可能产生对人的夹挤、冲撞或剪切伤害。

3）卷绕和绞缠的危害。引起这类伤害的是做回转运动的机械部件。如有回转运动的机床的主轴或工件；轴类零部件，包括联轴器、主轴、丝杠等；旋转运动的机械部件的开口部分，如链轮、齿轮、皮带轮等圆轮形零件的轮辐，旋转凸轮的中空部位；回转件上的突出形状，如安装在轴上的凸出键、螺栓或销钉、手柄等。旋转运动的机械部件易将人的头发、饰物（如项链）、手套、肥大衣袖或下摆卷绕，继而引起对人的伤害。

4）飞出物打击的危险。由于发生断裂、松动、脱落或弹性势能等机械能释放，使失控物件反弹或飞甩对人造成伤害。例如，由于螺栓的松动或脱落，引起被紧固的运动零部件由弹性元件的势能引起的弹射，例如，弹簧、带等的断裂；轴的破坏引起装配在其上的带轮、飞轮等运动零部件坠落或飞出；在压力、真空下的液体或气体位能引起的高压流体喷射等。

5）物体坠落打击的危险。例如，悬挂物体的吊挂零件破坏或夹具夹持不牢固引起物件坠落；高处掉落的零件、工具或其他物件（哪怕是质量很小）；由于质量分布不均衡、重心不稳定，在外力作用下发生倾翻、滚落；运动部件运行超行程脱轨导致的伤害等。

6）跌倒、坠落的危险。人从高处失足坠落，误踏入坑井坠落；接触面摩擦力过小（光滑、油污、冰雪等）造成打滑、跌倒；由于地面堆物无序或地面凹凸不平导致的磕绊跌伤。假如由于跌落引起二次伤害，后果将会更严重。

7）碰撞和剐蹭的危险。机械结构上的凸出、悬挂部分，如起重的支腿、吊杆，机床的手柄，长、大加工件伸出机床的部分等。这些物件无论是静止的还是运动的，因是金属，都可能产生碰撞和刮蹭的危险。

8）切割和擦伤的危险。切削刀具的锋刃，零件表面的毛刺，工件或废屑的锋利飞边，机械设备的尖棱、利角、锐边、粗糙的表面（如砂轮、毛坯）等，无论物体的状态是运动还是静止的，这些形状都会构成潜在的危险。

3. 机械伤害的原因

1）检修、检查机械忽视安全措施。如人进入设备（球磨机等）工作区域检修、检查作业，不切断电源，未设专人监护，未挂不准合闸警示牌等安全措施而造成严重后果。也有因发生临时停电/来电等因素导致误判而造成事故。也有虽然对设备断电，但因未等至设备惯性运转彻底停住就下手工作，造成严重后果。

2）缺乏安全装置。如有的人孔、投料口、绞笼井等部位缺护栏及盖板，无警示牌，人一旦疏忽误接触这些部位，就会造成事故；机械传动带、齿轮、接近地面的联轴节、皮带轮、飞轮等易伤害没有完好防护装置的人体部位。

3）电源开关布局不合理，一种是发生紧急情况不能立即停车；另一种是好几台机械开关设在一起，极易造成误开机械，引发严重后果。

4）任意不按安全要求改造机械设备的行为。

5）不按安全操作规程，机械不停机，在运行过程中进行上料、清理等作业。

6）任意进入机械运行危险作业区（采样、干活、借道、拣物等）的行为。

7）不具操作机械素质的人员上岗或其他人员乱动机械。

4. 机械伤害的防护

1）按安全要求着装。敞开的衣服必须扣好、袖口扎紧、长发盘好塞在帽子内，切记在有转动部分的机器设备上工作时，绝不能戴手套。

2）机器运转时，禁止用手触摸机器的旋转部件，调整或测量工件，应把刀架移到安全位置，停机后再测量或调整。

3）工件和刀具装夹要规范，牢固。

4）保证作业必要的安全操作空间，机器开始运转时，严格遵守规定的信号。

5）清理辊轴、切刀等接近危险部位杂物的作业，应使用专用工具或夹具（如搭钩、铁刷等），严禁用手。

6）禁止把工具、量具、夹具和工件放在机器或变速箱上，防止落下伤人。

7）停机进行清扫、加油、检查和维修保养等作业时，须锁定机械的启动装置（如按下紧急停止按钮），并挂警示标志。

8）严禁无关人员进入危险因素多的机械作业现场，非本机械作业人员因事必须进入的，要先与机械操作者取得联系，保证安全的前提下才可进入。

9）操作各种机械的人员必须经过专业培训，经考试合格，持证上岗。

10）机械运行过程中发现危险或即将出现危险时，应立即按下紧急停止按钮。

11）切忌长期加班加点熬夜工作，禁止疲劳作业。

5. 机械性伤害救护

1）止血。可采用压迫止血法、止血带止血法、加压包扎止血法和加垫屈肢止血法等。

手指压迫止血法（指压法）：

指压止血法只适用于头面颈部及四肢的动脉出血，但时间不宜过长。

①头顶部出血：在受伤一侧的耳前，对准俗称“小耳朵”上前方 1.5cm 处，用拇指压迫（在太阳穴附近）动脉。

②上臂出血：一手抬高伤员患肢，另一手四个手指对准上臂中段内侧，压迫动脉（即常规测血压的地方）。

③手掌出血：将上肢抬高，用两手拇指分别压迫患者手腕部的动脉（即平时搭脉搏的地方）。

④大腿出血：在腹股沟中稍下方，用双手拇指向后用力压迫股动脉。

⑤足部出血：用两手拇指分别压迫足背动脉和内踝与跟腱之间的胫后动脉。

2）包扎。有外伤的伤员经过止血后，就要立即用急救包、纱布、绷带等包扎起来。如果是头部或四肢外伤，一般用三角巾或绷带包扎。如果是四肢外伤，则要根据受伤肢体和部位采用不同的包扎方法。

3）固定。骨折是一种比较常见的创伤。骨折后要限制伤处活动，避免加重损伤和减少疼痛。如果伤员的受伤部位出现剧烈疼痛、肿胀、变形以及功能障碍等，就有可能是发生了骨折。此时，必须利用一切可以利用的条件，迅速、及时而准确地对伤处进行临时固定。用夹板固定骨折是最简单有效的方法。

4）救运。经过急救以后，要迅速向就近的医院转送。搬运伤员是一个非常重要的环节。如果搬运不当，可使伤情加重，严重时还会导致神经、血管损伤，甚至瘫痪，难以治疗。

如果伤员伤势不重，可采用背、抱、扶的方法将伤员运走。如果伤员有大腿或脊柱骨折、大出血或休克等情况时，就不能用以上的方法进行搬运，一定要把伤员小心地放在担架上抬运。

1-2　安全色与安全标志

6. 常见安全色与安全标志

常见安全色与安全标志见二维码 1-2。

1.3.3　电气安全

根据能量转移论的观点，电气危险因素是由于电能非正常状态形成的。电气危险因素分为触电危险、电气火灾、爆炸危险、静电危险、雷电危险、射频电磁辐射危害和电气系统故障等。按照电能的形态，电气事故可分为触电事故、雷击事故、静电事故、电磁辐射事故和电气装置事故。

电气伤害的形式分为电击和电伤两种。

1. 电击

电击是指较高电压和较强电流通过人体，刺激肌体组织，使肌体受到破坏，严重时危及生命。人体在电能作用下，系统功能很容易遭受破坏。当电流作用于心脏或控制心脏和呼吸机能的脑神经中枢时，能破坏心脏等重要器官的正常工作。

电流对人体的伤害程度与通过人体电流的大小、种类、持续时间、通过途径及人体状况等多种因素有关。人体阻抗是定量分析人体电流的重要参数之一，是处理许多电气安全问题所必须考虑的基本因素。

电击的分类方式有如下几种：

1）根据电击时所触及的带电体是否为正常带电状态，电击分为直接接触电击和间接接触电击两类。直接接触电击指在电气设备或线路正常运行条件下，人体直接触及了设备或线路的带电部分所形成的电击。间接接触电击指在设备或线路故障状态下，原本正常情况下不带电的设备外露可导电部分或设备以外的可导电部分变成了带电状态，人体与上述故障状态下带电的可导电部分触及而形成的电击。

2）按照人体触及带电体的方式不同，电击可分为单相电击、两相电击和跨步电压电击三种。

单相电击：指人体接触到地面或其他接地导体，同时，人体另一部位触及某一相带电体所引起的电击。根据国内外的统计资料，单相电击事故占全部触电事故的70%以上。因此，防止触电事故的技术措施应将防范单相电击作为重点。

两相电击：指人体两处同时触及两相带电体的触电事故。人体所承受的电压为线路电压，因其电压相对较高，其危险性也较大。

跨步电压电击：指站立或行走的人体，受到出现于人体两脚之间的电压即跨步电压作用所引起的电击。跨步电压是当带电体接地，电流经接地线流入埋于土壤中的接地体。

2. 电伤

电伤是电流的热效应、化学效应、机械效应等对人体所造成的伤害。伤害多见于肌体的外部，往往在机体表面留下伤痕。能够形成电伤的电流通常比较大。电伤的危险程度决定于受伤面积、受伤深度、受伤部位等。

电伤包括电烧伤、电烙印、皮肤金属化、机械损伤、电光性眼炎等多种伤害。

3. 电气伤害的防护

1）不得随便乱动或私自修理车间内的电气设备。

2）经常接触和使用的配电箱、配电板、闸刀开关、按钮开关、插座、插销以及导线等，必须保持完好，不得有破损或将带电部分裸露。

3）不得用铜丝等代替保险丝，并保持闸刀开关、磁力开关等盖面完整，以防短路时发生电弧或保险丝熔断飞溅伤人。

4）经常检查电气设备的保护接地、接零装置，保证连接牢靠。

5）在移动电风扇、照明灯、电焊机等电气设备时，必须先切断电源，并保护好导线，以免磨损或拉断。

6）在使用手电钻、电砂轮、曲线锯、电磨器等手持电动工具时，必须安装漏电保护器，工具外壳要进行防护性接地或接零，并要防止移动工具时，导线被拉断。操作时应戴好绝缘手套并站在绝缘板上。

7）在雷雨天，不要走进高压电杆、铁塔、避雷针的接地导线周围 20 m 内。当遇到高压线断落时，落地点周围 10 m 之内，禁止人员进入；若已经在 10 m 范围之内，应单足或并足跳出危险区。

8）对设备进行维修时，一定要切断电源，并在明显处放置“禁止合闸，有人工作”的警示牌。

4. 电气伤害的救护

（1）低压设备触电的救护

1）如果电源开关或插销在触电地点附近，应立即拉开开关或拔出插头。但应注意，拉线开关和手开关只能控制一根导线，因为有时可能切断零线而没有真正断开电源。

2）如果触电地点远离电源开关，可使用有绝缘柄的电工钳或有干燥木柄的斧子等工具切断导线。

3）如果导线搭落在触电者身上或者触电人的身体压住导线，可用干燥的衣服、手套、绳索、木板等绝缘物作工具，拉开触电者或移开导线。

4）如果触电者的衣服是干燥的，又没有紧缠在身上，则可拉着他的衣服后襟将其拖离带电部分；此时救护人不得用衣服蒙住触电者，不得直接拉触电者的脚和躯体以及接触周围的金属物品。

5）如果救护人手中握有绝缘良好的工具，也可用其拉着触电者的双脚将其拖离带电部分。

6）如果触电者躺在地上，可用木板等绝缘物插入触电者身下，以隔断电流。

7）若触电发生在低压带电的架空线路上或配电台架、进户线上，对可立即切断电源的，则应迅速断开电源，救护者迅速登杆或登至可靠地方，并做好自身防触电、防坠落安全措施，用带有绝缘胶柄的钢丝钳、绝缘物体或干燥不导电物体等工具使触电者脱离电源。

（2）高压设备触电的救护

1）立即通知有关部门停电。

2）戴上绝缘手套，穿好绝缘靴，使用相应电压等级的绝缘工具，按顺序断开电源开关。

3）使用绝缘工具切断导线。

4）在架空线路上不可能采用上述方法时，可用抛挂接地线的方法，使线路短路跳闸。此方法须在万不得已的情况下才能使用，因其可能导致救护者也触电。

5）发现电线杆上有人触电，应争取时间及早在杆上进行抢救。救护人员登高时应随身携带必要的工具、绝缘工具以及牢固的绳索等，并紧急呼救。

（3）对伤者的救治

1）触电者神智尚清醒，但感觉头晕、心悸、出冷汗、恶心、呕吐等，应让其静卧休息，减轻心脏负担。

2）触电者神智有时清醒，有时昏迷。应静卧休息，并请医生救治。

3）触电者无知觉，有呼吸、心跳。在请医生的同时，应施行人工呼吸。

4）触电者呼吸停止，但心跳尚存，应施行人工呼吸；如心跳停止，呼吸尚存，应采取胸外心脏挤压法；如呼吸、心跳均停止，则须同时采用人工呼吸法和胸外心脏挤压法进行抢救。

第2章

工程材料

2.1　工程材料的发展与分类

2.1.1　发展

材料就是人类社会所能够接受并经济地制造有用器物的物质。人类文明可以以材料的发展划分为石器时代—青铜器时代—铁器时代—现代人工合成材料时代。石器时代持续了漫长的200～300万年，人类才进入了青铜器时代，青铜器时代则持续了2500年左右，铁器时代开始至今已持续了近5000年，材料的发展史构成了人类的文明进步史。随着科学技术的进步，新材料不断地涌现，并被人类所使用，应用于核能技术与宇航技术的材料标志着材料工程的最近成就。以能源材料、信息材料、生物材料、汽车材料为代表的新型材料，将成为未来材料研究与应用的重要课题。

2.1.2　分类

材料可分为金属材料和非金属材料两大类，其中，金属材料又可分为黑色金属（铁、铬、锰等）与有色金属（铜、铝、钛、镁等），非金属材料又可分为陶瓷材料、高分子材料和复合材料。如果按材料的结合键的不同划分，可把材料分成金属材料（金属键）、陶瓷材料（离子键）、高分子材料（共价键）。工程材料按性能的不同又可分为结构材料（以力学性能为主）和功能材料（以物理性能为主）。材料是人类物质文明的基础和支柱。

2-1　碳素钢、合金钢、特殊性能钢

1. 钢

钢是碳的质量分数低于2.11%的铁碳合金，是国民经济中应用最为广泛的金属材料。钢的品种很多，总体上可分为碳素钢、合金钢、特殊性能钢（二维码 2-1）。

2. 铸铁

工业上常用的铸铁一般是经过石墨化的铸铁（即碳以石墨的状态存在于铸铁中），在成分上铸铁与钢的主要区别是铸铁的含碳和硅量较高，杂质元素 S、P 含量较多。碳的质量分数为 2.11%～6.69%的碳合金称为白口铸铁（断口呈白色），其中碳极大部分以渗碳体形式存在，这类铸铁脆而硬，很难进行切削加工。根据碳在铸铁中存在的形式及石墨的形态，可将铸铁分为灰铸铁、球墨铸铁、可锻铸铁和蠕墨铸铁等（二维码 2-2）。

2-2　灰铸铁、球墨铸铁和可锻铸铁

3. 有色金属及合金

工业中通常将黑色金属材料（铁、铬和锰）以外的金属或合金，统称为有色金属及其合金。有色金属及其合金因其优良的物理、化学和力学性能而成为现代工业中不可缺少的重要的工程材料。右侧二维码中介绍其中的几种（二维码 2-3）。

2-3　铝及铝合金，铜及铜合金，钛及钛合金

4. 高分子材料

高分子材料分为天然和人工合成两大类。天然高分子材料有羊毛、蚕丝、淀粉、纤维素及天然橡胶等。高分子材料是以高分子化合物为主要成分的材料，机械工程中常用的高分子材料主要有塑料和橡胶（二维码 2-4）。

2-4　塑料和橡胶

5. 陶瓷

陶瓷是人类最早使用的材料之一。陶瓷材料及产品种类繁多，而且还在不断扩大和增多。陶瓷材料大致可以分为普通陶瓷（传统陶瓷）和特种陶瓷两大类。普通陶瓷是以天然原料如高岭土（$Al_2O_3 \cdot 2SiO_2 \cdot 2H_2O$）、石英（$SiO_2$）、长石（$K_2O \cdot Al_2O_3 \cdot 6H_2O$）等烧结而成，这类陶瓷按性能特征和用途的不同又可分为日用陶瓷、建筑陶瓷、电绝缘陶瓷、化工陶瓷等。特种陶瓷又称近代陶瓷，是指各种新型陶瓷，多采用高纯度人工合成的原料烧结而成。根据特种陶瓷的成分不同可分为氧化物陶瓷、氮化物陶瓷、碳化物陶瓷、金属陶瓷等；按用途又可分为高温陶瓷、光学陶瓷、磁性陶瓷等。

现代陶瓷材料是指除金属和有机材料以外的所有固体材料，又称无机非金属材料。现代陶瓷充分地利用了各不同组成物质的特点以及特定的力学性能和物理化学性能。从组成上看，其除了传统的硅酸盐、氧化物和含氧酸盐外，还包括碳化物、硼化物、硫化物及其他的盐类和单质，材料更为纯净，组合更为丰富。而从性能上看，现代陶瓷不仅能够充分利用无机非金属物质的高熔点、高硬度、高化学稳定性，得到一系列耐高温、高耐磨和高耐蚀的新型陶瓷，而且还充分利用无机非金属材料优异的物理性能，制得了大量的不同功能的特种陶瓷，如介电陶瓷、压电陶瓷、高导热陶瓷以及具有半导体、超导性和各种磁性的陶瓷，适应了航天、能源、电子等新技术发展的需求，也是目前材料开发的热点之一。

陶瓷的品种很多，其所具有的性能也是十分广泛的，在所有的工业领域都有这一类材料的应用，随着材料的发展，其应用必将越来越广泛。

6. 复合材料

复合材料是由两种或两种以上性质不同的材料组合起来的一种多相固体材料，它不仅保留了组成材料各自的优点，而且还具有单一材料所没有的优异性能。比如具有高比强度（强度与密度之比）和高比模量、抗疲劳性能、高温性能、断裂安全性。

按复合材料中增强体的种类和形态不同，复合材料可分为纤维增强复合材料、颗粒增强复合材料、层状复合材料等，在二维码 2-5 中简单介绍其中的几种。

2-5　复合材料

7. 工程材料选用原则

（1）使用性原则

当机器零件发生破坏而不能正常工作时，称为失效。一般，在选材时应确保零件和机器在预定的使用期限内正常工作而不失效，因此，满足使用性能是选材首先需要考虑的问题。若零件尺寸取决于强度，且尺寸和重量又有所限制时，则应选用强度较高的材料；若零件尺寸取决于刚度，则应选用弹性模量较大的材料（如调质钢、渗碳钢等）；在滑动摩擦下工作的零件，应选用减摩性能好的材料；在高温下工作的零件应选用耐热材料；在腐蚀介质中工作的零件应选用耐腐蚀材料。

（2）工艺性原则

如所选的材料使用性能很理想，但极难加工甚至无法加工，那么就失去意义了，因此，在满足使用性能的同时还需要满足工艺性能原则。用金属制造零件的方法基本上有四种：铸造、压力加工（锻造、冲压）、焊接和机械切削加工（车、铣、刨、磨、钻等）。不同加工方法使用的材料不同，比如铸铁具有很好的铸造工艺性，但不能锻造。

（3）经济性原则

在满足使用要求的前提下，选用材料时还应注意降低零件的总成本。零件的总成本包括材料本身的价格和加工制造的费用。机械化、自动化的生产对材料的加工性能及尺寸规格的一致性要求十分严格，因此不能采用低标准的材料来达到降低成本的目的。

2.2 工程材料的力学性能

材料的性能一般可分为使用性能和工艺性能两类。使用性能是指材料在使用过程中表现出来的性能，它包括力学性能和物理、化学性能等；工艺性能是指材料对各种加工工艺适应的能力，它包括铸造性能、锻造性能、焊接性能、切削加工性能和热处理性能等。材料的力学性能已成为工程设计的重要依据，常用的力学性能性能指标有强度、塑性及硬度等。

2.2.1 强度

2-6 屈服强度、抗拉强度和疲劳强度

金属材料的强度是用应力来度量的，即单位截面积上的内力称为应力，用 R 表示。常用的强度指标有屈服强度和抗拉强度。

2.2.2 塑性

相关视频

金属材料在载荷作用下产生塑性变形而不断裂的能力称为塑性，塑性指标是通过拉伸试验测定的。常用的指标有两个：

1. 断后伸长率

$$A=(L_1-L_0)/L_0\times100\%$$

式中 L_0、L_1——试样原始标距和被拉断后的标距（mm）。一般 A< 2%～5%属脆性材料；A≈5%～10%属韧性材料；A>10%属塑性材料。

2. 断面收缩率

$$Z=(S_0-S_1)/S_0\times100\%$$

式中 S_0、S_1——试样原始截面积和断裂后缩颈处的最小截面积（mm^2）。

A、Z 数值愈大，表明材料的塑性愈好。金属材料的塑性优劣，对零件的成形加工与使用具有重要意义，塑性良好是金属材料进行压力加工的必要条件，也是零件安全使用的保证。

2.2.3 硬度

2-7 布氏硬度和洛氏硬度

硬度是表征材料表面局部体积内抵抗其他物体压入时变形的能力。金属材料质量检验主要用压入法进行硬度试验，而其中应用最为广泛是洛氏硬度试验和布氏硬度试验。

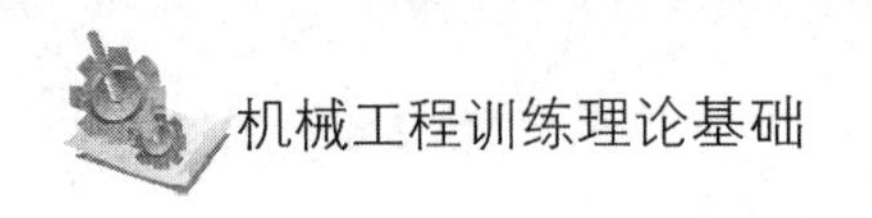

2.3　金属材料的结构

2.3.1　晶体结构

1. 常见金属的晶体结构

固态物质可分为晶体与非晶体，金属和合金在固态下都是晶体，在晶体中原子（分子或离子）在空间的具体排列称为晶体结构。为了研究方便，常常将构成晶体的实际质点（原子、分子及离子）忽略，而将它们抽象为纯粹的几何点（阵点），再用一系列的平行直线将这些几何点连接起来形成三维的空间格架，称为晶格。由于晶体中原子（分子、离子）具有周期性的特点，因此可以从晶格中选取一个完全能够反映晶格特征的最小几何单元来分析晶体中原子（分子、离子）的排列规律，这个最小的几何单元称为晶胞（如图 2-1 所示）。

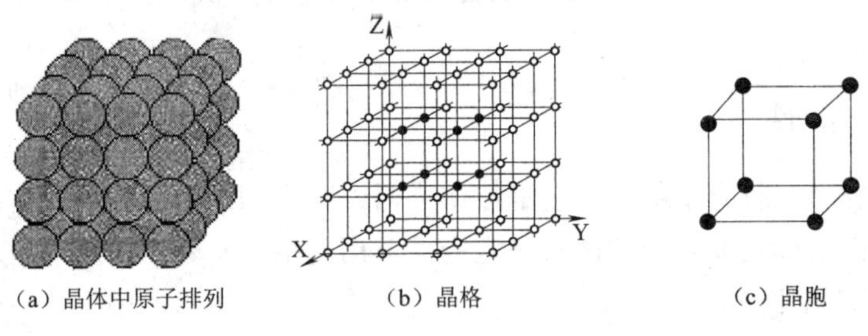

（a）晶体中原子排列　（b）晶格　（c）晶胞

图 2-1　晶格与晶胞示意图

晶胞是晶体中最小的重复单元，晶体结构大多数情况下指晶胞结构。工业上使用的金属材料，除了少数具有复杂的晶体结构外，绝大多数具有比较简单的晶体结构，其中 90%以上的金属具有体心立方结构（bcc）、面心立方结构（fcc）、密排六方结构（hcp）三种晶体结构。图 2-2为三种典型晶体的结构。

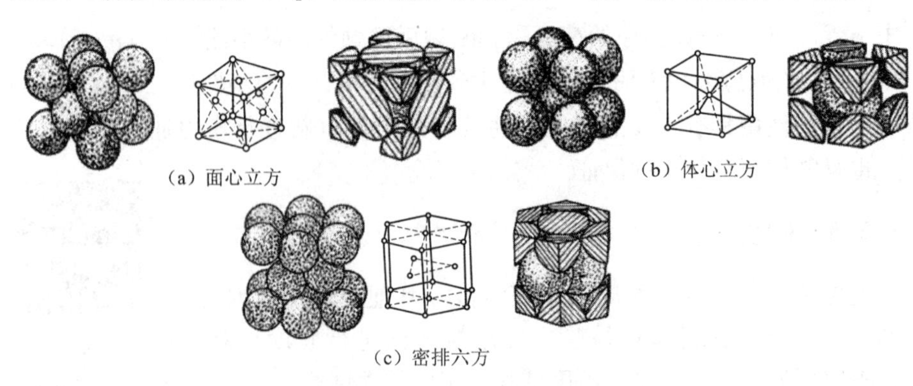
（a）面心立方　（b）体心立方
（c）密排六方

图 2-2　晶体结构

2. 同素异构转变

许多金属在固态下只有一种晶体结构，如铝、铜、银等金属在固态时无论温度高低，均为面心立方晶格，钨、钼、钒等金属则为体心立方晶格。但有些金属在固态下，存在两种或两种以上的晶格形式，如铁、钴、钛等。这类金属在冷却或加热过程中，其晶格形式会发生变化。金属在固态下随温度改变，由一种晶格转变为另一种晶格的现象，称为同素异构转变或重结晶。其中铁的同素异构转变尤为重要，它是钢能够进行热处理改变组织及结构，从而改变力学性能、工艺性能的根本原因之一。

图 2-3 所示为纯铁的同素异构转变过程。由图 2-3 可见液态纯铁在 1 538 ℃进行结晶，得到具有体心立方晶格的 δ-Fe。继续冷却到 1 394 ℃时发生同素异构转变，成为面心立方晶格的 γ-Fe。再冷却到 912 ℃时又发生一次同素异构转变，成为体心立方晶格的 α-Fe。其转变过程可表达为

$$\text{（液态）Fe} \xrightleftharpoons{1\,538\ ℃} \delta\text{-Fe} \xrightleftharpoons{1\,394\ ℃} \gamma\text{-Fe} \xrightleftharpoons{912\ ℃} \alpha\text{-Fe}$$

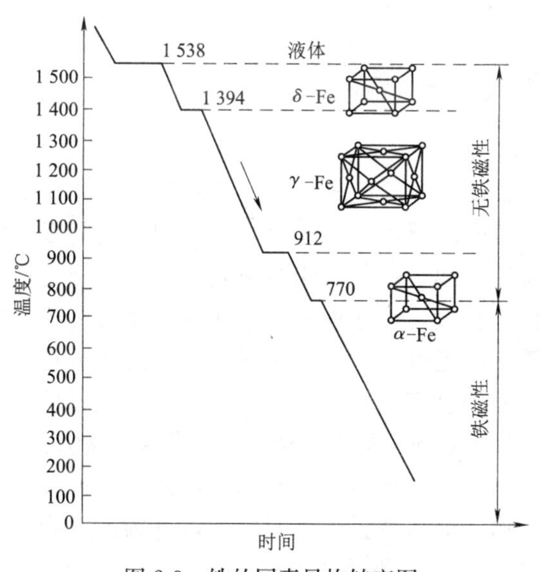

图 2-3　铁的同素异构转变图

2.3.2　金属的结晶

金属熔液在凝固后一般都以结晶状态存在，即内部原子呈规则排列，故凝固过程就是结晶过程。金属铸件一般由许多不同方位的晶粒构成，因此，金属结晶时不断在液体中形成一些微小的晶体，它们能成为核心并逐渐生长。这种作为结晶核心的微小晶体，称为晶核。结晶就是不断形成晶核和晶核不断长大的过程，图 2-4 是形核、生长过程示意图。晶核越多，晶核生长速度

越慢，则凝固后的晶粒越细小；反之则晶粒越大。生产上可通过改变一些条件来控制晶核数目与生长速度，从而控制铸件的晶粒尺寸。

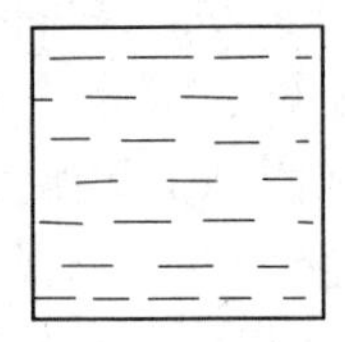
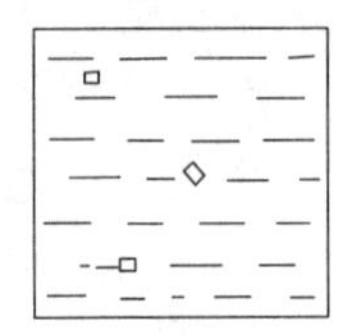
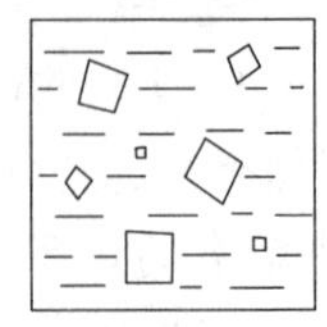

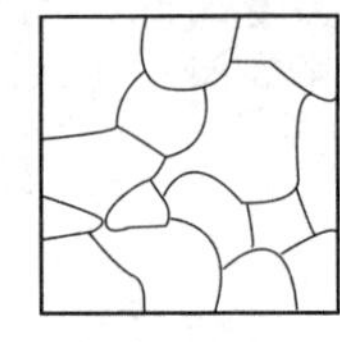

图 2-4　金属结晶过程示意图

金属凝固是形核与生长的过程，形核可以分为两类。

1）均匀形核：新相晶核是在均一的母相内均匀地形成。

2）非均匀形核：新相晶核在母相中不均一处择优地形成。

就金属凝固而言，均匀形核时晶核由液相的一些原子集团直接形成，不受杂质粒子或外表面的影响；非均匀形核是指在液相中依附于杂质或外来表面形核。实际金属熔液中不可避免地存在杂质和外表面，因而其凝固主要形成非均匀形核。

2.3.3　铁碳合金相图

1. 合金的基本概念

纯金属的强度、硬度一般比较低，价格较贵，因此在实际工程上受到限制。一般，实际工程中广泛应用的是合金，我们将两种或两种以上的金属元素或金属与非金属元素通过熔炼、烧结或其他方法，结合在一起形成具有金属特性的材料，称为合金。例如铁和碳组成的合金称为铁碳合金。合金除具有良好的力学性能外，还可以改变组成元素之间的成分比例，以获得一系列性能不同的合金。例如改变铁碳合金中铁、碳的比例，可以获得不同牌号与性能的碳素钢。此外一般还可以通过热处理工艺来改善其力学、工艺性能。

组成合金的独立的、最基本的单元称为组元。组元可以是金属、非金属元素和稳定的化合物。根据合金中组元数可以分为二元合金、三元合金及多元合金。比如黄铜是由 Cu、Zn 组成的二元合金。

由若干组元可以配制成一系列成分不同的合金系列，称为合金系，如 C 的质量分数不同的钢和铁就构成铁碳合金系。

可扫二维码 2-8，学习铁碳合金相图相关知识。

2-8　铁碳合金相图

2.3.4　钢的热处理

1. 热处理的基本概念

热处理是将固态金属或合金在一定介质中加热、保温和冷却，以改变其整体或表面组织，从而获得所需性能的工艺方法。热处理的种类很多，根据其目的、加热和冷却方法的不同，钢的热处理可分为普通热处理（如退火、正火、淬火、回火等）、表面热处理和化学热处理三大类。

2-9 钢的热处理

相关视频

2.4 材料的成分、组织与性能之间的关系

材料的成分与加工工艺共同决定着材料内部形成的组织，组织决定着材料的性能，以钢铁为例具体说明材料成分、组织与性能之间的关系。钢铁从被利用开始至今一直是人类不可替代的原材料，是衡量一个国家综合国力和工业水平的重要指标，是人们生活中使用最多的一种金属材料。钢铁除铁外，C 的含量对钢铁的力学性能起着至关重要的作用，钢是碳的质量分数为 0.03%～2%的铁碳合金。随着碳含量的升高，碳钢的硬度增加、韧性下降。同时含碳量对工艺性能也有很大影响。对可锻性而言，低碳钢比高碳钢好。由于钢加热呈单相奥氏体状态时，塑性好、强度低，便于塑性变形，所以一般锻造都是在奥氏体状态下进行的。对焊接性而言，一般来说含碳量越低，钢的焊接性能越好，所以低碳钢比高碳钢更容易焊接。而那些比例极小的合金加入，可以对钢的性能产生很大影响。可以说普通钢、优质钢和高级优质钢就是在这些比例极小的成分作用下区分出来的。那些合金成分的加入可以使钢的组织结构和性能都发生一定的变化，从而具有一些特殊性能。比如，铬的加入不仅能提高金属的耐腐蚀性和抗氧化性，也能提高钢的淬透性，显著提高钢的强度、硬度和耐磨性；锰可提高钢的强度，提高对低温冲击的韧性；稀土元素可提高强度，改善塑性、体温脆性、耐腐蚀性及焊接性能，等等。在铁中加入 C、合金元素、稀土元素共同构成钢的成分，形成不同的组织结构，可呈现不同的性能。

钢铁材料的结构特征包括晶体结构、相结构和显微组织结构。钢铁是属于由金属键构成的晶体，因此就具有金属晶体的特性，如延展性。同时这也注定钢的力学性能不仅与其化学性能有关，还与晶体的结构和晶粒的大小有关。

铁碳合金的基本组元是纯 Fe 和 Fe_3C。铁存在同素异构转变，即在固态下有不同的结构。不同结构的铁与碳可以形成不同的固溶体。碳溶解 Fe 中形成的固溶体称为铁素体，其含碳量非常低，所以性能与纯铁相似，硬度低、塑性高，并有铁磁性。其显微组织与工业纯铁也相似。碳溶于 Fe 形成的固溶体称为奥氏体，具有面心立方结构，可以溶解较多的碳。在一般情况下，奥氏体是一种高温组织，故奥氏体的硬度较低，塑性较高。通常在对钢铁材料进行热变形加工时，都应将其加热呈奥氏体状态。

由此，从钢铁材料中看到，材料的成分、结构和性能是密不可分的三者。成分和结构往往可以极大地影响材料的性能，而成分和结构之间也是相互影响的。

第 3 章 铸造

铸造技术是指往铸型内浇注所需的金属液体，冷却、凝固后得到需要的形状、性能工件的成形方法。其优点有：成本低，容易制备复杂形状和大型的工件。由于制备大型工件的质量可靠，故铸造技术在机械制造技术中具有很重要的地位。随着工艺技术的发展，铸造技术也逐步实现精密化、大型化、高质量、自动化和清洁化。

铸造可分为砂型和特种两大类，其中砂型铸造应用较多。

3.1 砂型铸造

砂型铸造是指利用砂型制造铸件的方法，可生产钢、铁和大多数有色合金铸件。砂型铸造技术具有造型材料价格低、铸型加工简单等特点，因此是铸件生产的主要方法。砂型铸造工艺流程如图 3-1 所示，砂型装配如图 3-2 所示。铸型通常由外砂型和型芯两部分组成。通常在砂型和型芯表面刷一层涂料，以提高铸件的表面质量，涂料的成分是耐高温和高温条件下化学稳定性好的粉状材料。

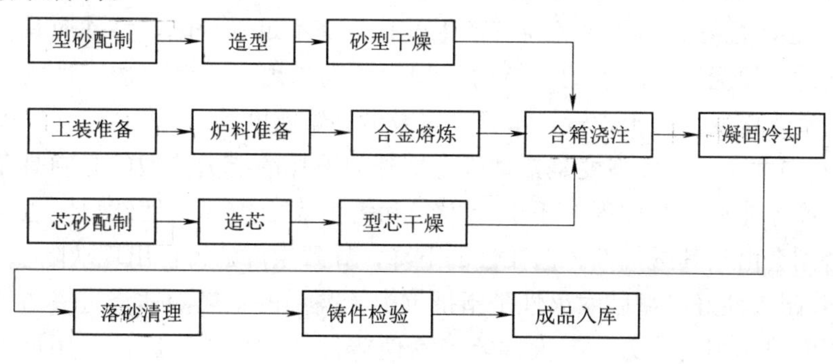

图 3-1 砂型铸造工艺过程

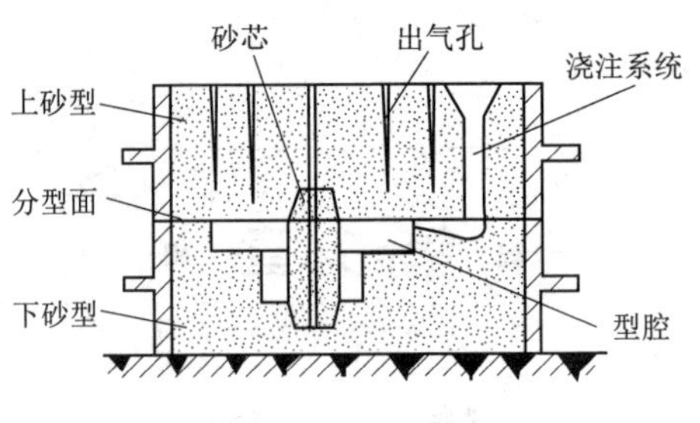

图 3-2 砂型装配图

3.1.1 外砂型

铸造砂和型砂黏结剂是制造砂型的基本原材料。常用的铸造砂有硅砂和锆英砂、铬铁矿砂和刚玉砂等。为使砂型和型芯在搬运、合型、浇注时不发生变形或损坏，一般加入型砂黏结剂，将松散的砂粒黏结起来成为型砂，使砂型和型芯具有一定的强度。型砂黏结剂有黏土、干性油或半干性油、水溶性硅酸盐或磷酸盐和各种合成树脂。砂型的组成如图 3-3 所示。按型砂所用的黏结剂及其建立强度的方式不同，外砂型可分为黏土湿砂型、黏土干砂型和化学硬化砂型三种。

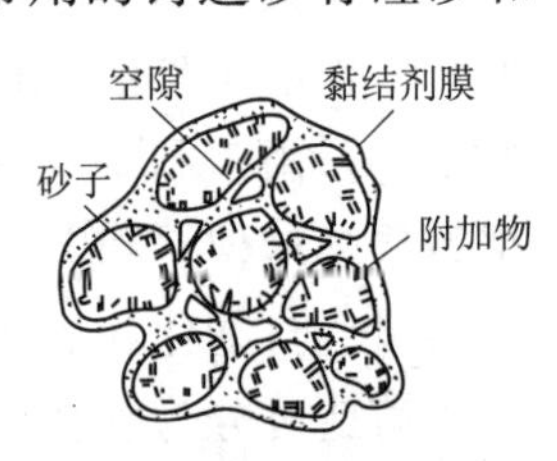

图 3-3 砂型的组成示意图

黏土湿砂是以黏土和水作为黏结剂，砂型在湿态下合型和浇注。该砂型历史悠久，应用较广。黏土干砂型所用型砂的水分稍高于湿型用的型砂。砂型制备好后，将耐火涂料刷涂于型腔表面，并放入烘炉中加热烘干，冷却后即可合型和浇注。该砂型通常用于铸钢件和较大铸铁件的制造。化学硬化砂型所用的型砂为化学硬化砂。在硬化剂作用下，其黏结剂发生分子聚合反应，成为立体结构的物质。常见的黏结剂有合成树脂和水玻璃两种。

良好的型砂应具备下列性能：

1）透气性好。为了避免铸件产生气孔、浇不足等缺陷，型砂应具有良好的透气性，使浇注时产生的气体由铸型内顺利排出去。铸型透气性的影响因素有：砂的粒度、黏土含量、水分含量及砂型紧实度等。

2）强度高。型砂强度是指型砂抵抗外力破坏的能力。型砂必须具备足够高的强度才能在生产过程中不引起塌陷和铸型表面破坏。型砂强度也不能太高，否则会由于其透气性、退让性的下降，导致生产的铸件出现缺陷。

3）耐火性好。型砂耐火性是指抵抗由于高温的金属液体浇进后对铸型产生强烈的热作用的能力。耐火性差容易使铸件产生粘砂。通常采用增大型砂中 SiO_2 的含量和型砂颗粒直径等措施提高型砂的耐火性。

4）可塑性好。可塑性是指型砂在外力作用下产生的变形，去除外力后能完整地保持已有形状的能力。可塑性好的造型材料，可使操作方便、砂型形状准确、轮廓清晰。

5）退让性好。退让性是指型砂随着铸件在冷却时体积收缩而减小其体积的能力。型砂的退让性不好，容易在铸件中产生内应力或开裂。型砂越紧实，退让性越差。提高型砂退让性的方法主要是在型砂中加入木屑等物质。

3.1.2 砂芯

为了保证工件质量，砂型铸造一般采用干态型芯。按照型芯所用的黏结剂性能不同，砂芯可分为黏土砂芯、油砂芯和树脂砂芯三种。

黏土砂芯是指用黏土砂制造的简单的型芯。油砂芯是指黏结剂为干性油或半干性油的芯砂所制作的型芯。由于油类的黏度低，混好的芯砂流动性好，制芯时容易紧实，故油砂芯应用较广。油砂芯存在以下缺点：型芯在生产过程中易变形，降低铸件外形尺寸精度；加热时间长，耗能大。

树脂砂芯是用树脂砂制造的各种型芯。该砂芯能保证型芯的形状和尺寸精度。按照硬化方法，树脂砂芯一般可采用热芯盒制芯、壳芯和冷芯盒制芯三种方法进行制备。①热芯盒法制芯：20世纪50年代末期出现。芯砂黏结剂通常采用呋喃树脂，同时加入硬化剂。制备时，加热使芯盒温度保持在200～300℃，芯砂射入芯盒中后，硬化剂在较高的温度下与树脂中的游离甲醛发生反应生成酸，使型芯快速硬化，约需10～100 s即可脱模。该方法制备的型芯尺寸精度较高，但装置复杂、昂贵、能耗多、劳动条件较差。②壳芯法以覆模砂热法制芯，具有砂芯强度高、质量好等优点。③冷芯盒法制芯：20世纪60年代末出现，芯砂黏结剂为尿烷树脂。冷芯盒法制芯时，只需向其中吹入胺蒸气，几秒钟后型芯就可硬化。冷芯盒法在能源、环境和生产效率等方面均优于热芯盒法。20世纪70年代中期开发出了吹二氧化硫硬化的呋喃树脂冷芯盒法。其硬化机理与尿烷冷芯盒法完全不同，但工艺特点（如硬化快、型芯强度高等）则与尿烷冷芯盒法大体相同。

水玻璃砂芯是以水玻璃为黏结剂。其制备方法有水玻璃CO_2法、酯硬化水玻璃自硬法和水玻璃甲酸甲酯冷芯盒法三种。

3.1.3 造型与造芯

造型是指用型砂和模样等工装制造铸型的过程，是铸造中最主要的工序之一。造型方法通常有手工造型和机器造型两大类。

3-1 手工造型与机器造型

相关视频

3.2 熔模铸造

3.2.1 熔模铸造概述

熔模铸造又称失蜡铸造，工序包括压蜡、修蜡、组树、沾浆、熔蜡、浇注液态金属、后处理等。熔模铸造首先采用蜡制作所要零件的蜡模，并在蜡模上敷以泥浆，制得泥模。晾干泥模，焙烧制得陶模。从浇注口注入液态金属，冷却后，就得到所需的零件。熔模铸造法可用于碳素钢、不锈钢、耐热合金、合金钢、球墨铸铁、永磁合金、精密合金、轴承合金、铝合金、铜合金、钛合金等材料部件的生产。

3-2 熔模铸造工艺

相关视频

3.2.2 熔模铸造特点

1）铸件的尺寸精度和表面粗糙度很高。熔模铸件的尺寸精度一般可达CT4～6（砂型铸造为CT10～13，压铸为CT5～7），表面粗糙度一般可达Ra1.6～3.2μm。因此，采用熔模铸造工艺制备工件可大大减少机械加工工作量，某些铸件只留打磨、抛光余量，不必进行机械加工即可使用。

2）熔模铸造可生产各种复杂的合金铸件，特别是可以生产高温合金铸件。例如，熔模铸造生产喷气式发动机的叶片，不仅可以做到批量生产，保证铸件的一致性，还避免了机械加工后的应力集中。

3.3 压力铸造

3.3.1 压力铸造概述

压力铸造是指将液态或半液态金属在高压的作用下，以较高的速度充填压铸模具型腔，并在压力下成型和凝固而获得铸件的方法。压力铸造具有高压和高速充填压铸模具两大特点。常用压射比压从几千kPa至几万kPa，有的甚至高达2×10^5 kPa；充填速度约在10～50 m/s，

3-3 压力铸造

相关视频

有时甚至可达 100 m/s 以上；液态金属充填时间很短，一般在 0.01～0.2 s。目前，压力铸造不仅用于锌、铝、镁和铜等有色金属铸件的生产，还可用于铸铁和铸钢等铸件。

3.3.2 压力铸造的特点

与其他铸造方法相比，压铸有以下三方面优点：

1. 产品质量好

压力铸造生产的铸件尺寸精度高，一般为 6～7 级，甚至可达 4 级。表面粗糙度值较小，一般为 $Ra3.2 \sim 0.4$ μm。铸件的强度和硬度较高，强度一般是砂型铸造的 125%～130%，但伸长率约为砂型铸造的 30%。铸件尺寸稳定，互换性好，可压铸薄壁、复杂的铸件。例如，铝合金铸件可达 0.5 mm；最小铸出孔径为 0.7 mm；最小螺距为 0.75 mm。

2. 生产效率高

国产卧式冷压室压铸机平均每个工作日（8 h）可压铸 600～700 次，小型热压室压铸机平均每个工作日（8 h）可压铸 3 000～7 000 次。压铸型寿命长，一副压铸型，压铸铝合金可达几十万次，甚至上百万次。易实现机械化和自动化。

3. 经济效果优良

由于压铸件具有尺寸精确、表面光洁等优点，一般不需机械加工就可直接使用，或加工量很小，故提高了金属利用率，铸件价格低。

压力铸造也有一些缺点：

1）压铸时，由于液态金属填充型腔速度快，流态不稳定，导致铸件易产生气孔。

2）难以生产内凹复杂的铸件。

3）生产高熔点合金（如铜、黑色金属）铸件时，压铸型寿命较短。

4）由于压铸型制造成本高，压铸机生产效率高，不适于小批量生产。

3.3.3 压力铸造新技术

1. 真空压铸

为了减少或避免压铸过程中气体随液态金属进入铸件，一般压铸前对铸型抽真空进行压铸。按照压室和型腔内的真空度大小，真空压铸可分为普通真空压铸和高真空压铸。普通真空压铸是指采用机械泵对压铸模腔抽真空，建立真空后再注入液态金属的压铸方法。该方法是在动模座和动模座之间连接一个密封的真空罩，然后通过机械泵抽出真空罩中的气体。高真空压铸是压铸前，用抽真空管抽出整个压室和型腔中的空气，抽真空速度要尽可能快，使坩埚中的液态金属和压室产生较大的压力差，从而使液态金属沿着升液管进入压室，压射冲头开始进行压射。高真空压铸的特点是能在很短的时间内获得高真空。

2. 充氧压铸

充氧压铸是往压室和压铸模型腔内充入干燥的氧气，以取代其中的空气和其他气体，该工艺仅适用于铝合金的铸造。当液态铝合金压入压室和压铸模型腔时与氧气发生反应，生成三氧化二铝，形成均匀分布的三氧化二铝小颗粒（直径在 1 μm 以下），从而减少或消除气孔，提高铸件的致密性。这些三氧化二铝小颗粒分布在铸件中，约占总质量的 0.1%～0.2%，不影响力学性能。

3. 定向、抽气、加氧压铸

定向、抽气、加氧压铸是一种加氧压铸和真空压铸相结合的工艺。其生产过程为：在液态金属填充型腔前，将气体沿液态金属充填的方向以超过填充的速度抽走，使液态金属顺利填充；该工艺适于有深凹或死角的复杂铸件的生产。

4. 半固态压铸

半固态压铸是指当液态金属开始凝固时，施加强烈的搅拌，并在一定的冷却速率下获得约 50%甚至更高的固体组分的浆料，再用这种浆料进行压铸。半固态压铸与全液态金属压铸相比具有如下优势：

1）由于大大减少了对压室、压铸型腔和压铸机组成部件的热冲击，从而提高了压铸型的使用寿命。

2）铸造时飞溅少，铸件质量高。由于半固态金属黏度比全液态金属大，降低了内浇口处流速，从而填充时喷溅少，无湍流，卷入的空气少。同时，半固态收缩小，铸件不容易出现缩孔和疏松，提高了铸件质量。

3-4　其他铸造技术

第4章 塑性加工

塑性加工是使金属在外力作用下，产生塑性变形，获得所需形状、尺寸和组织性能的制品的一种基本的金属加工技术，以往常称压力加工。金属塑性加工的种类很多，根据加工时工件的受力和变形方式，基本的塑性加工方法有锻造、轧制、挤压、拉拔、薄板成形等几类，如图 4-1 所示。

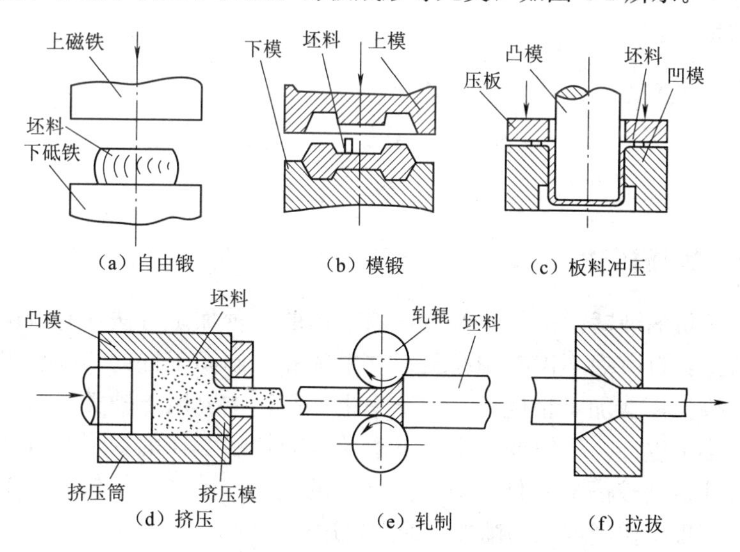

图 4-1 常用的压力加工方法

金属塑性加工与金属铸造，切削，焊接等加工方法相比，有以下特点：

1）金属塑性加工是金属整体性保持的前提下，依靠塑性变形发生物质转移来实现工件形状和尺寸变化的，不会产生切屑，因而材料的利用率高得多。

2）塑性加工过程中，除尺寸和形状发生改变外，金属的组织，性能也能得到改善和提高，尤其对于铸造坯，经过塑性加工将使其结构致密，粗晶破碎细化和均匀，从而使性能提高。此外，塑性流动所产生的流线也能使其性能得到改善。

3）塑性加工过程便于实现生产过程的连续化，自动化，适于大批量生产，如轧制，拉拔加工等，因而劳动生产率高。

4）塑性加工产品的尺寸精度和表面质量高。

5）设备较庞大，能耗较高。

金属塑性加工由于具有上述特点，不仅原材料消耗少，生产效率高，产品质量稳定，而且还能有效地改善金属的组织性能。这些技术上和经济上的独到之处和优势，使它成为金属加工中极其重要的手段之一，因而在国民经济中占有十分重要的地位。如在钢铁材料生产中，除了少部分采用铸造方法直接制成零件外，钢总产量的90％以上和有色金属总产量的70％以上，均需经过塑性加工成材，才能满足机械制造，交通运输，电力电信，化工，建材，仪器仪表，航空航天，国防军工，民用五金和家用电器等部门的需要；而且塑性加工本身也是上述许多部门直接制造零件而经常采用的重要加工方法，如汽车制造，船舶制造，航空航天，民用五金等部门的许多零件都须经塑性加工制造。因此，金属塑性加工在国民经济中占有十分重要的地位。

4.1 锻　　压

4.1.1 锻压概述

靠锻压机的锻锤锤击工件产生压缩变形的一种加工方法，有自由锻和模锻两种方式：自由锻不需专用模具，靠平锤和平砧间工件的压缩变形，使工件镦粗或拔长，其加工精度低，生产率也不高，主要用于轴类、曲柄和连杆等单件的小批生产。模锻通过上、下锻模模腔拉制工作的变形，可加工形状复杂和尺寸精度较高的零件，适于大批量的生产，生产率也较高，是机械零件制造上实现少切削或无切削加工的重要途径。

4.1.2 坯料的加热和锻件的冷却

1. 坯料的加热

锻造前对金属坯料进行加热是锻造工艺过程中的一个重要环节。金属坯料锻造前，为提高其塑性，降低变形抗力，使金属在较小的外力作用下产生较大的变形，必须对金属坯料加热。

4-1　坯料的加热

相关视频

2. 锻件的冷却

冷却对锻件质量有重要的影响，为使锻件各部分的冷却收缩比较均匀，防止表面硬化、变形和裂纹，必须选用正确的冷却方式。锻件常见的冷却方式见表 4-1。

表 4-1　锻件的冷却方式

冷却方式	特　　点	使用场合
空冷	锻后置于无风的空气中散放，冷却速度快，晶粒细化，锻后不可切削加	中小型的低、中碳钢及合金结构钢的锻件
坑冷	锻后置于充填有石棉灰、砂子或炉灰等绝热材料的干坑中冷却，速度稍慢，锻后可直接切削	一般锻件，合金工具钢锻件
炉冷	锻后放入 500～700 ℃的加热炉中，随炉缓慢冷却，锻后可切削	高碳钢或高合金钢及厚截面的大型锻件

4.1.3　自由锻造

自由锻造是利用冲击力或压力，使金属在上、下砧铁之间，产生塑性变形而获得所需形状、尺寸以及内部质量锻件的一种加工方法。自由锻造时，除与上、下砧铁接触的金属部分受到约束外，金属坯料朝其他各个方向均能自由变形流动，不受外部的限制，无法精确控制变形的发展，故称为自由锻造。

自由锻分为手工锻造和机器锻造两种。手工锻造是靠人力和手工工具使坯料变形的方法，锻件的形状与尺寸主要靠人工操作来控制，所以锻件的精度较低，加工余量大，劳动强度大，只能生产小型锻件，生产率低。机器锻造是利用机器产生的冲击力或压力使坯料变形，是自由锻的主要方法。

自由锻的工具简单、通用性强，生产准备周期短，主要应用于单件、小批量生产，修配以及大型锻件的生产和新产品的试制等。自由锻件的质量范围可由不及一千克到二三百吨，对于大型锻件，自由锻是唯一的加工方法，这使得自由锻在重型机械制造中具有特别重要的作用，例如水轮机主轴、多拐曲轴、大型连杆、重要的齿轮等零件在工作时都承受很大的载荷，要求具有较高的力学性能，常采用自由锻方法生产毛坯。

4-2　自由锻工序及设备

相关视频

4.1.4　模锻

在模锻设备上，利用高强度锻模，使金属坯料在模腔内受压产生塑性变形，而获得所需形状、尺寸以及内部质量锻件的加工方法称为模锻。与自由锻相比，模锻具有如下优点：

1）生产效率较高。模锻时，金属的变形在模膛内进行，能较快获得所需形状。

2）能锻造形状复杂的锻件。

3）模锻件的尺寸较精确，表面质量较好，加工余量较小。

4）模锻操作简单，劳动强度低。

但模锻生产受模锻设备吨位限制，模锻件的质量一般在 150 kg 以下。模锻设备投资较大，模具费用较昂贵，工艺灵活性较差，生产准备周期较长。因此，模锻适合于小型锻件的大批大量生产，不适合单件小批量生产以及中、大型锻件的生产。模锻可分为锤上模锻、压力机上模锻、胎模锻。

4-3　锤上模锻压力机上模锻胎模锻

相关视频

4.2　轧　　制

4.2.1　轧制概述

轧制：将金属坯料通过一对旋转轧辊的间隙（各种形状），因受轧辊的压缩使材料截面减小，长度增加的压力加工方法，这是生产钢材最常用的生产方式，主要用来生产型材、板材、管材。分热轧和冷轧两种。

轧制是坯料在旋转轧辊的压力作用下，产生连续塑性变形，获得要求的截面形状并改变其性能的方法。轧制生产所用坯料主要是金属锭。轧制过程中，坯料靠摩擦力得以连续通过轧辊缝隙，在压力作用下变形，使坯料的截面减小，长度增加。

按轧辊轴线与坯料轴线间的相对空间位置和轧辊的转向不同可分为纵轧、斜轧和横轧三种。轧辊轴线相互平行而转向相反的轧制方法称为纵轧。图 4-2是纵轧示意图。轧辊相互交叉成一定角度配置，以相同方向旋转，轧件在轧辊的作用下绕自身轴线反向旋转，同时做轴向运动向前送进，这种轧制称为斜轧，也称为螺旋轧制或横向螺旋轧制（图 4-3所示）。轧辊轴线与轧件轴线平行且轧辊与

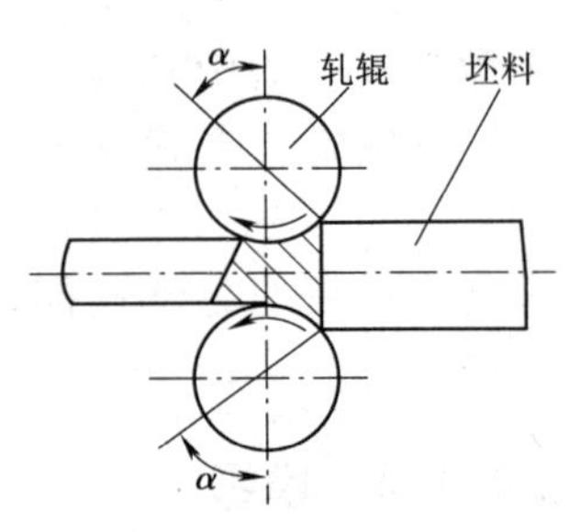

图 4-2　纵轧示意图

轧件作相对转动的轧制方法称为横轧（图 4-4 所示）。根据金属轧制时的温度的不同，又分为热轧和冷轧。在金属再结晶温度以上进行的轧制称为热轧，而在再结晶温度以下进行的轧制为冷轧。根据轧制时的轧辊形状，可分为平辊轧制和孔型轧制。平辊轧制的轧辊为均匀的圆柱体，主要用于生产板材、带材、箔材等；在刻有孔槽的轧辊中进行的轧制主要用于管材、型材、线材的生产。

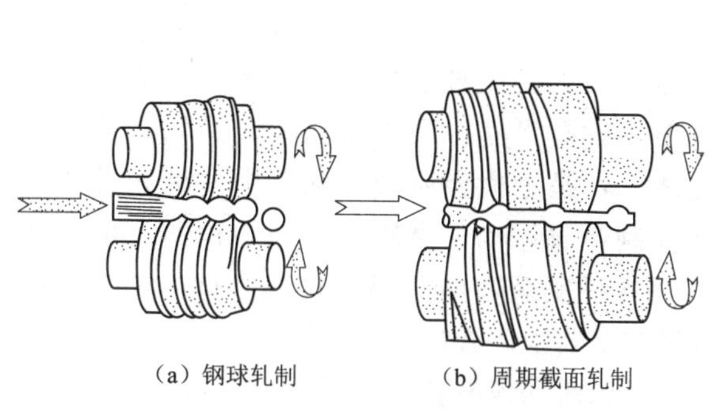

图 4-3　斜轧示意图

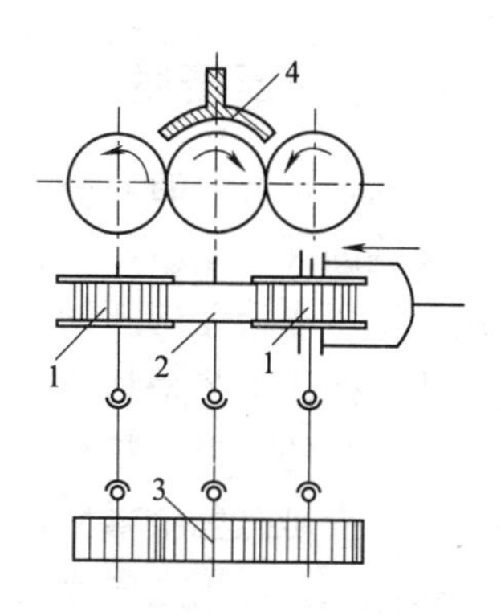

图 4-4　横轧（热轧齿轮）示意图

1—带齿的轧辊；2—坯料；
3—齿轮；4—电热感应圈

4.2.2　轧制工艺

在一个道次内，轧件的轧制过程可以分为开始咬入、拽入、稳定轧制和轧制终了 4 个阶段。这 4 个过程组成一个完整的连续轧制过程。其中稳定轧制是轧制过程的主要阶段，金属的流动、应力应变状态及轧制工艺的控制、产品质量控制都是基于此过程。另外，开始咬入阶段虽然在瞬间完成，但它是轧制过程能否建立的前提条件，不能咬入轧制过程就无法进行，二维码 4-4 分别介绍咬入条件和稳定轧制条件。

4-4　咬入条件和稳定轧制条件

4.2.3　轧制设备

一台轧机一般由驱动主电机、传动装置和工作机座三部组成。驱动主电机是轧机的动力源，它把电能转变成机械能使轧辊转动。轧机的传动装置包括减速器、齿轮机座、连接轴和联轴器等，电动机的运动和能量通过传动装置传递给工作机座完成轧制过程。轧机的工作机座是轧机的核心部件，直接承受金属塑性变形抗力，主要包括轧辊、轴承座、牌坊、

4-5　轧机分类

压下机构和平衡装置等工作部件。轧机的工作机座有多种不同的结构型式，如两辊式、三辊式、四辊式和多辊式等。

4.3 挤　　压

4.3.1 挤压概述

装入挤压筒内的坯料，在挤压筒后端挤压轴的推力作用下，使金属从挤压筒前端的模孔流出，而获得与挤压模孔形状，尺寸相同的产品的一种加工方法。挤压作为无切削加工工艺之一，是近代金属塑性加工中一种先进的加工方法。挤压工艺是利用模具来控制金属流动，靠软化金属体积的大量转移来成型所需的零件。挤压法可加工各种复杂断面实心型材，棒材，空心型材和管材。它是有色金属型材，管材的主要生产方法。

挤压工艺可按金属流动方向、金属流动速度及变形温度等进行分类。

按坯料流动方向和凸模运动方向的不同，挤压可分为正挤压、反挤压、复合挤压、径向挤压四种，如图 4-5 所示。正挤压时，坯料流动方向与凸模运动方向相同。该方法可用于制造各种截面形状的实心件、各种型材和管材；反挤压时，坯料流动方向与凸模运动方向相反。该方法一般用于制造不同截面形状的杯形件；复合挤压时，坯料一部分顺凸模运动方向流动，一部分则向相反方向流动，即同时兼有正挤压和反挤压时坯料的流动特征。该方法常用于制造带有突起部分的复杂形状空心件；径向挤压时坯料流动方向与凸模运动方向垂直。该方法一般用于制造在径向有突起部分的零件。

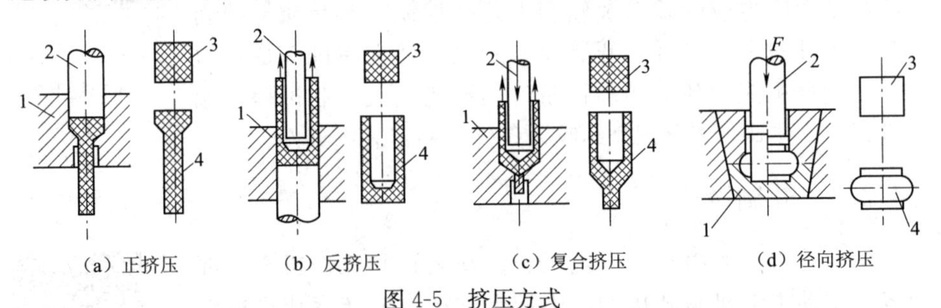

（a）正挤压　（b）反挤压　（c）复合挤压　（d）径向挤压

图 4-5　挤压方式

按金属坯料充填模具型腔的流动速度有一般速度、低速及高速三种方式的挤压。

一般速度挤压是挤压中应用最普遍的一种速度，范围在 0.5～2 m/s，其设备有压力机、肘杆压力机、摩擦压力机及专用挤压机等。低速挤压的速度为 0.01～0.1 m/s，其设备有各种吨位的液压机等。高速挤压的滑块速度高达

6～20 m/s，如高速锤、对击锤和空气锤等。

按坯料的加热温度不同，挤压又可分热挤压、冷挤压、温挤压三种。冷挤压是在室温中对毛坯进行挤压；温挤压是将毛坯加热到金属再结晶温度以下某个适当的温度范围内进行挤压；热挤压是将毛坯加热至热锻温度范围内进行挤压。

4.3.2 变形程度及其表示方法

1. 断面收缩率

挤压件的变形程度一般用断面缩减率 φ 来表示，即挤压前，后横截面积之差与挤压前毛坯横截面积之比的百分数。

$$\varphi=\frac{A_0-A_1}{A_1}\times 100\%$$

式中：A_0 ——挤压前坯料横截面积，mm^2；

A_1 ——挤压后制件的横截面积，mm^2。

此外，变形程度也可用挤压比 R 表示，即坯料与挤压件横截面积之比。

$$R=\frac{A_0}{A_1}$$

当挤压比用对数表示时，又称为对数挤压比 λ：

$$\lambda=\ln\frac{A_0}{A_1}$$

2. 许用变形程度

金属冷挤压时，一次挤压加工所允许的变形程度，称为许用变形程度，从提高生产率的角度来说，挤压许用变形程度的值越大越好，使得零件能一次成型，不过提高生产率是有条件的，即要求模具在一定寿命的条件下尽可能减少挤压工序，因此有时适当增加挤压工序而使模具寿命提高，也是一种有效的方法。

挤压许用变形程度决定于下列各方面的因素：

（1）被挤压材料的力学性能

材料越硬，许用变形程度就越小；钢的含碳量越高，钢材的屈服极限与强度极限也升高，其许用变形程度也就降低。

（2）模具强度

模具钢材料好，模具制造中，冷、热加工工艺均比较合理，模具结构又比较合理，这样的模具强度就高，因此许用变形强度也就可以大些。

（3）挤压变形方式

在变形程度相同的条件下，正挤压的压力大于反挤压的压力，所以反挤压的许用变形程度大于正挤压的许用变形程度。

（4）毛坯表面处理与润滑

其条件越好，许用的变形程度也就越大。

5）挤压模具的几何形状

挤压模具工作部分的几何形状越合理，金属流动越顺利，则单位挤压力降低，许用的变形程度便越大。

4.3.3 挤压模具材料的选择

挤压变形过程中，模具承受较大的单位挤压力，要求其材料具有较高的强度和硬度才能避免模具变形和损坏。模具材料仅在室温时具有较高的强度和硬度还不够，因为热挤压、温挤压过程中坯料不断把热量传给模具，使模具经常处在200～500 ℃条件下工作，这就要求模具材料具备足够的热强性和热硬性。挤压过程也不只是一单纯的受压过程，同时带有一定程度的冲击性，所以模具必须具有相当好的韧性。生产中常用的挤压模具材料见表4-2。

表4-2　挤压模具材料

挤压方式	凹模		凸模	
	材料	热处理	材料	热处理
冷挤压	W18Cr4V	60～62HRC	W18Cr4V	60～62HRC
温挤压	W6Mo5Cr4V2 4Cr5W2VSi		W6Mo5Cr4V2	
热挤压	3Cr2W8（V） BK25	46～50HRC	3Cr2W8（V）	46～50HRC

4.4 拉　　拔

4.4.1 拉拔概述

拉拔是使坯料在牵引力的作用下通过模孔而变形，获得所需制件的压力加工方法（图4-6）。

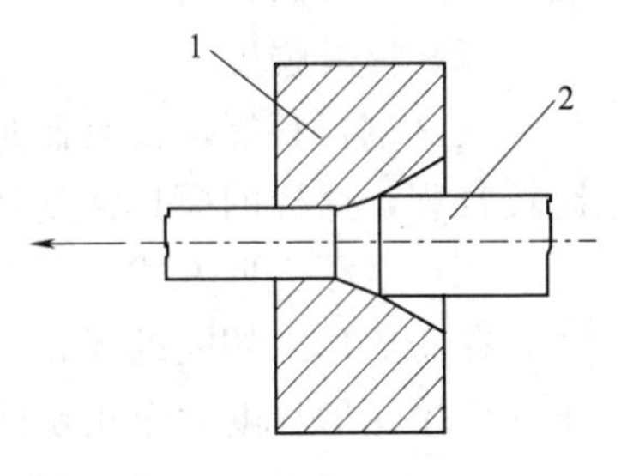

图4-6　拉拔示意图

1—模具；2—坯料

拉拔时所用模具模孔的截面形状及使用性能对制件影响极大。模孔在工作中受着强烈的摩擦作用。为了保持其几何形状的准确性，提高模具使用寿命，应选用耐磨性好的材料（如硬质合金等）来制造。

拉拔主要用于各种细线材、薄壁管及各种特殊截面形状型材的生产。拉拔常在冷态下进行，产品精度较高，表面粗糙度较小，因而常用来对轧制件进行再加工，以进一步提高产品质量。拉拔成形适用于低碳钢、大多数有色金属及其合金。

拉拔一般在冷态下进行。可拉拔断面尺寸很小的线材和管材，如直径为 0.015 mm 的金属线，直径为 0.25 mm 管材。拉拔制品的尺寸精度高，表面粗糙度值小，金属的强度高（因冷加工硬化强烈）。可生产各种断面的线材，管材和型材，广泛用于电线，电缆，金属网线和各种管材生产上。

4.4.2　拉拔分类

按制品截面形状，拉拔可分为实心材料拉拔与空心材料拉拔。实心材拉拔指棒材、型材及线材的拉拔。空心材料拉拔指圆管及异形管材的拉拔，对于空心材拉拔有如下几种基本方法（二维码 4-6）。

4-6　空心材拉拔

相关视频

4.5　冲　　压

4.5.1　冲压生产概述

板料冲压是利用模具，借助冲床的冲击力使板料产生分离或变形，获得所需形状和尺寸的制件的加工方法。冲压加工是塑性加工的基本方法之一，它主要用于加工板料零件，所以也称为板料冲压。这种方法通常是在冷态下进行的，所以又称为冷冲压。所用板料厚度一般不超过 6 mm。

用于冲压加工的材料应具有较高的塑性。常用的有低碳钢、铜、铝及其合金，此外非金属板料也常用于冲压加工，如胶木、云母、石棉板和皮革等。

板料冲压具有如下特点：

1）冲压生产操作简单，生产率高，易于实现机械化和自动化。

2）冲压件的尺寸精确，表面光洁，质量稳定，互换性好，一般不再进行机械加工，即可作为零件使用。

3）金属薄板经过冲压塑性变形获得一定几何形状，并产生冷变形强化，使冲压件具有质量轻、强度高和刚性好的优点。

4）冲模是冲压生产的主要工艺装备，其结构复杂，精度要求高，制造费用相对较高，故冲压适合在大批量生产条件下采用。

4.5.2 冲压设备

1. 压力机

压力机是冲压加工的基本设备，其结构和工作原理如图 4-7 所示。压力机的主要技术参数是冲床的公称压力、滑块行程和封闭高度。

公称压力：即压力机的吨位，它是滑块运行至最下时所产生的最大压力。

滑块行程：曲轴旋转时，滑块从最上位置到最下位置所移动的距离，它等于曲柄回转半径的两倍。

封闭高度：滑块在行程达到最下位置时，其下表面到工作台间的距离。压力机的封闭高度应与冲模的高度相适应。压力机连杆的长度一般都是可调的，调节连杆的长度即可对压力机的封闭高度进行调整。

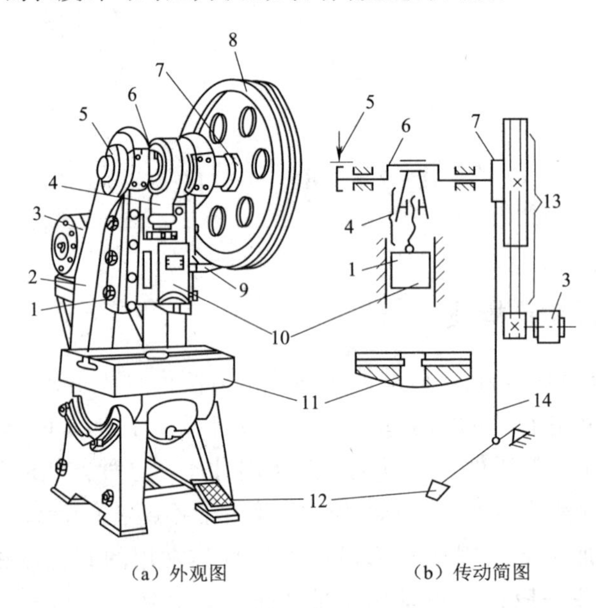

（a）外观图　　（b）传动简图

图 4-7　开式双柱压力机

1—导轨；2—床身；3—电动机；4—连杆；5—制动器；6—曲轴；7—离合器；8—带轮；9—V 带；10—滑块；11—工作台；12—踏板；13—V 带减速系统；14—拉杆

2. 剪床

剪床是下料用的基本设备，将板料剪切成一定宽度的条料，以供冲压使用。其主要参数是所能剪切的最大板厚和宽度。其传动机构和剪切示意图如图 4-8 所示。

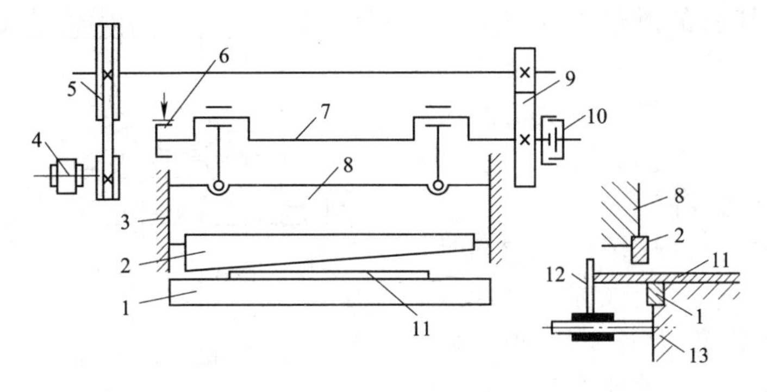

图 4-8 剪床结构及剪切示意图

1—下刀刃；2—上刀刃；3—导轨；4—电动机；5—带轮；6—制动器；7—曲轴；8—滑块；9—齿轮；10—离合器；11—板料；12—挡铁；13—工作台

4.5.3 冲压模具

冲压模具（简称冲模）是使坯料分离或变形的工艺装备。冲压模具由以下几部分组成：

1）工作零件：使板料成形的零件，有凸模、凹模、凸凹模等。

2）定位、送料零件：使条料或半成品在模具上定位、沿工作方向送进的零部件。主要有挡料销、导正销、导料销、导料板等。

3）卸料及压料零件：防止工件变形，压住模具上的板料及将工件或废料从模具上卸下或推出的零件。主要有卸料板、顶件器、压边圈、推板、推杆等。

4）结构零件：在模具的制造和使用中起装配、固定作用的零件，以及在使用中起导向作用的零件。主要有上、下模座，模柄，凸、凹模固定板，垫板，导柱、导套、导筒、导板螺钉、销钉等。

冲模有简单冲模、连续冲模和复合冲模三类。

（1）简单冲模

在冲床滑块一次行程中只完成一道工序的冲模。其结构如图 4-9 所示。冲模分上模（凸模）和下模（凹模）两部分，上模借助模柄固定在冲床滑块上，随滑块上下移动；下模通过下模板由凹模压板和螺栓安装紧固在冲床工作台上。

凸模亦称冲头，与凹模配合使坯料产生分离式变形，是冲模的主要工作部分。

导套和导柱分别固定在上下模板上，保证冲头与凹模对准。导板控制坯料的进给方向，定位销控制坯料的进给长度。当冲头回程时，卸料板使冲头从工件或坯料中脱出，实现卸料。

（2）连续冲模

在滑块一次行程中，能够同时在模具的不同部位上完成数道冲压工序的冲模称为连续冲模，如图 4-10 所示。这种冲模生产效率高，但冲压件精度不够高。

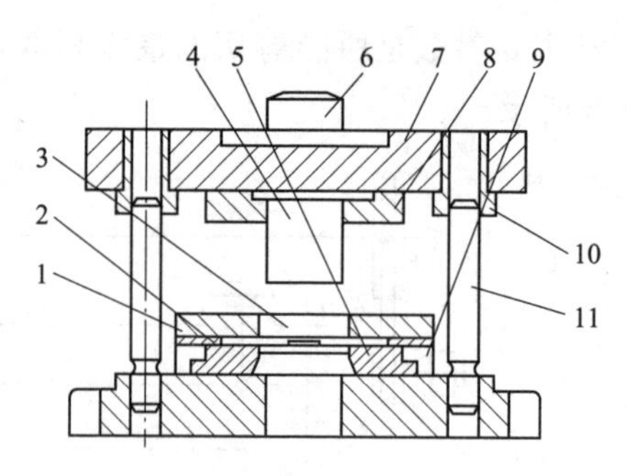

图 4-9　简单冲模

1—固定卸料板；2—导料板；3—挡料销；4—凸模；5—凹模；6—模柄；7—上模座；8—凸模固定板；9—凹模固定板；10—导套；11—导柱；12—下模座

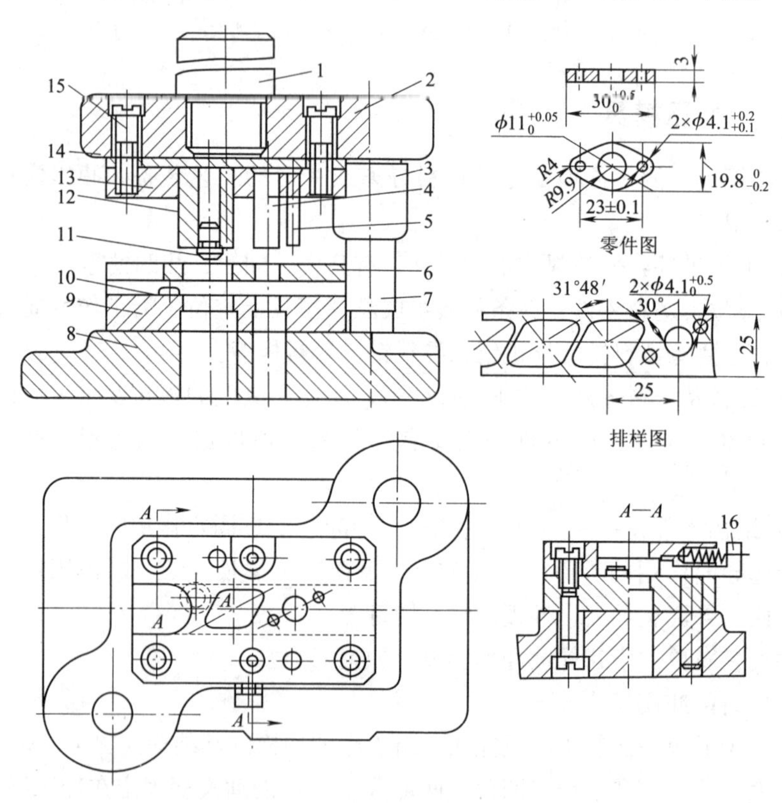

图 4-10　连续冲模

1—模柄；2—上模座；3—导套；4、5—冲孔凸模；6—固定卸料板；7—导柱；8—下模座；9—凹模；10—固定挡料销；11—导正销；12—落料凸模；13—凸模固定板；14—垫板；15—螺钉；16—始用挡料销

(3) 复合冲模

在滑块一次行程中，可在模具的同一部位同时完成若干冲压工序的冲模称为复合冲模，如图 4-11 所示。复合冲模冲制的零件精度高、平整、生产率高，但复合冲模的结构复杂，成本高，只适于大批量生产精度要求高的冲压件。

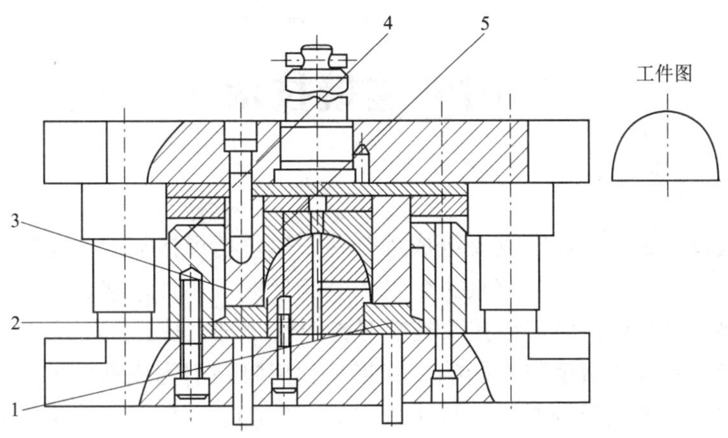

图 4-11　复合冲模

1—弹性压边圈；2—拉深凸模；3—落料、拉深凸凹模；4—落料凹模；5—顶件板

4.5.4　冲压的基本工序

冲压基本工序可分为落料、冲孔、切断等分离工序，和拉深、弯曲等变形工序两大类。

4-7　冲压基本工序

相关视频

第 5 章 材料连接技术

连接技术是制造业的重要组成部分，一般包括焊接技术、胶接技术和机械连接技术。焊接技术具有接头强度大、能形成永久性连接、可满足多方面的使用要求等特点，但焊接接头往往是经过局部加热完成的，会产生残余应力，且受到复杂的冶金因素影响。胶接是利用胶黏剂完成连接的，可以连接任意搭配的同种或异种材料，接头外观好，生产成本低；但接头强度一般较低，且容易受水和有机溶剂等影响而性能下降，使用温度不高。机械连接包括螺纹连接、铆接、销钉连接、扣环和快动连接等方法，不受材料冶金因素影响，可以达到较高的连接强度，但其接头较笨重，消耗材料多。选择何种连接技术进行连接，主要考虑材料的强度、负载的类型与方向、结构工作的可靠性、使用环境、维护、生产成本以及外观等因素。

5.1 焊接技术

5.1.1 焊接概论

焊接是指采用化学或物理的方法，使分离的材料形成原子或分子间的结合，产生具有一定性能要求的整体。可见，焊接具有以下三个方面的含义：一是加热、加压或两者并用；二是使材料达到原子间结合；三是形成永久性的连接。焊接接头具有牢固、轻便、密封性好等特点，已广泛应用于汽车、船舶、新能源、航空航天及电子信息等领域。

母材是指焊接加工时，待连接的工件材料。熔化焊的接头一般可分成焊缝、熔合区和热影响区三个部分，如图 5-1 所示。焊缝是指母材局部受热熔化形成熔池，熔池冷却凝固后形成的区域。热影响区是指由于受焊接加热影响，焊缝两侧的母材内部组织和力学性能发生变化的区域。熔合区是指焊缝与热影响区之间的区域。对于非熔化焊接（如扩散焊等），焊接接头的热影响区和熔合区较小，甚至没有。

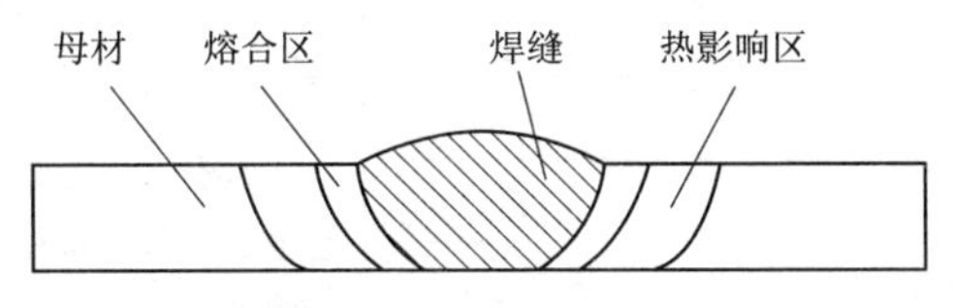

图 5-1　熔化焊接头

按照母材是否熔化，焊接技术可分为液相连接和固相连接两类（表 5-1）。液相连接是指采用热源加热使工件被连接部位局部熔化，冷却结晶后实现连接的方法。固相连接是与液相连接相对应的一类焊接方法，是指在加压、扩散、摩擦等作用下，工件在固态条件下实现连接的方法。钎焊属于液-固相连接，填充材料加热为液态，而母材为固态。

表 5-1　焊接方法的分类

母材是否熔化	大类	小类	适用材料
液相连接	气焊	氧-氢火焰、氧-乙炔（丙烷）火焰、空气-乙炔（丙烷）火焰	碳素钢、合金钢和有色金属（如铝、铜等）的薄件、小件
	电弧焊	焊条电弧焊	结构钢、耐热钢、低温钢、不锈钢、铸铁以及镍、铜、铝等有色金属
		非熔化极气体保护焊（TIG）	碳素钢、合金钢、不锈钢、铸铁、铝及其合金、纯铜和黄铜等
		熔化极气体保护焊（MIG、MAG）	
		二氧化碳气体保护焊	碳素钢、耐热钢、低合金钢和不锈钢等
		埋弧焊	碳素钢、耐热钢、不锈钢及其复合钢材、铜合金、镍合金等
	电渣焊	丝极、板极电渣焊	碳素钢、低合金高强度钢、耐热钢、中合金钢等
	电阻焊	点焊、缝焊、对焊	低碳钢、合金钢及铝、铜等有色金属及其合金
	高能束流焊	电子束焊	金属材料和异种金属材料、非金属材料，尤其适用于活泼金属、难熔金属、异种金属和质量要求高的工件
		激光焊	碳素钢、低合金高强度钢、不锈钢、硅钢、铝合金、钛合金、高温合金、异种材料、陶瓷和有机玻璃
		等离子弧焊	合金钢、不锈钢、钛及其合金、铜及合金、钼等

续上表

母材是否熔化	大类	小类	适用材料
固相连接	压力焊	冷压焊	大部分金属、非金属材料、物理性能相差悬殊的异种材料（金属与半导体及其他非金属等）
		热压焊	
		爆炸焊	
		超声波焊	
	扩散焊	真空扩散焊	对氧溶解度大的金属、异种金属、金属与陶瓷或石墨等非金属
		瞬间液相扩散焊	陶瓷、沉淀强化高温合金、单晶和定向凝固的铸造高温合金以及镍-铝化合物基高温合金
		超塑性成型扩散焊	钛及钛合金
		热等静压扩散焊	脆性材料
	摩擦焊	连续驱动摩擦焊	结构钢、不锈钢、合金钢、粉末合金、功能材料、复合材料、难熔材料以及陶瓷-金属等异种材料
		惯性摩擦焊	
		搅拌摩擦焊	钢、钛合金、铝合金和镁合金
	钎焊		金属材料、异种金属材料、金属与非金属材料间的连接

随着工业技术的突飞猛进，高能束焊、激光-电弧复合焊、真空扩散焊等新的焊接方法或工艺不断出现，同时焊接技术向机械化、自动化、信息化和智能化制造方向发展。

5.1.2 金属熔焊原理

焊接时的温度场、熔池的形成、化学冶金、熔池结晶和热影响区影响焊接接头性能。

1. 焊接温度场

焊接时，工件各部位存在较大的温度差，同时与其周围介质发生热交换。因此，工件内部以及工件与周围介质之间存在热能流动。焊接温度场是指某一瞬间工件上（包括内部）各点温度的分布。焊件中温度场的分布一般采用等温线或等温面表示（图 5-2），各个等温线或等温面之间存在温度差，采用温度梯度表示这个温度差的大小。焊接温度场影响焊接熔池形状、熔液流动、熔池结晶和热影响区大小及组织。

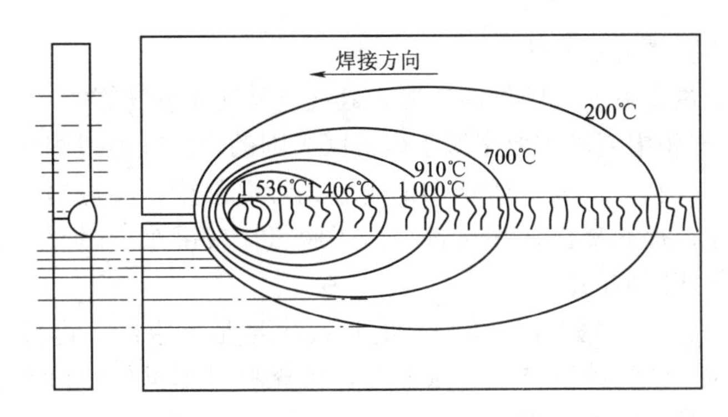

图 5-2　焊接温度场

影响焊接温度场的因素有 4 个：①热源性质；②焊接线能量；③母材的热物理性质；④焊件的厚度及形状。

2. 熔池

（1）焊条（丝）的熔化

熔化焊加热和熔化焊条（丝）的热能有电阻热、电弧（或其他热源，如激光、电子束等）和化学反应产生的热能，其中电弧或其他热源是焊条（丝）熔化的主要热能来源。熔滴向熔池过渡是影响焊接过程的稳定性、飞溅的大小、焊缝成型的优劣和产生焊接缺陷的可能性的重要因素。按照形式和特征，熔滴过渡可以分为短路过渡、颗粒状过渡、射流过渡和旋转射流过渡四种。颗粒状过渡时的焊接质量高，射流过渡时的焊缝成形美观，旋转射流过渡的熔覆速度高。

（2）焊接熔池的形成

焊接熔池是指母材上由熔化的焊条（丝）金属和局部熔化的母材金属组成的具有一定形状的液体金属。非熔化极焊接的熔池仅由熔化的母材组成。熔池的形状（图 5-3）、体积、尺寸、存在的时间、温度和液态金属的流动状态极大地影响熔池中的冶金反应、晶体结构、结晶方向、焊缝中夹杂物的分布和数量、焊缝缺陷的产生。

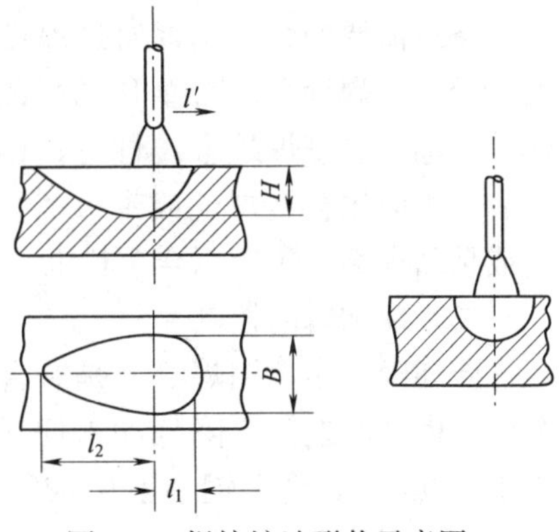

图 5-3　焊接熔池形状示意图

3. 化学冶金

焊接化学冶金过程是指在高温下，焊接区内各物质之间相互作用的过程，是分区域或阶段连续进行的。焊接时，一般通过调整材料的成分和控制冶金反应的发展，以获得预期的焊缝成分。

(1) 气体对焊缝的作用

对焊缝质量影响较大的气体主要有氮气、氢气和氧气等。

1) 氮。气相中氮的主要来源于焊接区周围的空气。氮对焊接质量的影响主要有：产生气孔；提高低碳钢和低合金钢焊缝强度；降低塑性和韧性；使焊缝失效脆化；提高奥氏体稳定性。由于脱氮比较困难，因此控制氮的主要方法是加强焊接区域的保护。

2) 氢。氢对于多数金属及合金的焊接质量是有害的。焊接材料中的水分、含氢物质，电弧周围空气中水蒸气，填充材料和母材坡口表面上的铁锈和油污等杂质是氢的主要来源。

氢对焊接质量的影响主要有：氢脆、白点、气孔、冷裂纹。控制氢的措施：降低焊接材料中的含氢量；清除焊丝和焊件表面的杂质；在药皮和焊剂中加入氟化物；控制焊接材料的氧化还原势；在焊接材料中加入微量的稀土或稀散元素；控制焊接规范；焊后氢处理。

3) 氧。氧与金属可能发生有限溶解，但一般会发生氧化反应，生成的氧化物对焊接质量是有害的。氧对焊接质量的影响有：降低焊缝强度、塑性、韧性、低温冲击韧性；红脆、冷脆和失效硬化；降低焊缝的导磁性、导电性、抗蚀性等；气孔；减小钢中有益合金元素使焊缝性能变差等。控制氧的措施：纯化焊接材料、控制焊接工艺规范、脱氧。

(2) 合金化

将所需要的合金元素通过焊接材料加入焊缝金属中的过程称为焊缝金属的合金化。焊缝金属合金化的目的：补偿焊接过程中合金元素的损失；消除焊接缺陷，提高焊缝金属性能；得到特殊性能的焊缝金属。常用合金化的方式有：①应用合金焊丝或带极；②应用药芯焊丝或药芯焊条；③应用合金药皮或粘结焊剂；④应用合金粉末。

(3) 硫和磷的控制

硫和磷在多数钢焊缝中是有害的杂质。硫的危害性体现在：容易使焊缝金属产生结晶裂纹，降低冲击韧性和抗腐蚀性。一般焊缝中硫含量，低碳钢小于0.035%，合金钢小于0.025%。控制硫的措施：①降低焊接材料中的硫含量；②用冶金方法脱硫，常用锰作为脱硫剂。

Fe_2P 和 Fe_3P 是磷在焊缝中的主要存在形式，会降低晶粒之间的结合力，容易形成结晶裂纹，并增大焊缝金属的冷脆性。控制磷的措施：①降低焊接材料中的磷含量；②脱磷。

4. 熔池结晶

焊接时，当热源离开后，熔池温度降低，开始结晶，如图 5-4 所示。熔池结晶过程中，可能形成晶体缺陷、偏析、结晶裂纹、气孔和夹杂等缺陷。

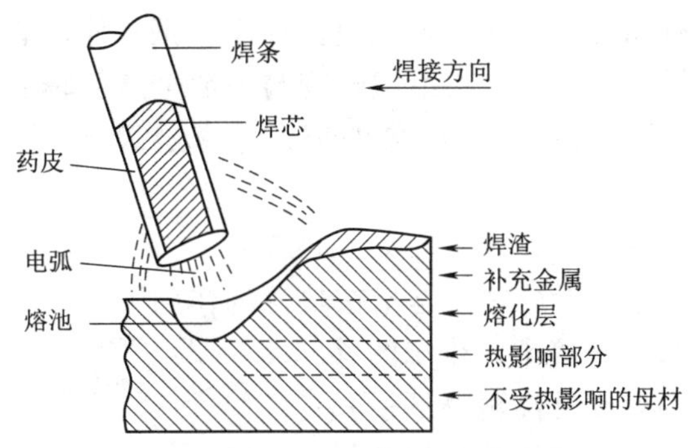

图 5-4　熔池金属的结晶

焊接熔池结晶分为晶核生成和晶核长大两个过程。与一般钢锭的结晶相比，焊接熔池结晶有其特殊性：

1）熔池的体积小，冷却速度大。容易产生淬硬组织，甚至裂纹；焊缝中主要是柱状晶（如图 5-5 所示）。

2）液体金属处于过热状态，合金元素烧损较严重。

3）熔池是在运动状态下结晶，熔池前半部进行熔化过程，而熔池的后半部进行结晶过程（如图 5-6 所示）。熔池结晶的特殊性容易导致焊缝和熔合区中出现化学不均匀性，如显微偏析、区域偏析和层状偏析等。

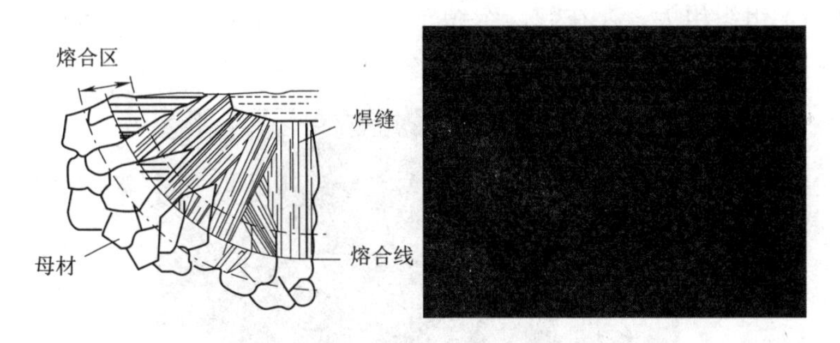

图 5-5　焊缝中的柱状晶

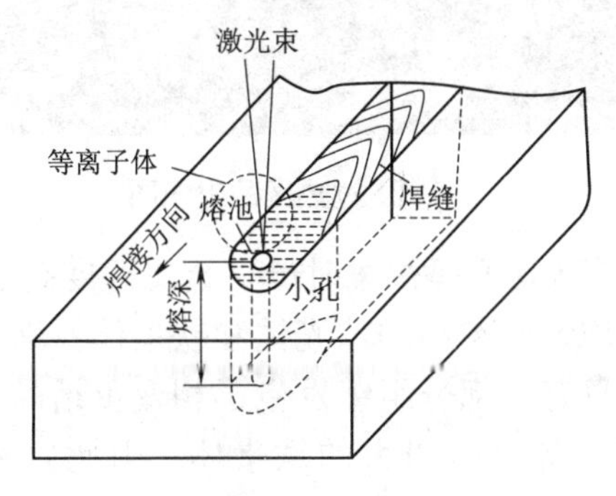

图 5-6　熔池的运动状态下结晶

一般除了没有相变的金属（如纯奥氏体不锈钢）外，室温下的焊缝组织均为二次组织。焊缝金属的二次组织转变与一般金属的转变机理一致。改善二次结晶组织的措施有：①焊后热处理；②多层焊接；③锤击焊道表面；④跟踪回火处理。

5. 焊接热影响区

热影响区（也称为近缝区）是指在热源的作用下，焊缝两侧母材发生组织性能变化的区域。焊接中，热源的移动使焊件上某点的温度升高再降低过程称为焊接热循环。由于经历的焊接热循环不同，热影响区上各点的组织不同，因而具有不同的性能。按照组织特征，低碳钢和低合金钢的焊接热影响区可分为熔合区、过热区、相变重结晶区（正火区）和部分相变区，如图 5-7 所示。

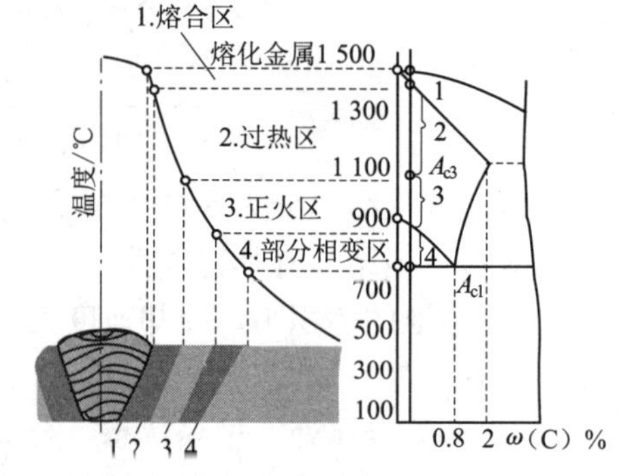

图 5-7 焊接热影响区的分布特征

熔合区（又称为半熔化区）是指焊缝与母材相邻的部位。熔合区存在的化学成分和组织性能不均匀性，容易产生裂纹、脆性破坏。过热区的金属处于过热状态，组织粗大，存在魏氏组织（图 5-8）。过热区的晶粒粗大，力学性能较差，呈脆性，是接头的薄弱环节。

图 5-8 过热区的组织图

相变重结晶区（正火区）是焊接时母材金属温度高于 Ac_3，发生重结晶，并在冷却过程中得到均匀而细小的珠光体和铁素体。该区具有较好的塑性和韧性。部分相变区内只有一部分组织发生了相变重结晶，形成晶粒细小的铁素体和珠光体，而其他部分是粗大的铁素体。因此，该区域力学性能也不均匀。

6. 焊接缺陷

焊接缺陷主要有气孔、夹杂和裂纹三种。气孔和夹杂会产生应力集中，降低焊缝金属的强度和韧性。

（1）气孔

焊接气孔有表面气孔和内部气孔两种，如图 5-9 所示。预防气孔的措施主要是从熔池保护、保护气氛、填充材料、焊件表面处理和焊接工艺规范等方面着手。

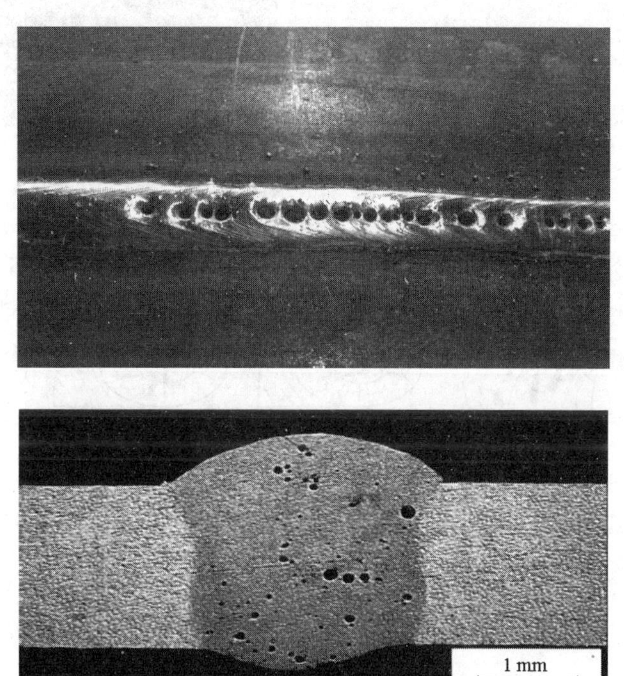

图 5-9　焊缝中的气孔

（2）夹杂

氧化物、氮化物和硫化物是焊缝中的主要夹杂物。氧化物夹杂容易使焊缝中产生热裂纹和层状撕裂。氮化物夹杂只有在保护不好时可能发生。对于低碳钢和低合金钢焊接，氮化物夹杂会提高焊缝的硬度，降低塑性、韧性。硫化物夹杂也会引起热裂纹。但当钢中含硫量极低时，也会引起裂纹。弥散状态分布于金属中的微量硫化物可降低氢的有害作用，故可提高抗裂性。

防止焊缝中夹杂物的措施有：正确选择焊条、焊剂；选用合适的焊接规范；操作时注意保护熔池；多层焊应彻底清除前层焊缝的熔渣。

（3）裂纹

裂纹是指焊缝中原子结合遭到破坏，形成新的界面而产生的缝隙。焊接裂纹有表面裂纹和内部裂纹（图 5-10）两种。裂纹既可能在焊接过程中产生，又可能在放置或运行过程中产生。焊接裂纹可能带来灾难性的事故。

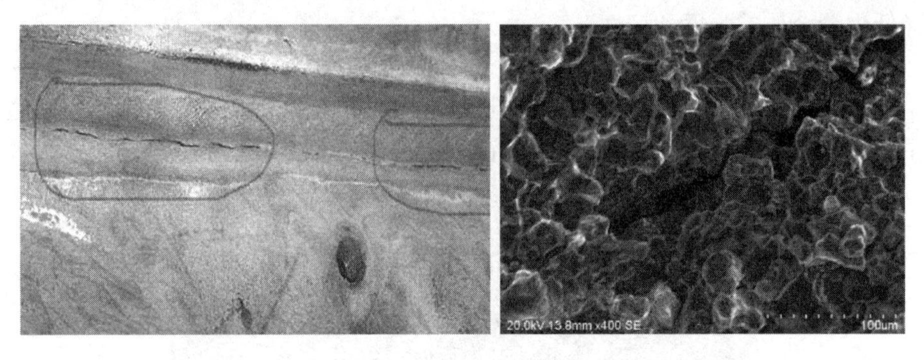

图 5-10　焊缝中的裂纹

按裂纹产生的本质分，焊接裂纹可分为热裂纹（图 5-11）、再热裂纹（图 5-12）、冷裂纹、层状撕裂（图 5-13）和应力腐蚀裂纹（图 5-14）五类。

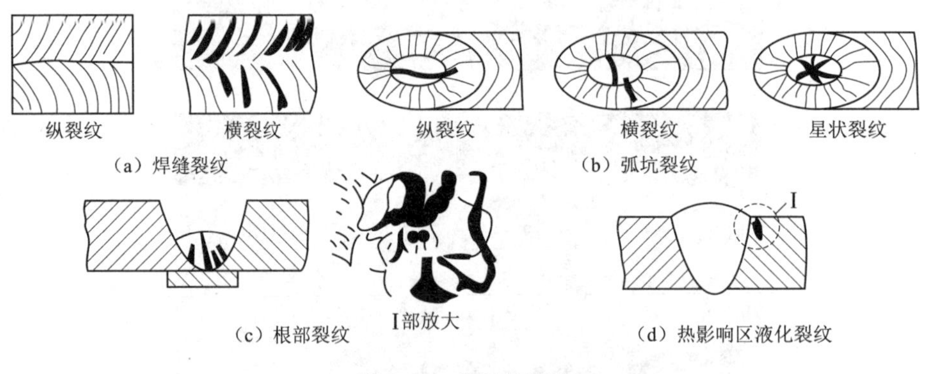

图 5-11　常见热裂纹

图 5-12　焊接再热裂纹

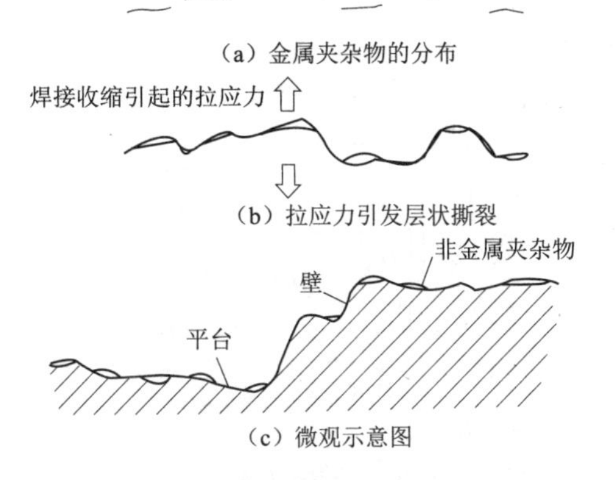

图 5-13　层状撕裂的形成及微观图

图 5-14　应力腐蚀裂纹

5.1.3　焊条电弧焊

焊条电弧焊是用手工操纵焊条，利用焊条与工件之间的电弧产生的高温、高热量熔化母材进行焊接的，如图 5-15 所示。焊接前，将焊机的输出部分分别与工件和焊钳连接，焊条和工件之间引燃电弧，电弧热熔化焊条和工件，形成熔池。焊条药皮熔化后形成熔渣覆盖在焊接区上方起保护作用，焊件金属不断熔化后又随热源的移动迅速冷却凝固，形成焊缝实现连接。

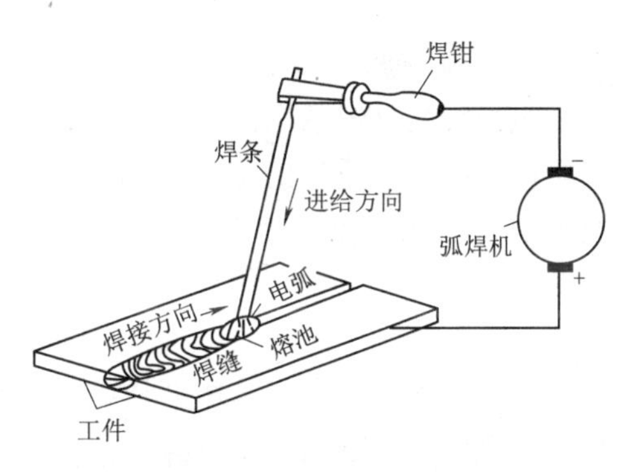

图 5-15　焊条电弧焊的焊接过程

1. 焊接电弧

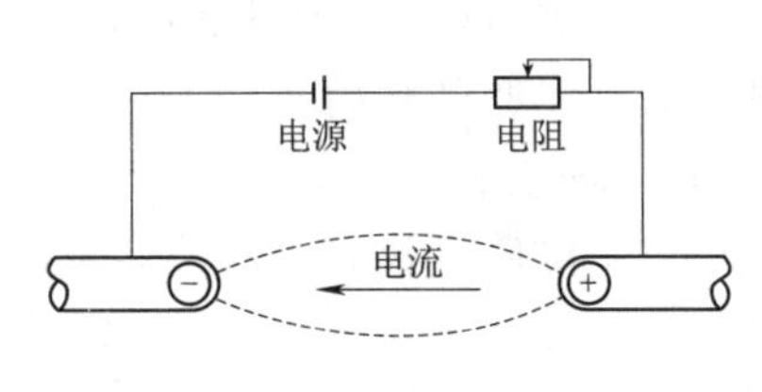

图 5-16　电弧示意图

电弧是指电荷通过两电极间气体空间的一种导电过程（图 5-16）。焊接过程中，利用电弧将电能转换为热能。焊接电弧可分为阳极区、弧柱区和阴极区区域。这三个区域的产热不同，弧柱靠近电极直径小的一端，电流和能量密度高，温度较高，而两极区的温度较低。图 5-17 给出了钨和铜电极与碳和碳电极之间的电弧纵断面等温线。

焊接电弧可以产生电磁力、等离子流力、斑点压力、短路爆破力等电弧力。电弧力直接影响焊缝的熔深、熔池搅拌、熔滴过渡、焊缝成形。影响电弧力的主要因素有气体介质、电流和电弧电压、焊丝直径、钨极或焊丝的极性、钨极端部的几何形状和电流的脉动等。

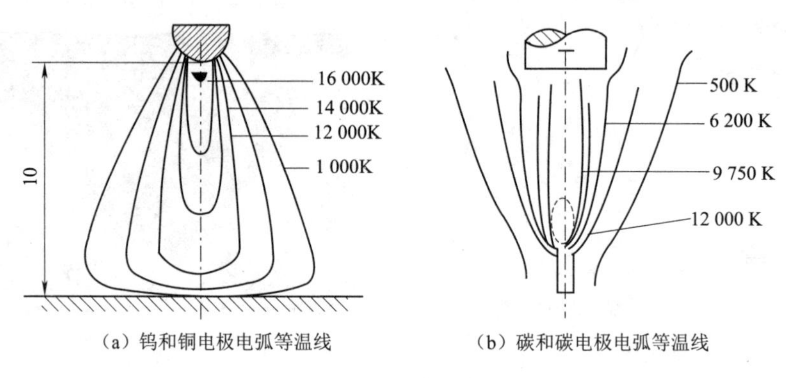

图 5-17　电弧温度分布示意图

2. 电弧焊机

电弧焊机是焊条电弧焊的主要设备。在焊接时，电弧焊机在性能上具有陡降的外特性、适当的空载电压和短路电流、良好的动特性和调节特性，以顺利引燃电弧并始终保持稳定地燃烧。常用的电弧焊机分为交流和直流两大类。

(1) 交流焊

交流电弧焊机是指采用变压器将工业用的电压降至空载时的 60～80 V，而在引燃电弧后输出电压下降到 20～35 V；并产生很大的、可调整的焊接电流，短路时加以限制。交流电弧焊机具有结构简单、体积小、操作及维修方便、价格低等优点，因此使用广泛。

(2) 直流焊

直流弧焊机分为旋转直流弧焊机和整流弧焊机两种。旋转直流弧焊机引弧容易，电弧稳定，焊接质量好，但存在结构复杂、价格昂贵、使用时噪音大、维修困难等缺点，现已基本淘汰。整流弧焊机（也叫弧焊整流器）是利用整流器将交流整流成直流的焊接电源。整流弧焊机具有稳弧性好、重量轻、噪声小、效率高、结构简单、维修方便、成本低和焊接质量稳定等优点，应用广泛。

直流弧焊焊接有两种接法：正接（工件接正极，焊条接负极）；反接（工件接负极，焊条接负极），如图 5-18 所示。正接与反接根据焊接对象不同进行选择，若要加快工件熔化速度，采用正接；焊接薄板和有色金属时，为防止烧穿，采用反接。

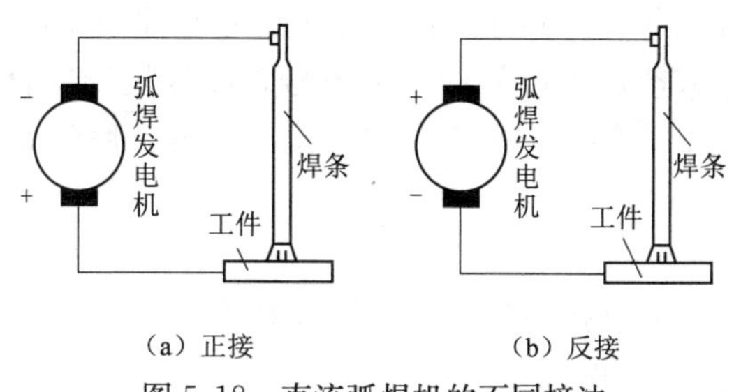

（a）正接　　（b）反接

图 5-18　直流弧焊机的不同接法

3. 焊条

焊条由焊芯和药皮两部分组成。焊芯是金属丝，有两个作用：①稳定电弧；②作为填充材料。药皮是由矿石粉、铁合金粉、水玻璃组成，包裹在金属焊芯外面。药皮的作用有：①稳弧：使电弧稳定燃烧。②保护：产生熔渣和气体，保护和覆盖熔池，防止氧化。③渗合金：过渡合金元素，补充烧损合金元素，使焊缝获得其他所需的合金成分，以提高其机械物理性能。④脱氧：降低电弧、熔渣的氧化性。

焊条药皮的类型可分为两大类：碱性焊条和酸性焊条。药皮中的碱性氧化物比酸性氧化物多即称为碱性焊条，反之称为酸性焊条。碱性焊条和酸性焊条特点见表 5-2。

表 5-2　碱性焊条与酸性焊条的特点

焊条类型	碱性焊条	酸性焊条
电源类型	电弧稳定性较差，需用直流焊接；药皮中增加稳弧剂，方可交、直流两用	电弧稳定，可用交流或直流焊接
工艺特点	（1）焊接电流小，焊缝成型差，熔深大 （2）须短弧操作，电流适中 （3）对气孔敏感性较大，焊条需在使用前 300～400 ℃烘干 1～2 h 后，放在保温筒中保存 （4）熔渣呈结晶状，第一层脱渣较困难 （5）焊接时烟尘较多，产生 HF 有毒气	（1）焊接电流大，焊缝成型好，熔深较浅 （2）可长电弧操作，对电流要求不严 （3）对气孔的敏感性小，焊条在焊前 150～200 ℃烘干 1 h；若不吸潮，不烘干也可使用 （4）熔渣成玻璃状，易去渣 （5）焊接时烟尘较少
焊接质量	（1）药皮成分有还原性，合金元素烧损少，过渡效果好 （2）脱磷、脱硫强，抗裂性能好 （3）焊缝中含氢低 （4）焊缝在常温及低温中抗冲击性能较好	（1）药皮成分氧化性强，合金元素易烧蚀，过渡效果差 （2）脱磷、脱硫差，抗裂性能差 （3）焊缝中含氢高，易产生“白点” （4）焊缝在常温中抗冲击性能一般
应用	用于锅炉等压力容器受压元件及重要结构焊接	用于一般性焊接

焊条分类编号目前有两种方法：①焊条型号，即国家标准；②焊条牌号，有关部门和生产厂家按焊条产品样本上编号。以焊接低碳合金钢和低碳钢使用的酸性焊条 E4303 为例，E4303 是国家标准型号，牌号是 J422，字母及数字表示如下：

E——电焊条

43——焊缝金属的抗拉强度 $R_m \geqslant 420$ MPa

0——适合于全位置焊接

3——钛钙型药皮

J——结构钢焊条

42——焊缝金属的抗拉强度 $R_m \geqslant 420$ MPa

2——钛钙型药皮

4. 焊接参数

焊接参数是指焊接时为保证焊接质量而选定的工艺参数，选择合理的参数，对焊件的质量起直接作用。焊条电弧焊接参数有：焊接速度、焊接电流、焊条直径和焊接电弧、电压及线能量等。

5. 焊接接头

(1) 接头形式

常见的焊接接头形式有四种：对接接头、搭接接头、角接接头和 T 形（丁字）接头，如图 5-19 所示。在一般焊件中，最好的连接形式是对接。

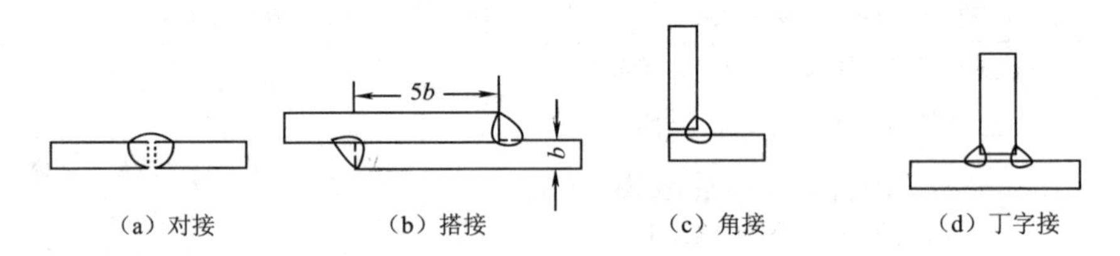

图 5-19　常见接头的基本形式

(2) 坡口

坡口是指按照设计或工艺，在焊件的待焊部位加工、装配形成的几何形状的沟槽。常用的坡口形式主要有：I 形、Y 形、双 Y 形、U 形坡口，如图 5-20 所示。坡口的选择一般考虑以下因素：①使填充材料最少；②具有良好的可达性（即焊透性好）；③坡口加工容易，费用低；④利于控制焊接变形。

6. 焊接位置

按照接缝空间位置，焊接位置可分为四种：平焊、立焊、横焊和仰焊，如图 5-21 所示。不同焊接位置的焊缝焊接操作方法不同，但也有相同点：通过保持正确的焊条倾角和掌握好运条的三个动作（焊条的向下送进、横向摆动和纵向移动），严格地控制熔池温度，使熔池金属的完全反应，排除彻底气体、杂质。熔池温度一般由经验确定。故焊接操作中应仔细观察和控制熔池的形状、大小，并根据其变化情况相应调整焊条倾角和运条动作，控制熔池温度。

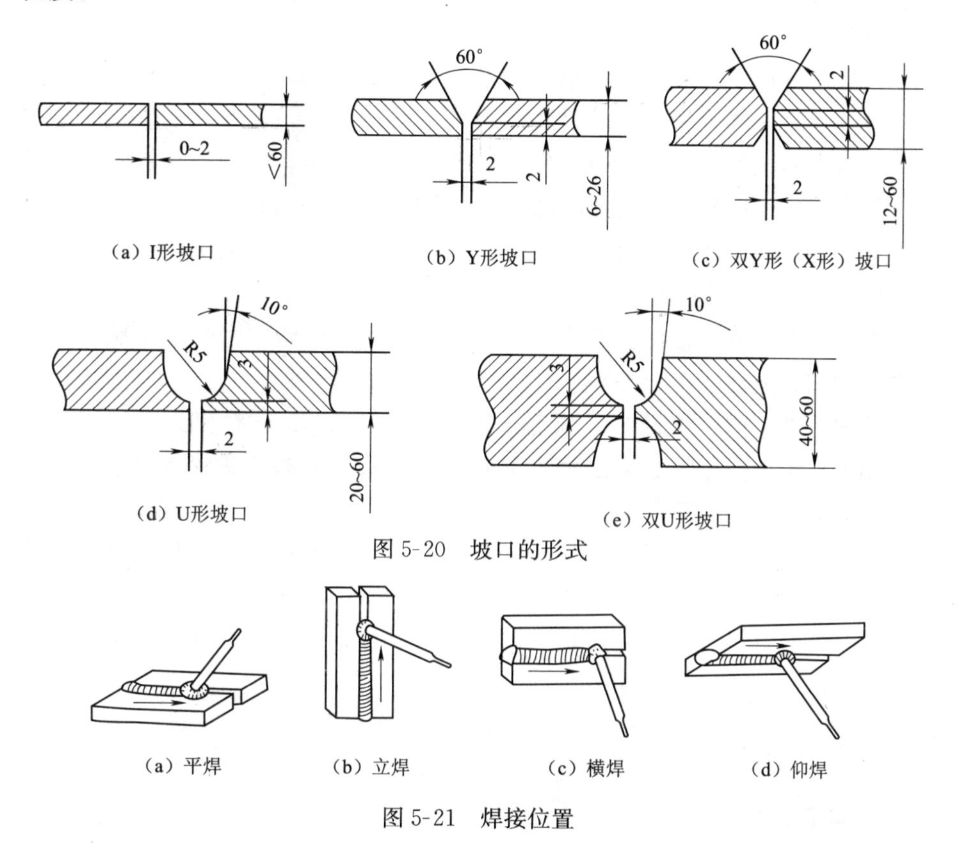

（a）I形坡口　（b）Y形坡口　（c）双Y形（X形）坡口

（d）U形坡口　（e）双U形坡口

图 5-20　坡口的形式

（a）平焊　（b）立焊　（c）横焊　（d）仰焊

图 5-21　焊接位置

对于较厚的工件和焊缝较深需填充，采用多层次焊接，其焊接方法是每焊一条焊道后，须仔细清渣，再焊下层焊道，这种焊接方式叫多层焊，如图 5-22所示。

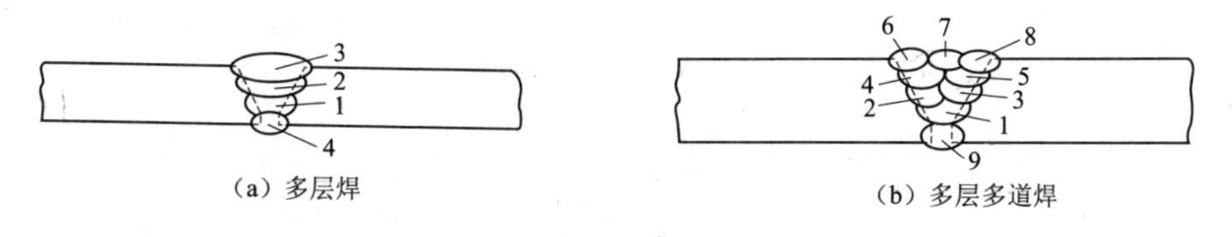

（a）多层焊　（b）多层多道焊

图 5-22　多层焊

7. 常见焊接缺陷及检测

（1）焊接缺陷

熔化焊常见的焊接缺陷有：未焊透、未熔合、烧穿、夹渣、气孔、咬边、变形及裂纹等。焊接缺陷的产生降低构件承载能力，使工件产生应力集中而引起焊缝开裂，降低工件的疲劳强度。因此，在生产中要使用正确的焊接规范和操作方法，另外在焊前选材及准备工作尽量要做好，以避免产生缺陷。

在焊接过程中，焊件受热不均匀及熔化金属急剧冷却收缩，在焊件中产生应力，导致焊件变形，使焊件力学性能变化，形状及尺寸均受影响。焊接变形的基本形式有：扭曲变形、收缩变形、弯曲变形及角变形等。防止焊接变形的常用工艺措施有：①合理选用焊接顺序；②对称焊接；③刚性固定等。若已产生变形，加热校正或敲击校正，也可减少或消除焊接变形。

(2) 焊接接头的检测

焊接接头的常用检测方法有：外观检测、无损检验和密封性检验及力学性能检验和其他性能检测等。

外观检测：即用肉眼观测焊缝表面有无缺陷，直接观其外形。

无损检验：检查焊缝表层和内部缺陷，有着色检测、磁粉探伤、X射线探伤、Y射线探伤和超声波探伤等。

密封性检验：用于要求密封和承受压力的管道及构件，密封性试验分为煤油检验、气压检验和水压检验等。

另外，对有设计要求可将焊接接头制成试件，进行力学性能检测及其他性能检测。

5.1.4 气体保护焊

1. 二氧化碳气体保护焊

二氧化碳气体保护焊（CO_2焊）是利用二氧化碳作为保护气体的焊接方法。电极为可熔化的焊丝，焊接采用自动或半自动方式，半自动CO_2焊应用较多，如图5-23所示。二氧化碳气体保护焊已广泛用于机械、车辆、船舶及锅炉等制造行业。

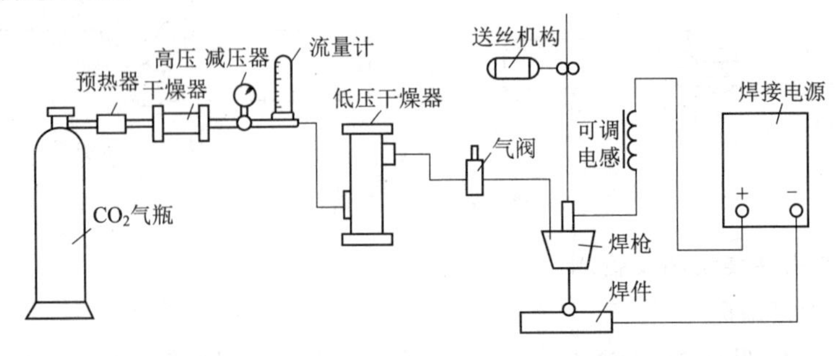

图5-23 CO_2气体保护焊设备示意图

CO_2焊的优点：成本低、电弧热量利用率高、电流密度大、焊后不需清渣、生产效率高等。CO_2焊的缺点：成型较差，合金元素烧损严重，不能焊接有色金属和高合金钢。

CO_2焊一般用于碳钢、低合金钢的焊接，还用于耐磨零件堆焊及铸钢件缺陷的补焊等。

2. 氩弧焊

氩弧焊是采用氩气作为保护气体的焊接技术。手工钨极氩弧焊应用最多，其焊接过程如图5-24所示。焊接时，电弧在钨极和焊件间产生，从一侧送入填充金属，在电弧热的作用下，填充金属与焊件熔融在一起，形成熔池；氩气从喷嘴流，在电弧及熔池周围形成连续的封闭气流，起保护作用。随着电弧前移，熔池金属冷却、凝固成焊缝。

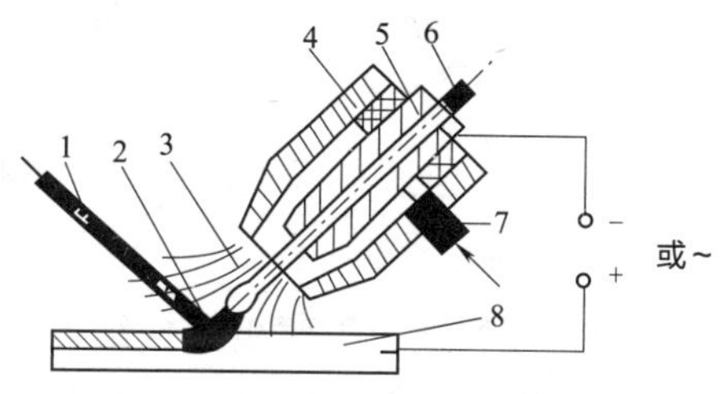

图5-24　手工钨极氩弧焊焊接示意图

1—焊丝；2—电弧；3—氩气流；4—喷嘴；5—导电嘴；6—钨极；7—进气管；8—焊件

直流钨极氩弧焊通常采用工件接正极，钨极接负极（即正接法）。直流钨极氩弧焊电弧稳定，适合于不锈钢、高合金钢、钛、紫铜等合金管件的对接及其小于4mm的薄板焊接。

铝、镁及其合金焊接常用交流钨极氩弧焊。当工件为阴极时，可除去铝、镁及其合金表面的氧化膜，获得质量好、表面光亮的焊缝。

脉冲钨极氩弧焊是利用脉冲装置产生脉冲电流进行氩弧焊的方法。该工艺一般用于焊接较薄工件，特别是薄壁管的焊接。

此外，还有熔化极氩弧焊（焊丝作为熔化电极）。熔化极氩弧焊焊接时，可大大提高焊接电流，焊丝熔化速度快，母材熔深大。与钨极氩弧焊相比，生产效率大大提高，适于中等厚度以上的铜、铝及其合金和不锈钢及钛合金焊接。

氩弧焊的特点：①焊缝质量高；②电弧稳定；③易于实现自动化；④焊接成本较高，设备较为复杂，维修困难。

5.1.5　其他焊接方法

1. 电阻焊

电阻焊是利用通过焊件接头的接触面和邻近区域的电流产生电阻热，把工件加热到高塑性或熔化状态，在压力的作用下形成连接的一种压焊方法。电阻焊具有生产效率高、不需要填充金属、焊接变形小、操作简单方便、易现机械化和自动化等特点。电阻焊的基本形式有 3 种：点焊、缝焊和对焊，如图 5-25 所示。

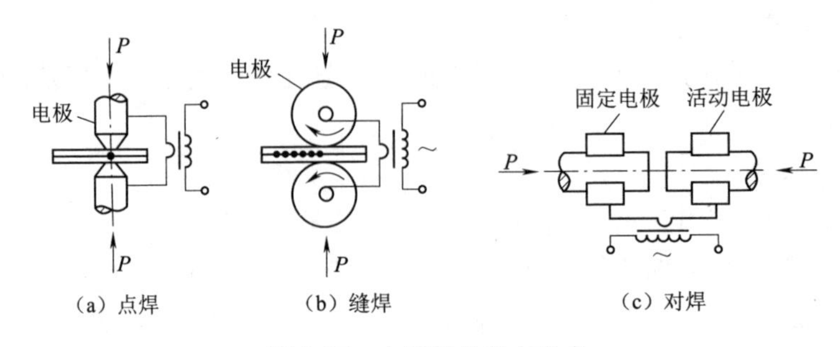

图 5-25　电阻焊的基本形式

(1) 点焊

点焊主要适合于薄板搭接结构、金属网筛及交叉钢筋构件焊接等，是电极间工件在有限接触面（点）上形成扁球状熔核的焊接方法。焊接时，须清理焊件表面锈渍、油漆等脏物，把被焊件板料搭接配好，再放在两极之间，略施压力压紧，当通过足够大的电流时，在板接触处产生极大的电阻热，接触中心的金属迅速加热到熔化状，形成一个液态深池，保持压力，切断电流，冷却后即形成焊点。

(2) 缝焊

缝焊是指焊件以搭接或对接接头形式，置于两滚轮电极之间，滚轮加压工件并转动，形成一条连续焊缝的方法。缝焊密封性好，主要用于制造要求密封的、3 mm 以下薄壁结构。缝焊焊接电流为点焊的 1.5～2 倍，因此需要焊机功率大。

(3) 对焊

按照过程和操作方法，对焊可分为电阻对焊和闪光对焊两种。

电阻对焊需要对加热温度和顶锻速度进行控制［图 5-26 (a)］。当工件接触面附近加热至黄白色时，立即断电，同时施加两端压力。电阻对焊具有操作简单、接头表面光滑、内部质量不高的特点。对焊前，须仔细清理对接端面，去除锈渍和污垢，尽量保证两对焊面平整，避免因端面不平整造成接头面加热不均匀影响焊接质量。

与电阻对焊相比，闪光对焊存在闪光加热阶段［图 5-26 (b)］。闪光对焊实质上是塑性状态焊接。工件表面（端面）熔化的金属和表面氧化物及杂质因闪光对焊时的火花喷射，一起喷出，故闪光对焊接头内部质量比电阻对焊好，焊前的准备清理工作也简单，但焊接接头表面粗糙。目前，闪光对焊应用更为广泛。

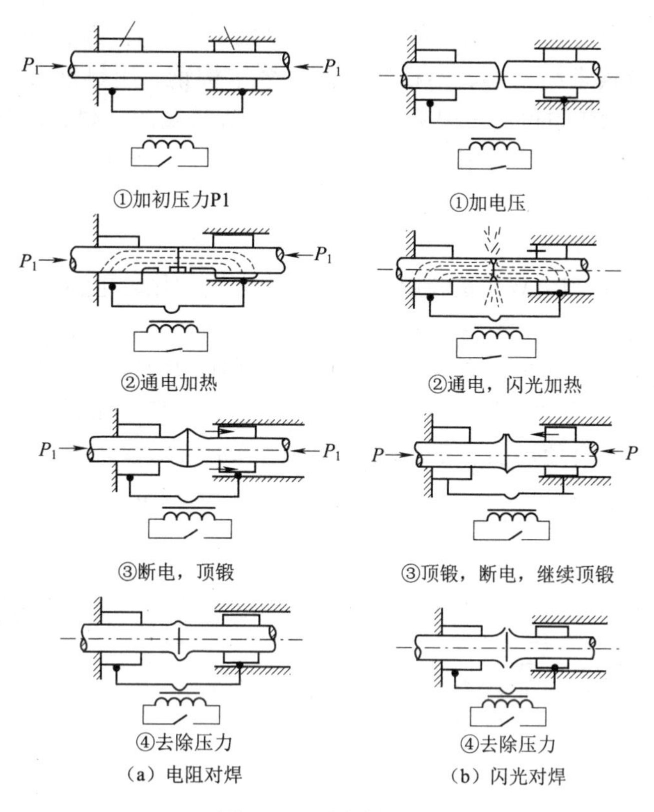

图 5-26　对焊的形式

2. 埋弧焊

埋弧焊是指将电弧埋在焊剂层下，同时采用机械自动控制焊丝送进和电弧移动的焊接方法。焊接时，金属和焊剂的蒸气形成气泡，电弧在这个气泡内持续燃烧，如图 5-27 所示。气泡的顶部有一层熔渣所形成的外膜，这层外膜不仅能很好地隔离了空气与电弧和熔池的接触，而且使弧光辐射不散射出来。

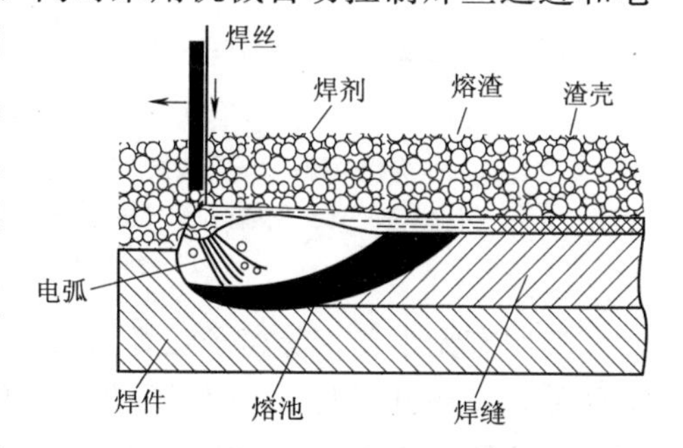

图 5-27　埋弧自动焊焊缝形成过程

与焊条电弧焊相比，埋弧自动焊的优点有：①焊接生产效率高；②焊接质量好且稳定；③劳动条件好。埋弧自动焊的缺点有：①焊接设备较复杂，价格昂贵；②维护保养工作量大，只适用于水平位置焊接；③难以用来焊接钛、铝等氧化性强的金属及其合金；④不适于厚度小于 1 mm 以下的薄板焊接。

埋弧自动焊适于较长的直线焊缝、中厚板工件、直径较大的环形焊缝的焊接，可焊接碳素结构钢、不锈钢、低合金结构钢、耐热钢及其复合钢板。此外，埋弧自动焊也可用于镍基合金、铜合金焊接及耐磨耐腐蚀合金的堆焊。目前，埋弧自动焊广泛应用于化工工业、造船工业的管道、石油、容器及锅炉等金属结构件的焊接。

3. 等离子弧焊

等离子弧焊（PAW）是利用钨极与工件之间的压缩电弧（转移弧）或钨极与喷嘴之间的压缩电弧（非转移弧）进行焊接的一种方法，如图 5-28 所示。电弧经过机械压缩、热压缩和电磁压缩后成为稳定的等离子弧。等离子弧焊接温度可达 30 000 ℃。氩气通常被用于形成等离子弧的气体和它周围的保护气体，但也有使用氦、氮、氩或其中两者混合的混合气体的。等离子弧焊接已广泛用于飞机、汽车、火箭、太空飞船等的焊接。

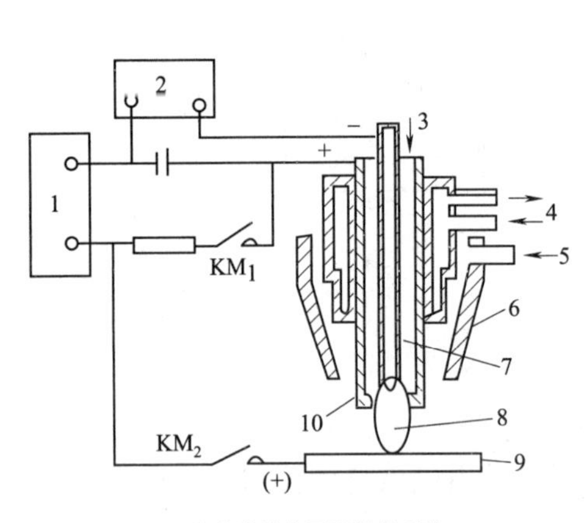

（a）大电流等离子弧焊接系统

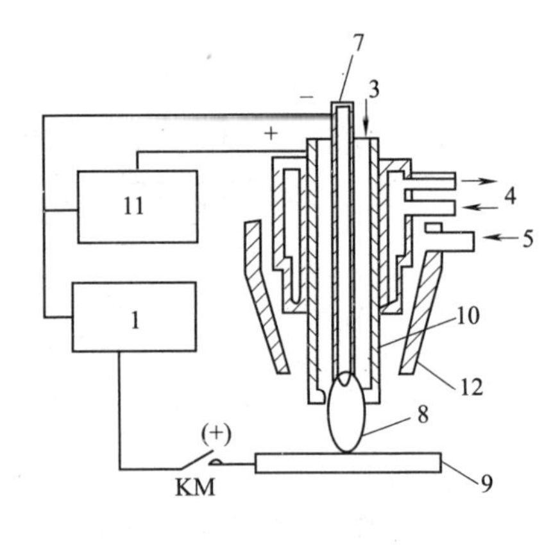

（b）微束等离子弧焊接系统

图 5-28　等离子弧焊接原理图

1—焊接电源；2—高频振荡器；3—等离子气；4—冷却水；5—保护气；
6—保护气罩；7—钨极；8—等离子弧；9—焊件；10—喷嘴；
11—维弧电源；12—保护气罩

按照有无小孔，等离子弧焊可分为穿孔型等离子弧焊和熔入型等离子弧焊两种，又将电流在 30 A 以下的熔入型等离子弧焊接称为微束等离子弧焊。除小电流的等离子弧焊为非转移弧外，等离子弧焊一般为转移型弧。熔入型等离子弧焊接主要用于 3 mm 以下薄板的单面焊双面成形，或厚板的双面焊及多层焊。

穿孔型等离子弧焊是指利用等离子弧将工件完全熔透，同时在等离子弧的作用下形成一个贯穿熔池的小孔，小孔的周围为熔化金属，如图5-29 所示。穿孔型等离子弧焊缝断面一般呈明显的酒杯型［图 5-29（b）］。该方法可实现“单面焊接、双面成形”，深宽比较大，热影响区较小。

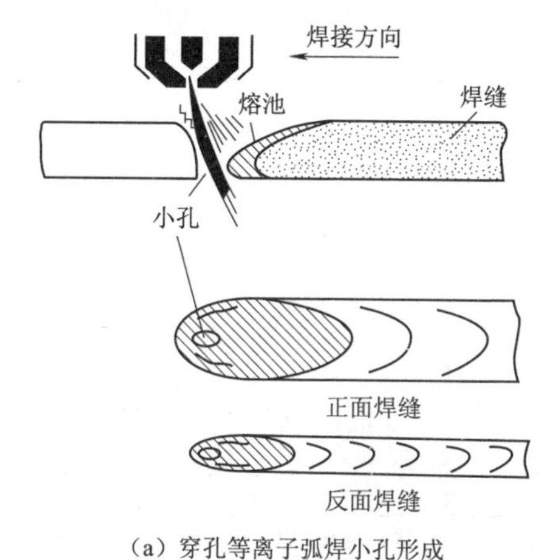

（a）穿孔等离子弧焊小孔形成

（b）典型穿孔等离子弧焊缝

图 5-29　穿孔型等离子弧焊接

与普通钨极氩弧焊（TIG）相比，穿孔型等离子弧焊具有以下优点：①焊接效率高；②焊接性较好，接头内部缺陷少；③钨夹杂的危险性较低；④能量利用率高，焊接周期短；⑤工作特性稳定，噪声小。

穿孔等离子弧焊接也存在一些缺点：设备较复杂，设备费用高，工艺较复杂，对设备安装要求较高等。

4. 电子束焊

电子束焊是利用定向高速运动的电子束撞击工件表面，将电子束的动能转化成热能，使被焊金属熔化，冷却结晶后形成连接，如图 5-30 所示。电子束焊接过程为金属熔化和蒸发［图 5-31（a）］，液体表面凹陷［图 5-31（b）］，小孔向纵深发展［图 5-31（c）］，最终形成小孔。在小孔的形成过程中存在两种作用力：液体表面张力和流体静压力。当这两种作用力相等时，小孔不再向纵深发展，其深度不变。随着电子束前移，液体材料沿小孔周围流向熔池后部，冷却、凝固形成焊缝［图 5-31（d）］。电子束焊接技术一次可焊接厚度为300 mm的工件。

按加速电压的高低，电子束焊接可分为高压电子束焊（120 kV 以上）、中压电子束焊接（60～100 kV）和低压电子束焊接（40 kV 以下）三类。按工作环境的真空度，电子束焊接可分为高真空电子束焊接（10^{-4}～10^{-1} Pa）、低真空电子束焊接（10^{-1}～10 Pa）和非真空电子束焊接。电子束焊接的工艺参数有：加速电压、电子束电流、焊接速度、聚焦电流、工作距离。

电子束焊具有焊缝熔宽比大、焊缝热物理性能好、穿透能力强、焊接适应性强、焊接速度快、焊缝纯度高和可焊材料多等优点，但也存在设备复杂、使用维护要求高、对接接头加工和装配精度高、工件尺寸受真空工作室大小限制、易受电磁场干扰、焊接时的X射线需严加防护等缺点。

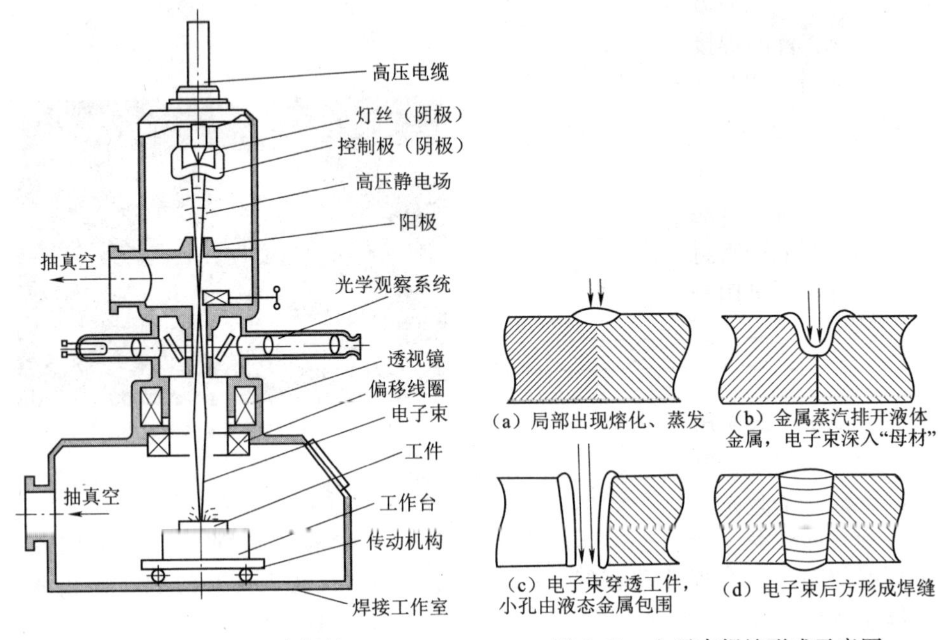

图 5-30　电子束焊接

图 5-31　电子束焊缝形成示意图

5. 激光焊

激光焊是利用激光束的高能量熔化材料从而实现连接的一种焊接方法。激光焊可采用自熔焊，也可采用填充材料焊接。采用填充材料焊接时，通过改变焊缝化学成分，控制焊缝组织，可提高接头力学性能。按激光的作用方式和输出能力，激光焊可分为连续激光焊（包括高频脉冲激光焊）和脉冲激光焊两种。按激光聚焦后光斑作用在工件上功率密度，激光焊又可分为传热焊（功率密度小于 10^5 W/cm^2）和深熔焊（小孔焊，功率密度大于等于 10^5 W/cm^2，图 5-32）两种。

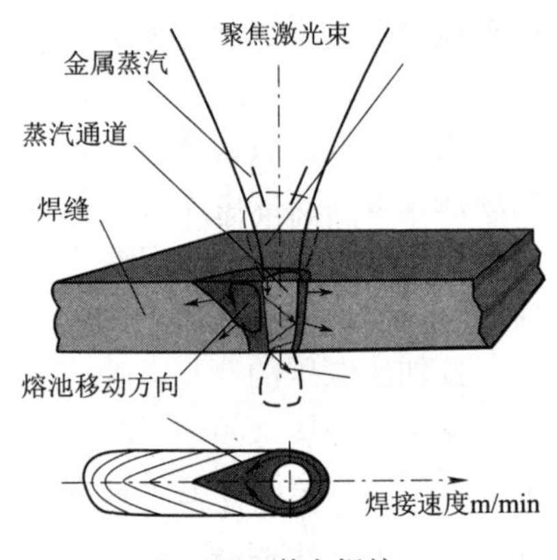

图 5-32　激光焊接

传热焊是在激光光斑上的功率密度不高的情况下，工件表面吸收激光能转变为热能后，使表面材料温度升高并熔化但不会沸腾，然后将热量传导给内部材料，将其熔化并使熔化区迅速扩大，凝固后实现连接。传热焊具有焊点小、热影响区小、熔深浅、工件变形小、精度高、焊接质量好等特点，主要用于薄板的精密连接。

深熔焊（小孔焊）是激光束将工件表面在迅速加热升温至沸点，材料熔化和气化，在熔化的材料表面形成一个稳定的小孔；随着激光束的移动，熔化材料流向小孔后方，凝固后实现工件连接。深熔焊可用于厚板（厚度可达 25 mm）工件的焊接。

脉冲激光焊的工艺参数有脉冲宽度、脉冲能量、离焦量和功率密度等。连续激光焊的工艺参数有：光斑直径、焊接速度、离焦量、激光功率、保护气体的种类和流量等。

激光焊接具有能量密度高、焊接热输入小、焊缝深宽比大、焊接精度高、可在玻璃制成的密封容器焊接铍合金等剧毒材料、可焊接常规焊接方法难以焊接的材料、可用于微型零件和远距离焊接等优点，但存在一次性设备成本高、能量转化率较低、装配精度高等局限性。

电弧焊具有能量转换率高、装配精度低等优点，但熔透能力较差、焊接速度低限制了其应用。20 世纪 70 年代末，英国伦敦帝国科技大学的 W. M Steen 率先将激光和电弧两种焊接热源相结合，提出了激光一电弧复合焊接技术，激光和电弧形成互补且相互作用，充分发挥各自优势。图 5-33 为激光一电弧复合热源示意图。激光与电弧两种热源之间的相互作用机理有：①提高激光能量利用率；②激光稳定电弧；③激光吸引、压缩电弧；④激光诱导增强负半波电弧放电。激光一电弧复合焊接方法主要包括激光一TIG 复合、激光一MIG/MAG 复合和激光一等离子弧复合三种。

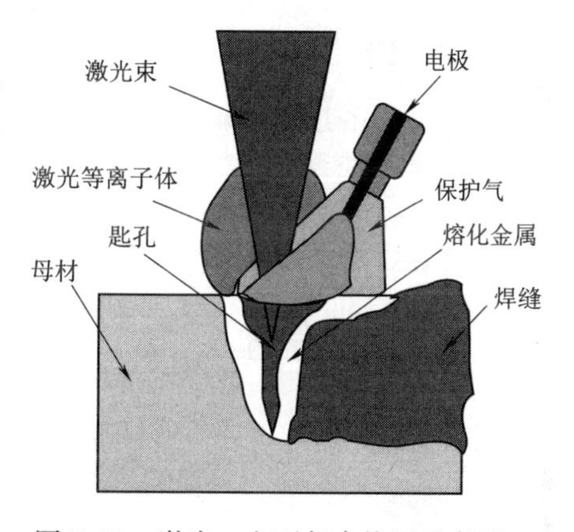

图 5-33　激光一电弧复合热源示意图

6. 爆炸焊

爆炸焊是利用炸药爆炸产生的冲击力使焊件之间的迅速碰撞，产生塑性变形而实现连接的一种焊接方法。爆炸焊缝不需填加填充金属，也不必加热。爆炸焊接头的强度很高，往往比强度较低的母体材料的强度还高。影响焊接质量的因素有用药量、爆轰速度、缓冲材料种类和厚度、被焊板的间隙和角度、被焊材料的声速和起爆位置等。

爆炸焊可分为点焊、线焊和面焊三种，接头有板和板、管和管、管和管板等形式。爆炸焊具有装置简单、操作方便、成本低等特点，适于野外作业。爆炸焊对工件表面清理质量要求不高，适于异种金属焊接，如铝、铜、钽、不锈钢与碳钢的焊接，铜与铝的焊接等。爆炸焊已在导电母线过渡接头、换热器管与管板和大面积复合板等广泛应用。

爆炸焊存在毒气、地震波、噪音等安全方面的问题，须作相应的安全防护措施。

7. 超声波焊接

超声波焊接是利用超声波的振动能量使工件接触表面产生强烈的摩擦作用，清除表面氧化物，加热实现连接的焊接方法。超声波焊接时，将工件夹持在上、下声极间，上声极用于向工件引入超声波频率的弹性振动能和施加压力，下声极固定，用于支撑工件，如图 5-34 所示。

超声波焊接过程可分为预压、焊接和维持三个阶段，工艺参数有振动频率、静压力、功率、振幅、焊接时间等。超声波焊接具有焊件变形小、接头强度高且稳定性好、对焊件表面的清洁度要求不高、能耗低的优点，可用于金属箔片、细丝、微型器件、接头厚度相差悬殊、高导热率和高导电率的材料以及物理性能差异较大、厚度相差较大异种材料的焊接。

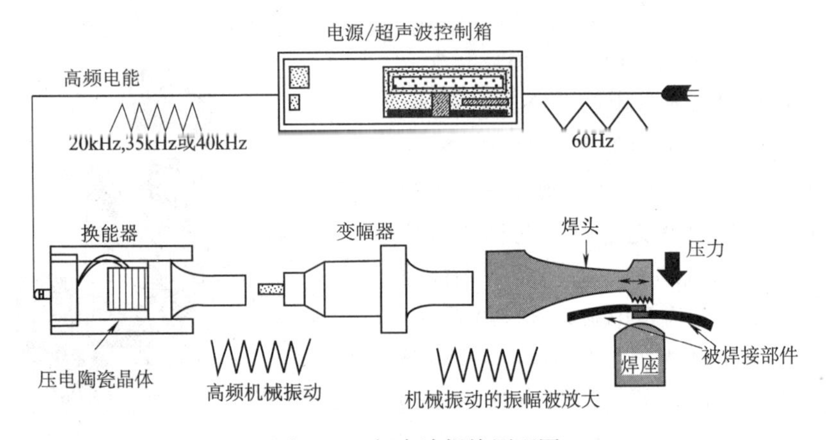

图 5-34　超声波焊接原理图

8. 摩擦焊

摩擦焊是利用焊件相对摩擦运动产生的热量实现焊接的方法。根据焊件的相对运动和工艺，摩擦焊可分为连续驱动摩擦焊、相位控制摩擦焊、惯性摩擦焊和轨道摩擦焊四种。这四种方法称为传统摩擦焊，均是靠两个待焊件之间的相对摩擦运动产生热能，如图 5-35 所示。

摩擦焊焊接同种材质焊接，是在界面接触点上形成犁削一粘合一撕裂。异种金属的摩擦焊除了犁削一粘合一剪切撕裂的现象外，金属的物理和力学性能、相互间固溶度及金属间化合物等在结合中都会起作用。

9. 搅拌摩擦焊

搅拌摩擦焊是英国焊接研究所开发的一种金属连接技术，是由一个高速旋转的搅拌针伸入工件的接缝处，与其接触的工件材料摩擦生热产生热塑性层，同时搅拌头的肩部与工件表面摩擦生热，并防止塑性状态材料溢出，搅拌头与工件做相对运动将热塑性金属转移到搅拌头的后面，填满工件的空腔，实现工件的连接。搅拌摩擦焊接过程如图 5-36 所示。搅拌摩擦焊不仅用于铝合金、镁合金等轻金属的焊接，还可应用于钛合金和钢的焊接。

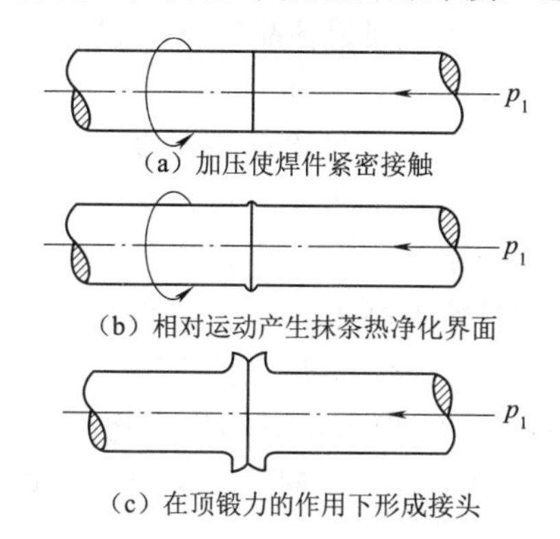

图 5-35　连续驱动摩擦焊原理示意图

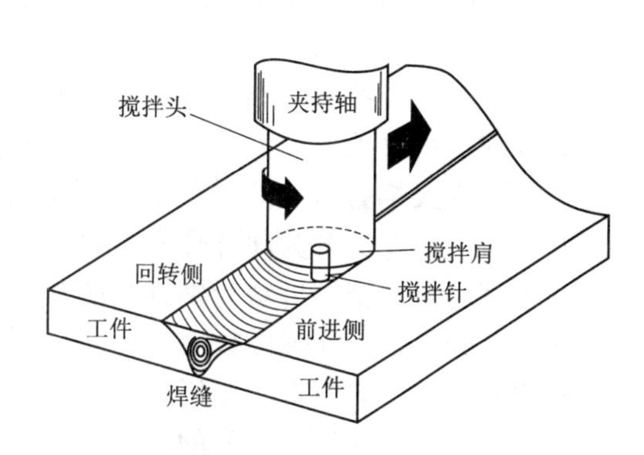

图 5-36　搅拌摩擦焊原理图

搅拌摩擦焊的工艺参数有：焊接速度，焊接压力，搅拌头的旋转速度，搅拌头的倾斜角，搅拌头插入速度和保持时间。与氩弧焊比较，搅拌摩擦焊接头的强度高、韧性好、断裂韧度高，焊缝中无气孔、裂纹等缺陷；焊接接头的残余变形很小；焊接过程消耗的是搅拌头，不需要其他焊接消耗材料；焊接前及焊接过程中对环境无污染；能耗低。

10. 扩散焊

扩散焊是在真空或保护气氛中加热条件下，将两个或两个以上的固体材料表面紧密接触，在温度达到母材熔点以下某个温度时，对其施加压力使连接界面凹凸不平处产生微观塑性变形，接头两侧的原子相互扩散形成接头的一种焊接方法，如图 5-37 所示。扩散焊具有高精密连接、可以连接熔焊和其他方法难以连接的材料等优点，但对装配质量要求高、一次性投资大和加热时间长易导致基体晶粒粗大等缺点。

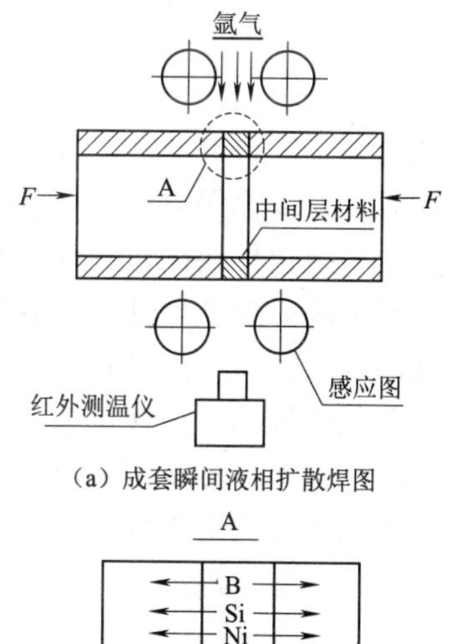

图 5-37　瞬间液相扩散焊

扩散焊按连接过程中接头区是否出现液相或其他工艺变化，可分为真空扩散焊、瞬间液相扩散焊、热等静压扩散焊、超塑性成形扩散焊。扩散焊的工艺参数主要有：加热温度，保温时间，压力，保护气氛及真空度，表面处理等。

与熔焊和钎焊相比，扩散焊的优点有：接头精度高、变形小，可以焊接熔焊和其他方法难以连接的材料，可进行内部连接，不存在熔焊的热影响区，工艺参数可精确控制，接头质量和性能温度等。但扩散焊存在生产设备一次性投资大、工件连接表面质量和装配质量要求较高、加热时间长容易使基体晶粒长大等缺点。

11. 钎焊

钎焊是将焊件和钎料加热到高于钎料熔点、低于母材熔点的温度，液态钎料浸润母材，填充间隙，与母材相互扩散实现连接的方法。钎焊按加热过程不同分为火焰钎焊、烙铁钎焊、感应钎焊、电阻钎焊和炉中钎焊等。按照钎料熔点，钎焊又分为硬钎焊和软钎焊：①钎料熔点高于 450 ℃的称为硬钎焊。铜基钎料和银基钎料为硬钎焊的常用钎料。硬钎焊接头强度＞200 MPa，适于受力较大、工作温度较高的焊件。②钎料熔点低于 450 ℃的称为软钎焊。软钎焊常用的钎料有锡、铅钎料等。软钎焊接头强度＜70 MPa，主要用于焊接受力不大、工作温度较低的焊件。

钎焊焊接一般要使用钎剂。钎剂的作用有：清除钎料和母材表面的氧化物；保护焊件和液态钎料免于氧化；改善液态钎料润湿性。钎焊后 8 h 内应除去熔剂和焊渣，并在清理后于 110～120℃下烘干。钎剂的选择与母材有直接关系，应考虑以下问题：①母材与钎料的种类；②钎剂熔点应低于钎料熔点；③钎剂沸点应比钎焊温度高；④对结构复杂的焊件，应选择腐蚀性较小的钎剂。

钎焊的工艺参数主要有温度和保温时间两个。钎焊温度保证钎焊质量，通常高于钎料熔点 25～60℃。如果希望钎料与母材反应充分，可适当提高钎焊温度。钎焊保温时间的选择原则为温度均匀、填满焊缝。

与熔化焊相比，钎焊加热温度低，焊接区母材组织和性能变化小，焊接变形很小，焊件尺寸容易保证，生产率高，还可连接用其他焊接方法难以连接的复杂接头（如密封结构、蜂窝结构等）。钎焊的不足方面有耐热能力差、接头强度较低、焊接准备工作要求较高。钎焊不仅可连接同种金属材料，也可用于连接异种金属和非金属，已广泛用于仪器仪表制造、电子、航空航天工业及机电制造等领域。

5.2 胶接技术

胶接（adhesive bonding）是借助于一层非金属的中间体，通过化学反应或物理凝固等作用，从而把两个物体紧密地接合在一起的连接方法，是一种不可拆连接。胶接又称粘接、胶粘、粘合。

5.2.1 胶粘剂

胶接是借助胶粘剂来实现的。胶粘剂是指产生粘合力使两固体物质连接在一起，固化后具有足够强度的物质。胶粘剂也称为粘接剂、粘合剂，简称胶。

1. 胶粘剂的组成

胶粘剂以粘性物质为基料，再加各种添加剂组成。

（1）基料

基料是构成胶粘剂主要和必需的成分。基料常由一种或几种聚合物构成，具有粘着性，是胶粘剂性能和决定性组分，常用的有环氧树脂酚醛树脂、脲醛树脂、聚酯树脂、有机硅树脂等。

基料应有良好的粘附性和润滑性、一定的强度和韧性，对胶接件不产生化学腐蚀，具有耐热性和耐老化性，并能溶于一定溶剂中。

（2）固化剂

固化剂又称硬化剂，它是胶粘剂中最主要的配料。它的作用是直接或通过催化剂与主题聚合物进行反应，固化后把固化剂分子引进树脂中，使原来是热塑性的线型主体聚合物变成坚韧和坚硬的体形网状结构。

固化剂的种类很多，不同的树脂、不同的树脂、不同要求采用不同的固化剂。

胶接的工艺性和其使用性能是由加入的固化剂的性能和数量来决定的。

（3）增塑剂和增韧剂

增塑剂和增韧剂用以提高胶粘剂的塑性和韧性，增加冲击韧度，改善其流动性、抗剥离性、耐寒性和耐振性等。

增塑剂不参与胶粘剂的固化反应，与基料仅为机械混合。常用高沸点液体酯类物质。增韧剂参与固化反应，成为固化产物的组成而提高其韧性，如环氧树脂中加入聚硫橡胶等。

（4）稀释剂

稀释剂的主要作用是降低胶粘剂粘度，增加胶粘剂的浸润能力，改善工艺性能。有的能降低胶粘剂的活性，从而延长使用期。但加入量过多，会降低胶粘剂的胶接强度、耐热性、耐介质性能。

常用的稀释剂有丙酮、漆料等多种与粘料相容的溶剂。

（5）填料

填料的加入可改善和提高胶接接头的某些性能，如胶接强度、表面硬度、耐热性、耐磨性、耐老化性、粘度、热膨胀率、收缩率等，还可使接头具有导电、导磁等特性。填料的加入可以降低成本。

填料按来源可分为有机填料和无机填料两类。按形状可分为粉末状、纤维状和片状三种。

2. 胶粘剂的分类

胶粘剂的分类方法很多，目前国内外还没有一个统一的分类标准。我们根据胶粘剂的特点作如下分类：

1）按来源可分为天然胶粘剂和合成胶粘剂。

所谓天然胶粘剂，就是其组成的原料主要来自天然，如虫胶、动物胶、淀粉、糊精和天然橡胶等。

所谓合成胶粘剂，就是由合成树脂或合成橡胶为主要原料配制而成的胶粘剂，如环氧树脂、酚醛树脂、氯丁橡胶和丁腈橡胶等。

2）按用途可分为通用胶粘剂和专用胶粘剂。在专用胶粘剂中又分为金属用、木材用、玻璃用、陶瓷用、橡胶用和聚乙烯泡沫塑料用等多种胶粘剂。

3）按粘接强度可分为结构胶粘剂和非结构胶粘剂。

结构胶粘剂的特点在于不论用于什么粘接部位，均能承受较大的应力。在静载荷情况下，这类胶粘剂的抗剪强度就到达 7 MPa，并具有较好的不均匀扯离强度和疲劳强度。

非结构胶粘剂不能承受较大的载荷，原则上用于粘接较小的零件或者在装配工作中作临时固定之用。

4）按胶粘剂固化温度可分为室温固化胶粘剂、中温固化胶粘剂和高温固化胶粘剂。

所谓室温固化胶粘剂，就是在室温下，通常是在 30 ℃以下能固化的胶粘剂。

所谓中温固化胶粘剂，就是在 30～99 ℃能固化的胶粘剂。

所谓高温固化胶粘剂，就是在 100 ℃以上能固化的胶粘剂。

5）按胶粘剂固化以后胶层的特性可分为热塑性胶粘剂和热固性胶粘剂。

热塑性胶粘剂为线性结构，一般通过溶剂挥发、熔体冷却和乳液凝聚的方式实现固化。其胶层受热软化，遇溶剂可溶，凝聚强度较低，耐热性能较差。

热固性胶粘剂为网状体形结构，受热不软化，遇溶剂不溶解，具有较高的凝聚强度，而且耐热、耐介质腐蚀、抗蠕变。其缺点是冲击强度和剥离强度低。

6）按胶粘剂基料物质可分为树脂型胶粘剂、橡胶型胶粘剂、无机胶粘剂和天然胶粘剂等。

7）按其他特殊性能可分为导电胶粘剂、导磁胶粘剂和点焊胶粘剂等。

5.2.2 胶接工艺

胶接工艺主要包括接头设计、表面处理、配胶、涂胶、晾置、叠合、固化、检查等。

1. 胶接接头设计

胶接接头指通过胶粘剂将备粘物连接成为一个整体的过渡部位。胶接接头的形式正确与否，有时是决定胶接成败的关键，所以应该高度重视。

胶接接头在外力作用下主要受到剪切、拉伸、剥离和不均匀扯离等作用。当接头受这四种力的作用，超过本身强度时，便发生破坏，造成胶接的失败。为此在设计接头形式时，应考虑下列基本原则：

1）尽可能承受或大部分承受切应力。因为胶粘剂承受拉伸和剪切的能力比受剥离和不均匀扯离的能力大，纯拉伸的情况又很少见，而受剪切的接头易实现，如平板的搭接和斜接。

2）尽可能避免剥离和扯离力作用，难以避免时，可采取适当的加固措施，如端部包边、加宽、加固、加铆、加螺钉等。

3）尽可能 胶接面积以提高接头承载能力。常用措施是加大搭接长度或加工成斜面，如 V 形斜接和台阶对接。

4）为防层压材料的层间剥离，应用斜接。

5）受力较大时，宜采用复合连接，即胶接与机械连接同时使用。如胶接一铆接，胶接一螺纹连接等。

胶接接头的形式有搭接、角接、T 形接、嵌接、套接等，如图 5-38 所示。

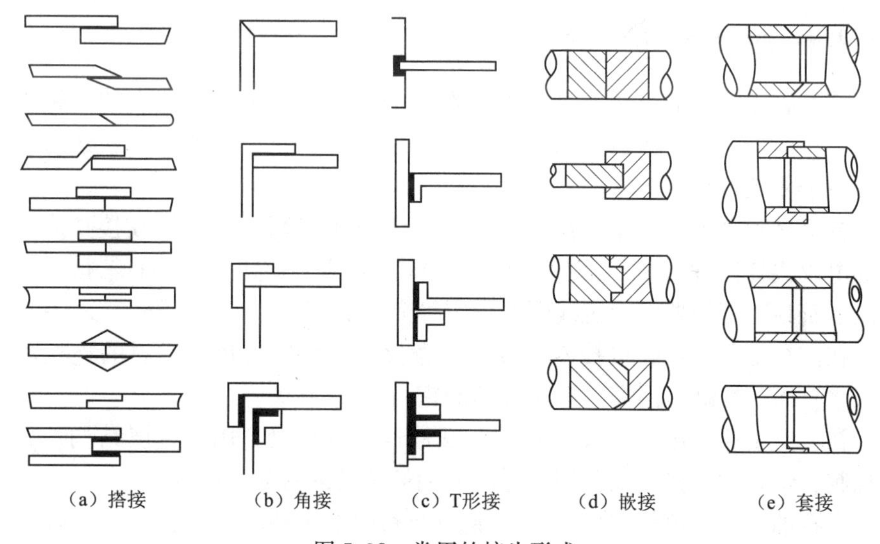

图 5-38　常用的接头形式

2. 胶接材料表面处理

由于胶接主要借助于胶黏剂对胶接材料表面的黏附作用，因此胶接材料的表面处理对于接头的强度和持久性是十分重要的。表面处理 的目的：一是除去材料表面妨碍胶接的油污、锈迹、吸附物、灰尘和水分等；二是改变材料表面的物理化学性质，如获得活性的易于胶接的特殊表面或造成特定的粗糙度等。

3. 调胶与配胶

市场销售的胶种，要按说明书进行调胶，要求混合均匀、无颗粒或胶团。

而自行配制的胶种，使用前应按规定比例现用现配，根据运用期长短和需要量确定配胶量。

4. 涂胶与晾置胶粘剂

可用机械设备或手工喷洒、涂刷、浸渍等方法涂抹。两被粘物之间的表面都要均匀涂胶。胶层厚度以 0.03～0.15 mm 为宜。对于含溶剂胶种，涂抹后应晾置，以便溶剂挥发。

5. 叠合橡胶型胶粘剂的叠合

应一次对准位置，不可错动，并用木槌敲打、压平、排除空气。而液体无溶剂胶粘剂叠合后最好来回错动几次，以增加接触，排除空气。

6. 固化

固化即胶粘剂通过溶剂挥发、熔体冷却、乳液凝聚等物理作用或缩聚、加聚、交联、接枝等化学反应，使其变为固态。固化的重要控制因素是温度、压力和时间。固化常用的加热方法是电烘箱和红外线加热；采用高频、超声波、微波及射线辐射等方法，能加速固化。

5.2.3 胶接技术的应用

随着胶接技术的不断发展，它已经成为工程技术中不可缺少的一种工艺方法。目前，胶接技术已在机械、电子、汽车、航空、石油化工、建筑、轻工等各个领域得到广泛应用。

在机械和电子工业中，从产品制造到设备维修都可以采用胶接技术。如以导电胶代替锡焊，机件磨损修复，工具、量具、模具、夹具的粘接，各种管路的密封，变压器电动机线圈的固定等。

在汽车工业中，胶接技术主要用于顶篷、挡板、衬垫等材料的连接以及油（水）箱、气缸、门窗、管路螺栓的密封。

在航空工业上用胶接代替铆接、螺栓连接和焊接，用于金属结构、金属与橡胶、塑料的连接，以及用于座舱、油箱等处的密封。

在石油化工、煤气和发电等行业中，利用带压粘堵修复技术，可较好地解决管道、阀门和容器的泄漏问题。

5.3 机械连接

机械连接是用机械方法使分离的材料牢固地结合，形成一个完整部件的连接方法，它是材料连接方法的一个重要组成部分。机械连接通常可分为螺钉连接和铆钉连接（简称铆接）。

5.3.1　铆接

1. 铆接概述

铆接是利用铆钉将两个以上的零构件（一般是金属板或型钢）连接为一个整体的连接方法。常用的铆钉由铆钉杆和铆钉头两部分组成，如图 5-39 所示。

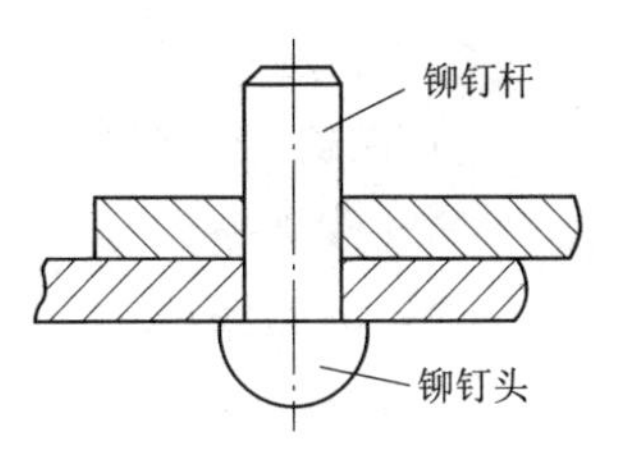

图 5-39　铆接

表 5-3　常见铆钉种类及用途

国家标准	铆钉形式		铆钉杆直径 d/mm		一般用途
	名　称	形　状			
GB/T 863—1986	半圆头铆钉		粗制	12～36	铆接锅炉、桥梁、车辆等承受较大横向载荷的焊缝
GB/T 867—1986			精制	0.6～16	
GB/T 864—1986	平锥头铆钉		粗制	12～36	钉头肥大、耐蚀，用于船舶、锅炉
GB/T 868—1986			精制	2～16	
GB/T 865—1986	沉头铆钉		粗制	12～36	表面光滑、载荷不大的铆接
GB/T 869—1986			精制	1～16	
GB/T 866—1986	半沉头铆钉		粗制	12～36	常用在船壳等处铆接
GB/T 870—1986			精制	1～16	
GB/T 109—1986	平头铆钉		2～10		用于受力不大或有色金属构件铆接
GB/T 871—1986	扁圆头铆钉		1.2～10		
GB/T 872—1986	扁平头铆钉		1.2～10		

2. 铆接工艺分类

1）根据铆钉在铆接前是否预热，铆接分为冷铆和热铆。在常温状态下进行的铆接称为冷铆；将铆钉加热后再铆接称为热铆。由于铆钉加热后，材料硬度降低，塑性提高，因而铆钉头成型容易，所需外力比冷铆时小得多。

2）根据使用工具或设备不同，铆接的方法又有手工铆、风枪铆和液压铆等多种。

3. 常用的铆接方法

1）锤铆：即由工人操纵铆枪进行铆接。

①机动灵活。

②噪声、振动及劳动强度大。

③生产效率低，应用较少。

2）压铆：即用静压力挤压钉杆端形成头。

①操作简便。

②噪声和振动小，应用较广。

3）辗铆：即用旋转辗压方式形成铆头。

①铆头形状均匀一致。

②钉杆受力小，不易弯曲。

③噪声低，无振动。

5.3.2 螺钉连接

螺钉联接是以螺纹为特征的可拆连接，是钣金生产中比较常见的连接方式。它是利用螺钉等紧固件将多个同心的螺纹孔连接成一体。

螺钉连接与（焊接、粘胶、拉钉）相比较，具有以下优点：

1）螺纹连接具有安装容易、拆卸方便、标准化程度高、互换性强、操作简单等优点，常用于可拆的钢结构连接。

2）各种螺钉基本都已标准化，采购方便，缩短生产周期。

3）螺钉安装工具如：螺丝刀、扳手、活动扳手等工具价格便宜。

4）安装方便，比较少的螺钉安装综合成本比拉钉安装便宜。

5）比拉钉连接和铆钉连接牢固。

6）不会像胶水连接对环境造成影响。

螺钉连接与（焊接、粘胶、拉钉）相比较，具有以下缺点：

1）在交变荷载下，易松动。

2）制孔精度要求较高，比较消耗人工。

3）密封性能差，若是做液体和气体等易渗、易挥发的密封时必须加材质为 PTFE 等的垫片。

4）螺钉批量装配时成本远比拉钉装配贵。

5.3.3 其他连接技术

1. 卡钩连接

卡钩开口端与可拆卸部分的背面一体连接，封闭端垂直向前伸出，且封闭端的宽度大于开口端的宽度；在开关的墙内固定部分的正面设有与卡钩配合的卡槽，其中，卡钩的长度约大于卡槽的深度，卡钩封闭端的宽度大于卡槽最深处的宽度；卡钩封闭端的中央连接部位的厚度设计得小于其余部分的厚度。新型的卡钩－卡槽结构可在保证墙壁开关的墙内部分与可拆卸部分之间的可靠固定的前提下，使拆装变得更加方便、顺畅。

卡钩连接与（粘胶、拉钉、螺钉）相比较，具有以下优点：

1）结构简单，连接方便，拆卸方便。

2）需要安装设备或者工具。

3）对环境没什么影响。

卡钩连接与（拉钉、螺钉）相比较，具有以下缺点：

1）与螺钉，拉钉相比成本昂贵，安装效率低。

2）强度和拉钉、螺钉连接比强度不算高，容易发生错位、松动等现象。

3）要求有较大的安装空间。

4）密封性能差。

2. 铰链连接

铰链又称合页是用来连接两个固体，并允许两者之间做转动的机械装置。铰链可能由可移动的组件构成，或者由可折叠的材料构成，转动副的一种具体形式，即由圆柱销和销孔及其两端面所组成的转动副。合页主要安装于门窗，铰链更多安装于橱柜。按材质分类主要分为，不锈钢铰链和铁铰链。

卡钩连接与（拉钉、螺钉）相比较，具有以下优点：

1）铰链就像门上的合页，把门固定在门框上，门又能灵活转动。

2）结构简单，连接方便，拆卸方便。

3）只需要开刀等工具。

4）对环境没什么影响。

第 6 章

表面改性与防护技术

6.1 钢的表面热处理

将钢件置于一定温度的活性介质中进行保温，使一种或几种元素渗入其表面，改变其表面化学成分和组织，达到改进表面性能、满足一定技术要求的热处理过程。通过化学热处理可以提高钢件表层的耐磨性、耐蚀性、抗氧化性和疲劳强度等力学性能。按表面渗入元素的不同，铜的表面热处理分为渗碳、氮化、碳氮共渗、渗硼、渗铝等种类。除此之外，发蓝、发黑，喷砂、喷丸，表面淬火也可以提高钢件表面的耐磨性、耐蚀性、抗氧化性和疲劳强度等力学性能。

6.1.1 渗碳

渗碳是为增加钢件表层的含碳量和形成一定的碳浓度梯度，将钢件在渗碳介质中加热并保温使碳原子渗入表层的化学热处理工艺。渗碳过程包括分解、吸附和扩散过程。

（1）分解

渗碳介质的分解产生大量的活性碳原子。

（2）吸附

活性碳原子被钢件表面吸收后并溶到表层奥氏体中，使奥氏体组织中含碳量增加。

（3）扩散

表面含碳量增加就会与中心部含碳量出现浓度差，表面的碳逐步向内部扩散。碳在钢中的扩散速度主要取决于温度，同时与工件中被渗元素内外浓度差和钢中合金元素含量有关。

渗碳零件的材料一般选用低碳钢或低碳合金钢（碳的质量分数低于0.25%）。渗碳后必须进行淬火才能充分发挥渗碳的作用。工件渗碳淬火后的表层显微组织主要为高硬度的马氏体加上残余奥氏体和少量碳化物，心部组织为韧性好的低碳马氏体和非马氏体的组织，但应避免出现铁素体。一般渗碳层深度范围为0.8～1.2 mm，深度渗碳时可达2 mm或更深。表面硬度可达58～63HRC，心部硬度为30～42HRC。渗碳淬火后，工件表面产生压缩内应力，有利于提高工件的疲劳强度。因此渗碳被广泛用以提高零件强度、冲击韧性和耐磨性，以达到延长零件的使用寿命的目的。

6.1.2　渗氮

渗氮是在一定温度下在含氮介质中使氮原子渗入工件表层的化学热处理工艺。常见的有液体渗氮、气体渗氮、离子渗氮。气体渗氮是把工件放入密封容器中，通以流动的氨气并加热，经较长保温时间后，氨气经热分解产生活性氮原子，不断吸附到工件表面，并扩散渗入工件表层内，从而改变表层的化学成分和组织，以获得优良的表面性能。在渗氮过程中同时渗入碳以促进氮的扩散，这一过程称为氮碳共渗。常用的是气体渗氮和离子渗氮。

渗入钢中的氮一方面由表及里与铁形成不同含氮量的氮化铁，一方面与钢中的合金元素结合形成各种合金氮化物，特别是氮化铝、氮化铬。这些氮化物具有很高的硬度、热稳定性和较高的弥散度，因而可使渗氮后的钢件得到高的表面硬度、耐磨性、疲劳强度、抗咬合性、抗大气和过热蒸汽腐蚀能力、抗回火软化能力，并降低缺口敏感性。与渗碳工艺相比，渗氮温度比较低，畸变小，但由于心部硬度较低，渗层也较浅，一般只能满足承受轻、中等载荷的耐磨、耐疲劳要求，或有一定耐热、耐腐蚀要求的机器零件，以及各种切削刀具、冷作和热作模具等。渗氮常用的是气体渗氮和离子渗氮。

6.1.3　碳氮共渗

低温氮碳共渗又称软氮化，即在铁一氮共析转变温度以下，使工件表面在主要渗入氮的同时也渗入碳。碳渗入后形成的微细碳化物能促进氮的扩散，加快高氮化合物的形成。这些高氮化合物反过来又能提高碳的溶解度。碳氮原子相互促进便加快了渗入速度。此外，碳在氮化物中还能降低脆性。氮碳共渗后得到的化合物层韧性好，硬度高，耐磨，耐蚀，抗咬合。

常用的氮碳共渗方法有液体法和气体法。处理温度530～570 ℃，保温时间1～3 h。早期的液体盐浴用氰盐，以后又出现多种盐浴配方。中性盐通氨气和以尿素加碳酸盐为主的盐，但这些反应产物仍有毒。气体介质主要有：吸热式或放热式气体加氨气；尿素热分解气；滴注含碳、氮的有机溶剂，如甲酰胺、三乙醇胺等。

碳氮共渗，指高温碳氮共渗（早期的碳氮共渗是在有毒的氰盐浴中进行)。由于温度比较高，碳原子扩散能力很强，所以以渗碳为主，形成含氮的高碳奥氏体，淬火后得到含氮高碳马氏体。由于氮的渗入促进碳的渗入，使共渗速度较快，保温 4～6 h 可得到 0.5～0.8 mm 的渗层，同时由于氮的渗入，提高了过冷奥氏体的稳定性，加上共渗温度比较低，奥氏体晶粒不会粗大，所以钢件碳氮共渗后可直接淬油，渗层组织为细针状的含氮马氏体加碳氮化合物和少量残余奥氏体。碳氮共渗层比渗碳层有更高的硬度、耐磨性、抗蚀性、弯曲强度和接触疲劳强度。但一般碳氮共渗层比渗碳层浅，所以一般用于承受载荷较轻，要求高耐磨性的零件。

氮碳共渗不仅能提高工件的疲劳寿命、耐磨性、耐腐蚀和抗咬合能力，而且使用设备简单，投资少，易操作，时间短和工件畸变小，有时还能给工件以美观的外表。

6.1.4 发蓝

发蓝原理是使金属表面产生一层氧化膜，以隔绝空气，达到防锈目的，是化学表面处理的一种常用手段。外观要求不高时可以采用发蓝处理，钢制件的表面发蓝处理，也有被称之为发黑的。发蓝处理常用的方法有传统的碱性加温发蓝和出现较晚的常温发蓝两种。但常温发蓝工艺对于低碳钢的效果不太好。碱性发蓝又可细分为一次发蓝和两次发蓝。发蓝液的主要成分是氢氧化钠和亚硝酸钠，发蓝所需温度大概在 135～155 ℃之间。

钢铁零件的发蓝可在亚硝酸钠和硝酸钠的熔融盐中进行，也可在高温热空气及 500 ℃以上的过热蒸气中进行。发蓝时的溶液成分、反应温度和时间依钢铁基体的成分而定。发蓝膜的成分为磁性氧化铁，厚度为 0.5～1.5 μm，颜色与材料成分和工艺条件有关，有灰黑、深黑、亮蓝等。单独的发蓝膜抗腐蚀性较差，但经涂油涂蜡或涂清漆后，抗蚀性和抗摩擦性都有所改善。发蓝时，工件的尺寸和表面粗糙度对质量影响不大。故常用于精密仪器、光学仪器、工具、硬度块等。

6.1.5 喷砂、喷丸

1. 喷砂

喷砂是利用高速砂流的冲击作用来清理和粗化基体表面的过程。采用压缩空气为动力，以形成高速喷射束将喷料（铜矿砂、石英砂、金刚砂、铁砂、海南砂等）高速喷射到需要处理的工件表面，使工件表面的外表面的外表或形状发生变化，由于磨料对工件表面的冲击和切削作用，使工件的表面获得一定的清洁度和粗糙度，使工件表面的机械性能得到改善，因此提高了工件的抗疲劳性，增加了基体表面和涂层之间的附着力，延长了涂膜的耐久性，也有利于涂料的流平和装饰。

具体应用如下：

1）工件涂镀和工件粘接的前处理喷砂能把工件表面的锈皮等污物清除，并在工件表面建立起十分重要的毛面，而且可以通过调换不同粒度的磨料，达到不同程度的粗糙度，大大提高工件与涂料、镀料的结合力。使粘接件粘接更牢固，质量更好。

2）铸造件毛面和热处理后工件的清理与抛光喷砂能清理铸锻件、热处理后工件表面的污物（如氧化皮、油污等残留物），并将工件表面抛光提高工件的光洁度，能使工件露出均匀一致的金属本色，使工件外表更美观，好看。

3）机加工件毛刺清理与表面美化喷砂能清理工件表面的微小毛刺，并使工件表面更加平整，消除了毛刺的危害，提高了工件的档次。并且喷砂能在工件表面交界处打出很小的圆角，使工件显得更加美观、更加精密。

4）改善零件的机械性能，机械零件经喷砂后，能在零件表面产生均匀细微的凹凸面，使润滑油得到存储，从而使润滑条件改善，并减少噪声提高机械使用寿命。

5）光饰作用对于某些特殊用途工件，喷砂可随意实现不同的反光或亚光。如不锈钢工件、塑胶的打磨，玉器的磨光，木制家具表面亚光化，磨砂玻璃表面的花纹图案，以及布料表面的毛化加工等。

2. 喷丸

喷丸是使用丸粒轰击工件表面并植入残余压应力，提升工件疲劳强度的冷加工工艺。

喷丸处理是工厂广泛采用的一种表面强化工艺，其设备简单、成本低廉，不受工件形状和位置限制，操作方便，但工作环境较差。喷丸广泛用于提高零件机械强度以及耐磨性、抗疲劳和耐腐蚀性等。还可用于表面消光、去氧化皮和消除铸、锻、焊件的残余应力等。

喷丸的分类总共有 4 大类：铸钢丸、铸铁丸、玻璃丸、陶瓷丸。

1）铸钢丸

其硬度一般为 40～50 HRC，加工硬金属时，可把硬度提高到 57～62 HRC。铸钢丸的韧性较好，使用广泛，其使用寿命为铸铁丸的几倍。

2）铸铁丸

其硬度为 58～65 HRC，质脆而易于破碎。寿命短，使用不广。主要用于需喷丸强度高的场合。

3）玻璃丸

硬度较前两者低，主要用于不锈钢、钛、铝、镁及其他不允许铁质污染的材料，也可在钢铁丸喷丸后作第二次加工之用，以除去铁质污染和降低零件的表面粗糙度。

4）陶瓷丸

陶瓷丸的化学成分大致为67%的ZrO_2、31%的SiO_2及2%的Al_2O_3为主的夹杂物，经熔化、雾化、烘干、选圆、筛分制成的，硬度相当于57～63 HRC。其突出性能是密度比玻璃高、硬度高。最早于20世纪80年代初期用于飞机的零部件强化。陶瓷丸具有较高的强度，寿命比玻璃丸长，价格比较低，现已扩展到钛合金、铝合金等有色金属的表面强化。

与喷砂的区别：

喷丸与喷砂是使用高压风或压缩空气作动力，将其高速的吹出去冲击工件表面达到清理效果，所以选择的介质不同，效果也不相同。

喷砂处理后，工件表面污物被清除掉，工件表面被微量破坏，表面积大幅增加，从而增加了工件与涂/镀层的结合强度。

经过喷砂处理的工件表面为金属本色，但是由于表面为毛糙面，光线被折射掉，故没有金属光泽，为发暗表面。

喷丸处理后，工件表面污物被清除掉，工件表面出现微小的凸凹不平。表面积有所增加．加工时产生的多余能量就会引起工件基体的表面强化。

经过喷丸处理的工件表面也为金属本色，但是由于表面为球状面，光线部分被折射掉，故工件加工为亚光效果。

6.2 铝的表面处理

6.2.1 阳极氧化

阳极氧化是金属或合金的电化学氧化。铝及其合金在相应的电解液和特定的工艺条件下，由于外加电流的作用下，在铝制品（阳极）上形成一层氧化膜的过程。阳极氧化如果没有特别指明，通常是指硫酸阳极氧化。

为了克服铝合金表面硬度、耐磨损性等方面的缺陷，扩大应用范围，延长使用寿命，表面处理技术成为铝合金使用中不可缺少的一环，而阳极氧化技术是目前应用最广且最成功的。

所谓铝的阳极氧化是一种电化学氧化过程，在该过程中，铝和铝合金的表面通常转化为一层氧化膜，这层氧化膜具有保护性、装饰性以及一些其他的功能特性。

将金属或合金的制件作为阳极，采用电解的方法使其表面形成氧化物薄膜。金属氧化物薄膜改变了表面状态和性能，如表面着色，提高耐腐蚀性、增强耐磨性及硬度，保护金属表面等。例如铝阳极氧化，将铝及其合金置于相应电解液（如硫酸、铬酸、草酸等）中作为阳极，在给定条件和外加电流作用下，进行电解。阳极的铝或其合金氧化，表面上形成氧化铝薄层，其厚度为 5～30 μm，硬质阳极氧化膜可达 25～150 μm。阳极氧化后的铝或其合金，提高了其硬度和耐磨性，可达 250～500 kg/mm^2，良好的耐热性，硬质阳极氧化膜熔点高达 2 320 K，优良的绝缘性，耐击穿电压高达 2 000 V，增强了耐腐蚀性能，在 $\omega=0.03$ NaCl 盐雾中经几千小时不腐蚀。氧化膜薄层中具有大量的微孔，可吸附各种润滑剂，适合制造发动机气缸或其他耐磨零件；膜微孔吸附能力强可着色成各种美观艳丽的色彩。有色金属或其合金（如铝、镁及其合金等）都可进行阳极氧化处理，这种方法广泛用于机械零件，飞机汽车部件，精密仪器及无线电器材，日用品和建筑装饰等方面。

一般阳极都是用铝或者铝合金当作阳极，阴极则选取铅板，把铝和铅板一起放在水溶液，这里面有硫酸、草酸、铬酸等，进行电解，让铝和铅板的表面形成一种氧化膜。在这些酸中，最为广泛的是用硫酸进行的阳极氧化。

6.2.2　着色

铝的氧化着色是采用人工方法使铝及其合金制品表面生成一层氧化膜（Al_2O_3）并施以不同的颜色，以提高铝材的耐磨性，延长使用寿命并增加色泽美观。氧化着色的基本工序为铝材表面处理、氧化、着色和随后的水合封孔、有机涂层等处理过程。

氧化膜的着色方法有化学着色、电解着色和自然着色等。

化学着色将经过氧化处理的铝材浸入有机或无机染料溶液中，染料渗入氧化膜的孔隙，发生化学或物理作用而着色。化学着色设备简单，成本低，颜色种类多，但耐光、耐蚀性差，只适于室内装饰。

电解着色是经过氧化处理的铝材，在单一金属盐或多种金属盐水溶液中，进行二次电解，在电场作用下，金属阳离子渗入氧化膜的孔隙中，并沉积在孔底，从而使氧化膜产生青铜色系、棕色系、灰色系以及红、青、蓝等色调。

自然着色是铝材在阳极氧化的同时进行着色的方法。有合金发色法和溶液发色法。合金发色法是控制铝合金成分而获得不同的色调；溶液发色法也称为电解发色法，是控制电解液的成分和电解条件来控制色调的。实际生产中，自然着色一般都采用有机酸作为电解液，并加入少量硫酸以调节 pH。

6.2.3 电泳

电泳涂装是利用外加电场使悬浮于电泳液中的颜料和树脂等微粒定向迁移并沉积于电极之一的基底表面的涂装方法。电泳涂装是近30年来发展起来的一种特殊涂膜形成方法，是对水性涂料最具有实际意义的施工工艺。具有水溶性、无毒、易于自动化控制等特点，迅速在汽车、建材、五金、家电等行业得到广泛的应用。

1. 基本原理

阴极电泳涂料所含的树脂带有碱性基团，经酸中和后成盐而溶于水。通直流电后，酸根负离子向阳极移动，树脂离子及其包裹的颜料粒子带正电荷向阴极移动，并沉积在阴极上，这就是电泳涂装的基本原理（俗称镀漆）。电泳涂装是一个很复杂的电化学反应，一般认为至少有电泳、电沉积、电解、电渗这四种作用同时发生。

电泳：胶体溶液中的阳极和阴极接通电源后，胶体粒子在电场的作用下，带正或（带负）电荷的胶体粒子向阴极（或阳极）一方泳动的现象称为电泳。胶体溶液中的物质不是分子和离子的状态，而是分散在液体中的溶质，该物质较大，不会沉淀而成分散状态。

电沉积：固体从液体中析出的现象称为凝集（凝聚、沉积），一般是冷却或浓缩溶液时产生，而电泳涂装中是借助于电。在阴极电泳涂装时，带正电荷的粒子在阴极上凝聚，带负电荷的粒子（离子）在阳极上聚集，当带正电荷的胶体粒子（树脂和颜料）到达阴极（被涂物）表面区（高碱性的界面层）后，得到电子，并与氢氧根离子反应变成水不溶性物质，沉积在阴极（被涂物）上。

电解：在具有离子导电性的溶液中，阳极和阴极接通直流电，阴离子吸往阳极，阳离子吸往阴极，并产生化学反应。在阳极产生金属溶解、电解氧化，产生氧气、氯气等，阳极是能产生氧化反应的电极。在阴极金属析出，并将H^+电解还原为氢气。

电渗：在用半透膜间隔的浓度不同的溶液的两端（阴极和阳极）通电后，低浓度的溶液向高浓度侧移行的现象称为电渗。刚沉积到被涂物表面上的涂膜是半渗透膜，在电场的持续作用下，涂抹内部所含的水分从涂膜中渗析出来移向槽液，使涂膜脱水，这就是电渗。电渗使亲水涂膜变成憎水涂膜，脱水使涂膜致密化。电渗性好的点用涂料泳涂后的湿漆可用手摸也不粘手，可用水冲洗掉附着在湿漆膜上的槽液。

2. 电泳表面处理工艺的特点

电泳漆膜具有涂层丰满、均匀、平整、光滑的优点，电泳漆膜的硬度、附着力、耐腐、冲击性能、渗透性能明显优于其他涂装工艺。

1）采用水溶性涂料，以水为溶解介质，节省了大量有机溶剂，大大降低了大气污染和环境危害，安全卫生，同时避免了火灾的隐患。

2）涂装效率高，涂料损失小，涂料的利用率可达 90%～95%。

3）涂膜厚度均匀，附着力强，涂装质量好，工件各个部位如内层、凹陷、焊缝等处都能获得均匀、平滑的漆膜，解决了其他涂装方法对复杂形状工件的涂装难题。

4）生产效率高，施工可实现自动化连续生产，大大提高劳动效率。

5）设备复杂，投资费用高，耗电量大，其烘干固化要求的温度较高，涂料、涂装的管理复杂，施工条件严格，并需进行废水处理。

6）只能采用水溶性涂料，在涂装过程中不能改变颜色，涂料贮存过久稳定性不易控制。

7）电泳涂装设备复杂，科技含量较高，适用于颜色固定的生产。

6.2.4　喷涂

喷涂是利用喷枪或碟式雾化器，借助于压力或离心力，分散成均匀而微细的雾滴，施涂于被涂物表面的涂装方法。可分为空气喷涂、无空气喷涂、静电喷涂以及上述基本喷涂形式的各种派生的方式，如大流量低压力雾化喷涂、热喷涂、自动喷涂、多组喷涂等。

手工喷涂：通过前线操作人员，对产品的表面直接进行喷油，现在目前应用于自动喷涂后不良品进行手工喷涂处理。

全自动喷涂：将需要喷涂加工的产品固定在可转动的支架上，然后将支架锁定在流水线上，通过流水线的移动和可转动支架不停的旋转，已达到100%均匀喷涂在产品表面。

喷涂作业生产效率高，适用于手工作业及工业自动化生产，应用范围广主要有五金、塑胶、家私、军工、船舶等领域，是现今应用最普遍的一种涂装方式；喷涂作业需要环境要求有百万级到百级的无尘车间，喷涂设备有喷枪，喷漆室，供漆室，固化炉/烘干炉，喷涂工件输送作业设备，消雾及废水，废气处理设备等。

喷涂中的主要问题是高度分散的漆雾和挥发出来的溶剂，既污染环境，不利于人体健康，又浪费涂料，造成经济损失。

大流量低压力雾化喷涂是低的雾化气压和低空气射流速度，低的雾化涂料运行速度改善了涂料从被涂物表面反弹出来的情况。使上漆率从普通空气喷涂的 30%～40%，提高到了 65%～85%。表 6-1 为作业中常见现象及解决办法。

表 6-1　作业中常见现象及解决办法

现　　象	原　　因	解决办法
起粒	作业现场不洁，灰尘混入油漆中；油漆调配好后放太久，油漆与固化剂已产生共聚微粒；喷枪出油量太小，气压太大，令油漆雾化不良或喷枪离物面太近	清洁喷漆室，盖好油漆桶；油漆调配好，不宜放太久；调整喷枪，以使其处于最佳工作状态，确定枪口距离物面 20～50 cm为宜
垂流	稀释剂过量令油漆粘度太低，失去粘性；出油量太大，距物面太近或喷运行太慢；每次喷油量太多太厚或重喷间隔时间太短；物面不平，尤其流线体形状易垂流	按要求配比；控制出油量，确保喷漆离提高喷枪运行速度；每次喷油不宜太厚，分两次最好掌握间隔喷漆时间；控制出油量，减少漆膜厚度；按使用说明配比
橘皮	固化剂太多，令漆膜干燥太快反应剧烈；喷涂气压太大，吹皱漆膜以致无法流平；作业现场气温太高，令漆膜么应剧烈	按使用说明配比；调整气压，不可太大；注意现场温度，可添加慢干稀释剂抑制干燥速度
泛白	作业现场气温湿度大，漆膜反应剧烈，可能和空气中水分结合产生泛白现象；固化剂 过量，一次喷涂太多太厚	注意现场湿度，可添加防白水，阻止泛白现象发生；按比例调制，一次喷涂不可太厚
起泡	压缩空气有水混到漆膜上，作业现场气温高，油漆干燥太快；物面含水率高，空气湿度大；一次喷涂太厚	油水分离，注意到排水；添加慢干稀释剂；物面处理干净，油漆加防白水；一次不宜太厚
收缩	涂装面漆前底漆或中间涂层未干透	按推荐的每道扫枪喷涂层的厚度喷涂
起皱	干燥时间太短或漆膜太厚；底漆或腻子中固化剂 选用不当；底漆腻子化不完全；喷涂面漆时一道枪走得太厚，内部深剂未及时挥发，外干内不干	每道涂层之间要给予足够的干燥时间；实干后只能喷第二道或湿喷湿

6.2.5　转印

金属产品静电喷涂做好后，通过热转印的方法将木纹转印到工件表面。不易褪色，木纹逼真，提高产品档次。广泛适用于：铝合金门窗、防盗门、防火门、钢木家具、文件柜、电脑外壳、家用电器、金属饰件等耐高温的金属材质。

6.3　刷　　涂

指采用人工方式，用毛刷蘸取涂饰色浆涂刷于物体或零件表面的操作。其优点是：工具简单，施工简便，易于掌握，灵活性强，适用性强，节省涂料；对于边角、沟槽、及其设备底座等特殊位置和狭窄区域，其他施工方式难以涂装的部位，常采用手工刷涂方法施工。

刷涂的缺点是：手工操作，生产效率低，劳动强度大。对于干性较快的和流平性较差的涂料，刷涂容易留下刷痕以及膜厚不均匀现象，影响涂膜的平整度和装饰效果。

油漆刷涂时要紧握刷柄，拇指在前，食指、中指在后并抵住接近刷柄薄铁箍卡上部的木柄上，不使漆刷在手中任意松动。在刷涂过程中，刷柄应始终与被涂物表面处于垂直状态，用力要湿度。以将约 1/2 长度的刷毛顺一个方向贴附在被涂物表面为佳，漆刷运行时的用力与速度要均匀。

刷涂的施工要领：

刷涂前应先将漆刷焦上油漆，需使油漆浸满全刷毛的 1/2，漆刷沾附油漆后，应在油漆桶的边沿内侧轻拍一下，以便理顺刷毛，并去掉沾附过多的油漆。

刷涂通常可以按涂布、抹平、修复上个步骤进行。

涂布是将漆刷刷毛所含的油漆涂布在刷漆所及范围内的被涂物表面，刷漆运行轨迹可根据所用油漆在被涂物表面流平情况，保留一定的间隔，将所有保留的间隔面都覆盖上油漆，不使露底；修整是按一定方向刷涂均匀，消除刷痕与涂膜薄厚不均的现象。

6.4　浸　　镀

热浸镀是将金属工件浸入熔融金属中获得金属镀层的一种方法。钢铁材料是热浸镀的主要基体材料，因此，作为镀层材料的金属熔点必须比钢铁的熔点低得多。常用的镀层金属有锌（熔点为 419.5 ℃），铝（熔点为 658.7 ℃），锡（熔点为 231.9 ℃）和铅（熔点为 327.4 ℃）等。

热浸镀过程中，被镀金属基体与镀层金属之间通过溶解、化学反应和扩散等方式形成冶金结合的合金层。当被镀金属基体从熔融金属中提出时，在合金层表面附着的熔融金属经冷却凝固成镀层。因此，热浸镀层与金属基体之间有很好的结合力。与电镀、化学镀相比，热浸镀可获得较厚的镀层，作为防护涂层，其耐腐蚀性能大大提高。

第7章 机械加工

7.1 切削加工的基础知识

7.1.1 切削加工基本概念

切削工具（包括刀具、磨具、磨料）与工件按一定规律作相对运动，通过刀具上的切削刃去除工件上多余的材料，从而使工件获得设计要求规定的几何形状、尺寸和表面质量的加工方法称为切削加工。

工件材料包括金属、木材、复合材料、工程塑料、骨材等其他材料。主要加工方法有车削、铣削、磨削、冲裁、冲压、刨削、滚花、抛光等。

7.1.2 切削加工的基本规律

切削加工必须具备3个基本条件：切削工具、切削运动和工件。切削工具包括刀具和磨具。根据切削工具和切削运动形式的不同构成切削方法。刀具的刃形和刃数都固定，用其进行切削的常用方法有车削、铣削、钻削、拉削、镗削、刨削等；磨具或磨料刃形和刃数都不固定，用其进行切削的方法通常有磨削、珩磨、研磨和抛光等。

金属材料的切削加工有许多分类方法。常见的有以下3种。

1. 按工艺特征区分

切削工具的结构及切削工具与工件的相对运动形式决定了其工艺特征。按工艺特征切削加工可分为：车削、铣削、钻削、刮削、锯切、镗削、插削、拉削、刨削、磨削、珩磨、研磨、抛光、超精加工、和钳工等。

2. 按切除率和精度区分

可分为6类。①粗加工：选用尽可能大的切削深度和进给量，在较短的时间内切去工件上大部分或全部加工余量，粗加工加工效率较高但加工精度较低，一般用作预先加工。②半精加工：一般作为粗加工和精加工之间的中间工序，为主要表面的精加工作准备。③精加工：通过精细切削使加工表面达到较高的精度和较低的粗糙度，精加工通常是最终加工。④精整加工：能稍微提高精度，并且获得更小的表面粗糙度，在精加工后进行精整加工，精整加工的加工余量很小。⑤修饰加工：目的是减小表面粗糙度，以提高防尘、防蚀性能和改善外观，但并不能提高精度。⑥超精密加工：在航天、电子、激光、核能等尖端技术领域中需要某些特别精密的零件，其表面粗糙度不大于 $Ra0.01$，精度高达 IT4 及以上。

3. 按表面形成方法区分

按表面形成方法，切削加工可分为 3 类。①刀尖轨迹法：工件所要求的表面几何形状是依靠刀尖相对于工件表面的运动轨迹来获得的，如车外圆、磨外圆、刨削平面、用靠模车成形面等。工件与切削工具的相对运动决定刀尖的运动轨迹。②成形法：工件的最终表面轮廓与成形刀具或成形砂轮等相匹配，利用成形刀具或成形砂轮加工出成形面。此时刀刃的几何形状代替了机床的部分成形运动，如成形车削、成形磨削和成形铣削等。③展成法：也称滚切法，加工时工件与切削工具作相对展成运动，工件和刀具（或砂轮）的瞬心线相互做纯滚动，并且两者保持确定的速比关系，刀刃在这种运动中形成的包络面即为加工表面。如加工齿轮时常采用的滚齿、剃齿、珩齿和磨齿（不包括成形磨齿）等加工方法都属于展成法加工。

7.1.3　切削加工基本工艺

切削加工基本工艺包括车削加工、铣削加工、钻削和镗削加工、磨削加工等，具体见二维码 7-1。

7-1　切削加工基本工艺

7.1.4　切削加工基本工艺的选择

1. 回转面加工方法的选择

为了确保加工质量和降低生产成本，回转面加工方法的选择应根据取决于零件的材料、结构形状、尺寸、毛坯种类、加工精度、表面粗糙度、技术要求、生产类型和生产条件等因素。

（1）外圆表面加工

1）外圆表面加工技术的要求：外圆表面的技术要求包括：尺寸与形状精度，位置精度，表面质量。

2）外圆表面加工方案的分析：常用的外圆表面加工方案件如下，供参考。

方案一：粗车→半精车→精车→磨。

方案二：粗车→半精车→精车→粗磨→精磨→研磨或超级光磨。

方案三：半精车→精车→细精车→研磨。

3）最终工序为车工方案，不适用于淬火钢，但适用于其他各种金属。

4）最终工序为磨削加工方案，适用于淬火钢、未淬火钢和铸铁，但不宜加工韧性大、强度低的有色金属。

5）最终工序为研磨或精细车方案，适用于有色金属的精加工。

6）在研磨或高精度磨削前一般都要进行精磨，因为研磨、高精度小粗糙值磨削前的精度和粗糙度对加工质量和生产率影响很大。

7）对粗糙度值要求高而光亮的外圆，若尺寸精度要求不高，可通过抛光达到要求。

（2）孔加工

1）孔加工的技术要求。零件上的孔多种多样，常见的有：油孔、螺栓螺钉孔、套筒、齿轮上的轴向孔及端盖上的轴向孔；箱体上的轴承孔；深孔（深径比 $L/D>5\sim10$）等。

2）孔加工方案的分析。常用的各种孔的加工方案如下，供参考。

方案一：钻→铰。

方案二：钻→扩→粗铰→精铰→研磨。

方案三：钻→粗镗→半精镗→精镗→精细镗。

方案四：钻→粗镗→半精镗→精镗→粗磨→精磨→研磨。

钻孔适用于各种材料（淬火钢除外）和各类零件的孔加工。

3）当孔公差等级为IT9，当孔径<10 mm一般先钻孔后铰孔；孔径<30 mm，一般钻模钻孔，或者先钻孔后扩孔；孔径>30 mm，一般先钻孔后镗孔。

4）当孔公差等级为 IT8，当孔径<20 mm，一般先钻孔后铰孔；孔径>20 mm，一般先钻后扩（或镗）最后铰。

5）当孔公差等级为 IT7，当孔径<12 mm，一般先钻孔后进行两次铰孔；孔径>12 mm，一般先钻后扩（或镗）然后粗铰最后精铰。

6）当孔公差等级为 IT6，韧性较大的有色金属不宜珩磨，可精细镗或研磨；珩磨适于加工较大的孔，而研磨对小孔、大孔均可加工。

7）锻造或铸造出较大尺寸的孔，可直接进行扩孔或镗孔，直径>100 mm的孔，用镗孔比较好。

2. 平面加工方法的选择

（1）平面加工的技术要求

平面加工的技术要求主要包括：形状精度，尺寸精度、位置精度以及垂直度、平行度等，表面质量等。

（2）平面加工方案的分析

常用的平面加工方案如下，可供参考。

方案一：粗车→半精车→精车。

方案二：半精车→精磨→研磨。

方案三：粗铣或粗刨→拉削。

方案四：粗铣或粗刨→粗磨→精磨→研磨。

方案五：粗铣或粗刨→精刨→刮削（高速精铣）。

方案六：粗铣或粗刨→刮削（高速精铣）→精磨→研磨。

1）最后工序为高速精铣时，一般用于加工精度要求高的有色金属工件。若采用高精度金刚石刀具和高速铣床，铣削的表面粗糙度 Ra 值可低于 0.008 μm。

2）最后工序为刮削时，一般用于要求粗糙度值小、直线度高且不淬硬的平面。当大批量生产时，为了提高生产率和减轻劳动强度，一般采用宽刃细刨替代刮削。特别是在加工狭长且精密度高的平面（如导轨面），或者是缺少导轨磨床时，通常采用宽刃细刨。

3）最后工序为磨削时，适于加工要求粗糙度值小、直线度高的薄片工件和淬硬工件，也用于铸件上较大平面或不淬硬的钢件的精加工。

4）精车主要用于加工轴类、盘类、套类等回转体零件的端面。

5）拉削平面加工是一种先进的加工方法，它的优点是生产率高、精度高、拉刀寿命长。通常用于大批大量生产中加工面积不太大且质量要求较高的平面。

6）研磨通常用于加工高精度、小粗糙度值的表面，如块规等高精度零件的工作表面；抛光加工通常用于对于精度要求不高但是要求光亮和美观的零件。

7-2　切削加工常用量具

7.1.5　切削加工常用量具

切削加工时常用的量具有钢直尺、游标卡尺、螺旋测微器、百分表等。

7.2　常见切削机床

7.2.1　车床

7-3　车床种类

车床的种类很多，按结构和用途的不同，主要分为卧式车床、落地车床、立式车床、轻塔车床、仿形车床等。

7.2.2　车刀

7-4　车刀

车刀是用于切削加工的，具有切削部分的刀具，是切削加工中应用最广的刀具之一。其结构、种类、参数等内容可扫二维码 7-4 查阅。

7.2.3　工件的安装方法及附件

车削时必须把工件夹在车床夹具上，经过校正、夹紧，这是车削加工准备工作中重要的一个环节。

7-5　车床附件

工件安装的速度和好坏，直接影响生产效率和加工质量的高低，车削加工中，应根据工件的形状、大小和加工数量选用合适的工件安装方法。以确保工件位置准确，装夹牢固和必要的生产效率。在车床上常用自定心卡盘、单动卡盘、中心架、跟刀架、顶尖、花盘和弯板等附件来装夹工件。

7.3　铣床与铣削加工

7-6　铣床与铣削加工

相关视频

铣削是在铣床上用铣刀对工件进行切削加工，铣刀的旋转运动为主运动，铣刀或工件的移动为进给运动。铣削加工是金属切削加工中常用方法之一。

铣削的主运动是由铣床主轴带动铣刀的旋转运动，进给运动是工件作相对于铣刀的直线运动（详见二维码 7-6）。

7.4　磨床与磨削加工

7-7　磨床与磨削

相关视频

磨削加工是利用磨具（砂轮、砂带、磨石等）以较高的线速度对工件表面进行加工的方法。大多数的磨床是使用高速旋转的砂轮进行磨削加工，少数的是使用砂带、油石等其他磨具和游离磨料进行加工。磨削在机械制造中是一种使用非常广泛的加工方法。对各种工件表面，尤其各种高硬度材料具有广泛的适用性（详见二维码 7-7）。

7.5　镗床与镗孔

用镗刀在工件上镗孔的机床称为镗床，镗床的主运动为镗刀的旋转运动，进给运动为镗刀或工件的移动。镗床是箱体零件尤其是大型箱体类零件加工的主要设备。在镗床上还可以进行钻孔、扩孔、铰孔加工，以及对平面、沟槽和螺纹进行加工。镗床可分为卧式镗床、金刚镗床、落地镗铣床和坐标镗床等类型（详见二维码 7-8）。

7-8　镗床与镗孔

相关视频

第 8 章 钳工与装配

8.1 钳　　工

钳工是使用钳工工具或设备，按技术要求对工件进行加工、修整、装配的工种。钳工常用的设备包括钳工工作台、台虎钳、钻床等。其基本操作有划线、锯切、錾削、锉削、钻孔、扩孔、铰孔、攻螺纹、套螺纹、刮削、研磨等，也包括机器的装配、调试、修理及矫正、弯曲、铆接、简单热处理等操作。

钳工在机械制造及修理工作中起着十分重要的作用：完成加工前的准备工作，如毛坯表面的清理、在工件上划线（单件小批生产时）等；某些精密零件的加工，如制作样板、模具、量具和配合表面（如导轨面和轴瓦等）的刮配、研磨；产品的组装、调试及设备维修；零件在装配前进行的钻孔、铰孔、攻螺纹、套螺纹及装配时对零件的修整等；单件、小批生产中某些普通零件的加工。一些采用机械设备不能加工或不适于用机械加工的零件，也常由钳工来完成。

钳工的主要工艺特点是：工具简单，制造、刃磨方便；大部分是手持工具进行操作，加工灵活、方便；能完成机加工不方便或难以完成的工作；劳动强度大、生产率低，对工人技术水平要求较高。下面对钳工主要工艺进行简要介绍。

8.1.1　划线

8-1　划线

相关视频

划线是按照设计图纸上标注的尺寸，在毛坯或半成品上的表面划出加工图形、加工界线的操作。其作用是：确定工件上各加工面的加工位置，作为加工工件或安装工件的依据；通过划线及时发现和处理不合格的毛坯，避免造成更大的浪费；通过划线使加工余量不均匀的坯件得到补救，从而可提高坯件的合格率；在型材上按划线下料，可合理使用材料。划线用工具包括：支承工具（平板、方箱、V形架、千斤顶、角铁及垫铁等）、划线工具（划针、划规、划卡、划线盘、样冲、高度游标尺等)、量具(钢直尺、高度尺、高度游标尺、90°尺等)。

8.1.2　锯削

锯削是用锯条切割开工件材料，或在工件上切出沟槽的操作。手工锯削所用工具(手锯)结构简单，使用方便，操作灵活，在钳工工作中使用广泛。大型原材料或工件的分割通常利用机械锯进行，其不属于钳工的范围。

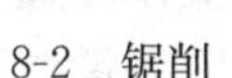
8-2　锯削

相关视频

8.1.3　锉削

锉削是用锉刀对工件表面进行加工，使其尺寸、形状、位置和表面粗糙度等达到要求的操作。它可加工工件的内外平面、内外曲面、内外角、沟槽和各种复杂形状的表面，还可在装配中作修整工作，对錾、锯之后的工件进行精密加工。

8-3　锉削

相关视频

8.1.4　錾削

錾削是用手锤冲击錾子(也叫凿子)对金属进行冷加工的操作。是钳工较为重要的基本操作，目前主要用于不便于机械加工的场合，如去除毛坯上的凸缘、毛刺，分割材料，錾削平面及沟槽等。

8-4　錾削

相关视频

8.1.5　钻孔、扩孔、铰孔

钻孔是用钻头在实心工件上钻出通孔或钻出比较深的盲孔的操作。钻孔在生产中是一项很重要的工作，主要加工精度不高的孔或作为孔的粗加工；扩孔是使用麻花钻或专用扩孔钻将原来钻过的孔或铸锻出来的孔进一步扩大的操作；铰孔是用铰刀从已钻、扩或镗出的孔内再切削一薄层金属，以便提高孔的精度和降低表面粗糙度的操作，一般可加工圆柱形孔，也可加工锥形孔。

8-5　钻孔、扩孔、铰孔

相关视频

8.1.6　攻螺纹和套螺纹

常用的螺纹工件，其螺纹除采用机械加工外，还可以用钳工工种的攻螺纹和套螺纹来获得。攻螺纹（亦称攻丝）是用丝锥在工件内圆柱面上加工出内螺纹的操作；套螺纹（或称套丝、套扣）是用板牙在圆柱杆上加工外螺纹的操作。通常，这两种操作只能切削齿形为三角形的螺纹，三角形螺纹应用最广，而且已经标准化。

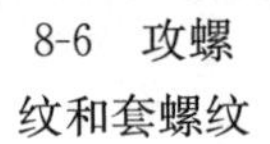
8-6　攻螺纹和套螺纹

相关视频

8.2　装　　配

装配是根据总装配图将合格零件按规定的技术要求装成合格产品的过程。它是机械制造过程中重要的和最后的一个阶段，产品的质量必须由装配最终保证。

8-7　装配

第 9 章 先进制造技术

9.1 数 控 加 工

9.1.1 概述

1. 数控加工的基本概念、定义

数字控制是利用数字化的指令控制机器动作及加工过程的一种方法。

数控技术采用数字控制的方法实现自动控制的技术，也就是利用数字化信号进行控制的技术。

数控机床是采用数字控制技术对机床的加工过程进行自动控制的一类机床，是数控技术典型应用的例子。

数控系统是实现数字控制的装置。

计算机数控系统以计算机为核心的数控系统。

2. 数控技术的发展历史

数控技术的发展有着悠久的历史，具体可见右侧二维码。

9-1 数控技术的发展历史

3. 数控技术的发展趋势

(1) 高精度、高速度趋势

科技的发展无止境、高精度、高速度的内涵也在不断变化。进给速度目前已可达到每分钟几十米甚至上百米。高速插补技术，数控系统单元精细化，高分辨率的位置检测装置，伺服系统前馈控制和非线性控制方法，有效地提高了控制精度，如日本开发了 106 脉冲/转的隐蔽式位置检测器的交流伺服电机，其位置检测精度可以达到 0.01 μm/脉冲，采用高速 CPU 芯片，RISC 芯片，多 CPU 控制系统，高分辨率检测元件、交流数字伺服系统、配套电主轴、直线电机等技术可极大地提高效率。

相较以前，一般的加工精度提高了近 1 倍，达到 5 μm；精密加工的精度提高了近 2 个数量级；超精密加工的精度进入纳米级（0.001 μm）；主轴回转的精度可达到 0.01～0.05 μm；圆度的加工精度达到 0.1 μm；表面粗糙度的加工精度达到 Ra＝0.003μm 等。精密化机床采用电主轴（内装式主轴电机），主轴最高转速可达 200 000 r/min；在分辨率为 0.01 μm 时，最大进给速度可达到 240 m/min，而且还能精确加工复杂型面；随着微处理器的迅速发展，数控系统向高速、高精度方向发展得到了保障，开发出的 CPU 已发展到 64 位的数控系统，频率提高到上千兆赫。目前，国外先进加工中心的换刀时间普遍在 1s 左右，高的已达到 0.5 s。如德国 Chiron 公司将刀库设计为篮子式，以主轴为轴心，刀具在其圆周上分布，其换刀时间仅为 0.9 s。

（2）功能复合化

复合机床又称多功能复合加工机床，是能够在一台主机上完成或尽可能完成从毛坯至成品的多种要素加工的机床。复合机床是当前世界机床技术发展的方向。复合加工在保持工序集中和消除（或减少）工件重新安装定位的总的发展趋势中，使更多的不同加工过程复合在一台机床上，从而达到减少机床和夹具，免去工序间的搬运和储存，提高工件加工精度，缩短加工周期和节约作业面积的目的。目前越来越多的复杂零件采用复合机床进行综合加工，复合机床成为各国机床制造商开发的热门产品。

复合机床大体可分为三类。第一类是以车削为主体的复合加工机床，如车铣复合中心、小型五轴车铣复合中心、车铣复合加工单元等；第二类是以铣削为主体的复合加工机床，如五轴棒料加工中心；第三类为车磨复合加工机和倒置式车磨复合中心。先进的复合加工机床使用双主轴、双刀架、九轴控制，可实现四至五轴联动，机床可以在一次安装下完成所有车、铣、钻工序加工。

（3）大型化、微型化

大型化数控机床主要用于特大型、大型零件的数控加工制造，是能源、船舶、航空、航天、军工、重型机床、汽车、机车车辆、机械工程等行业不可缺少的重要工艺加工装备，能够实现五轴联动加工。如武重 CKX53160 数控单柱移动立式铣床可以应用于三峡工程大型水轮机加工等，其最大加工直径可达 16 m，最大承重达 550 t，工作台主电机功率为 125 kW，铣削主电机功率为 40 kW。另一方向，超精密加工技术、微纳米技术能适应微小尺寸和微纳米加工精度的新制造技术工艺与设备。微型机床包括切削加工（车、铣、磨）机床，微电加工机，微型激光加工机和微型压力机等的需求逐渐增加。

（4）智能化、网络化

数控智能化的范围涉及数控系统的各个方面。追求加工质量和加工效率方面的智能化，如自适应控制，自动生成工艺参数；连接方便和改善驱动性能的智能化，如电机参数的自适应算法、前馈控制，自动选择模型和自动识别负载等；简化操作、简化编程方面的智能化，如自动编程的智能化，智能化的人机交互界面等；可智能诊断、智能监控，便于系统诊断与维修。

网络化就是将制造所需资源共享，通过网络将制造单元和控制部件相连，如加工程序、机床、工具、检测监控仪器等。大大满足了柔性生产线、柔性制造系统及制造企业对信息集成的需求，也实现了新的加工制造模式，如虚拟企业（virtual enterprise，VE）、敏捷制造（agile manufacturing，AM）、全球制造（global manufacturing，GM）的基础单元。

4. 数控机床组成

现代数控机床都是CNC机床，一般由数控操作系统和机床本体组成，主要由如下几部分组成。

（1）CNC装置

计算机数控装置（即CNC装置）是CNC系统的核心，由微处理器（CPU）、存储器、各I/O接口及外围逻辑电路等构成。

（2）可编程逻辑控制器PLC

PLC是一种以微处理器为基础的通用型自动控制装置，用于完成数控机床的各种逻辑运算和顺序控制。例如：主轴的启停、刀具的更换、冷却液的开关等辅助动作。

（3）机床操作面板

一般数控机床均布置有机床操作面板，用于在手动方式下对机床进行一些必要的操作，以及在自动方式下对机床的运行进行必要的干预。上面布置有各种按钮和开关。

（4）伺服系统

伺服系统分为进给伺服系统和主轴伺服系统，进给伺服系统主要由进给伺服单元和伺服进给电机组成。用于完成刀架和工作台的各项运动。主轴伺服系统用于数控机床的主轴驱动，一般由恒转矩调速和恒功率调速。为满足某些加工要求，还要求主轴和进给驱动能同步控制。

（5）机床本体

机床本体的设计与制造，首先应满足数控加工的需要，具有刚度大、精度高、能适应自动运行等特点。由于一般均采用无级调速技术，使得机床进给运动和主传动的变速机构被大大简化甚至取消。为满足高精度的传动要求，广泛采用滚珠丝杆、滚动导轨等高精度传动件。为提高生产率和满足自动加工的要求，还采用自动刀架以及能自动更换工件的自动夹具等。

5. 数控加工的特点

由于数控机床是计算机自动控制同精密机床两者的结合，使得它具有高效率、高精度、高柔性等特点。

（1）具有广泛的适应性

现代加工业为适应市场竞争要求，需不断对产品进行更新换代，产品的换代势必要求其零件的改变。而对于数控加工来说，只要改变数控程序或加工程序中的相应参数，就能对新零件或改型后的零件进行自动加工。因此能很好地适应市场竞争对产品改型换代的要求。

（2）高精度与质量稳定

数控机床的本体中广泛采用滚珠丝杠、滚动导轨等高精度传动部件，而伺服传动系统脉冲当量的设定单位可达到0.01～0.005 mm。并且还有误差修正或补偿功能。而数控机床的运行是根据数控程序而来，一般不需人工干预，从而保证了其高精度和高稳定性。

（3）高效率

数控加工在程序调试完成，首件加工合格后，就可进行自动批量加工。加工过程中工件装夹、刀具更换、切削用量的调整均由设备自动完成，而且加工中一般无需进行检测，从而极大地减少了辅助时间。在程序的编制中只要对切削用量进行合理的选择，就可以在满足加工要求的前提下，提高其生产效率。

（4）能进行复杂零件的加工

数控机床采用计算机插补技术和多坐标轴联动控制，可实现复杂轨迹运动，因而能加工复杂形状的空间曲面，加工出普通加工机床无法加工的复杂零件。

（5）减轻劳动强度、改善劳动条件

由于数控机床进行的是自动加工，程序调试完成后，自动完成加工，可以大大减轻劳动者的劳动强度，同时可实现一人管理多台机器。

（6）有利于进行现代化管理

数控机床加工能方面、精确的计算零件的加工时间，同时还可以进行自动加工统计，从而做到自动精确计算生产和加工费用，有利于对生产的全过程进行现代化管理。

9.1.2　数控加工工艺基础

用于指导生产，规定零件制造工艺过程和操作方法等的工艺文件，称为工艺规程。在数控机床上加工零件时，事先要把加工的全部工艺过程、工艺参数等编制成合乎要求的程序（这个过程可以是手工编程，也可借助软件自动编程）。由于整个加工过程是由机床自动完成的，因此程序编制前的工艺分析是一项十分重要的基础性工作。数控加工工艺分析包括以下内容：选择适合数控加工的零件、确定数控加工的内容和数控加工零件的工艺性分析。

1. 机床选用

有了零件图样和毛坯，需要选择适合的数控机床进行加工。可根据毛坯的材料、零件轮廓形状复杂程度、尺寸大小、加工精度、零件数量、热处理要求等选择合适的数控机床。概括起来要考虑三点：①要保证加工零件的技术要求，加工出合格的产品；②要有利于提高生产率；③尽可能降低生产成本（加工费用）。

2. 工艺分析

工艺分析是数控加工中一个十分重要的环节，它是程序编制的依据。数控加工工艺性分析涉及面很广，在此仅从数控加工的可能性和方便性两方面加以分析。

（1）零件图样上尺寸数据的给出应符合编程方便的原则

1）零件图上尺寸标注方法应适应数控加工的特点，在数控加工零件图上，应以同一基准标注尺寸或直接给出坐标尺寸。这样既便于编程，也便于尺寸之间的相互协调，为保持设计基准、工艺基准、检测基准与编程原点设置的一致性方面带来很大方便。

2）构成零件轮廓的几何元素的条件应充分。在手工编程时要计算线段的端点坐标；在自动编程时，要对构成零件轮廓的所有几何元素进行定义。因此在分析零件图时，要分析几何元素的给定条件是否充分。如圆弧与直线，圆弧与圆弧在图样上相切，但根据图上给出的尺寸，在计算相切条件时，变成了相交或相离状态。由于构成零件几何元素条件的不充分，使编程时无法入手。遇到这种情况时，应与零件设计者协商解决。

（2）零件各加工部位的结构工艺性应符合数控加工的特点

1）零件的内腔和外形最好采用统一的几何类型和尺寸。这样可以减少刀具规格和换刀次数，使编程方便，生产效率提高。

2）内槽圆角的大小决定着刀具直径的大小，因而内槽圆角半径不应过小。

3）零件铣削底平面时，槽底圆角半径 r 不应过大。

4）应采用统一的基准定位。零件上最好有合适的孔作为定位基准孔，若没有，要设置工艺孔作为定位基准孔（如在毛坯上增加工艺凸耳或在后续工序要铣去的余量上设置工艺孔）。若无法设计工艺孔时，最起码也要用经过精加工的表面作为统一基准，以减少两次装夹产生的误差。

5）还应分析零件所要求的加工精度、尺寸公差等是否可以得到保证、有无引起矛盾的多余尺寸或影响工序安排的封闭尺寸等。

3. 加工方法的选择

加工方法的选择原则是确保加工表面的加工精度和表面粗糙度的要求。

在实际生产中，选择加工方法时，要结合零件的形状、尺寸大小和热处理要求等全面考虑。例如，对于IT7级精度的孔采用镗削、铰削、磨削等加工方法均可达到精度要求，但箱体上的孔一般采用镗削或铰削，而不宜采用磨削。一般小尺寸的箱体孔选择铰孔，当孔径较大时则应选择镗孔。此外，还应考虑生产率和经济性的要求，以及工厂的生产设备等实际情况。常用加工方法的经济加工精度及表面粗糙度可查阅有关工艺手册。

4. 加工方案的确定

零件上比较精密的表面加工，如装配面等，应正确地确定从毛坯到最终成品的加工方案，一般是通过开粗加工、半精加工和精加工一步一步来实现。确定加工方案时，首先应根据主要表面的精度和表面粗糙度的要求，初步确定为达到这些要求所需要的各种加工方法。例如，对于孔径不大的IT7级精度的孔，最终加工方法取精铰时，则精铰孔前通常要经过钻孔、扩孔和粗铰孔等加工。应初步确定加工方法后，再确定后续的工序与工步。

5. 工序与工步划分

工序的划分：一个或一组工人在同一工作地对同一个或同时对几个工件所连续完成的那一部分工艺过程被称为工序，它是生产过程中最基本的组成单位。在数控机床上加工零件，工序可以比较集中，在一次装夹中尽可能完成大部分或全部工序。一般工序划分有以下几种方式。

1）根据装夹定位划分工序。这种方法一般适用于加工内容不多的工件，主要是将需要加工的部位分为几个部分，每道工序加工其中一部分。如数控铣床加工外形时，以内腔夹紧；加工内腔时，以外形夹紧。

2）以加工部位划分工序，适合加工内容很多的零件。

3）以粗、精加工划分工序。对易产生加工变形的数控铣床零件，考虑到工件的加工精度、变形等因素，可按粗、精加工分开的原则来划分工序，即先粗后精。一般来说凡要进行粗、精加工的都要将工序分开。

4）为了减少换刀次数，可以采取刀具集中的原则进行划分工序。以同一把刀具加工的内容划分工序，适合于较复杂零件的综合切削加工。总之，在工序的划分中，要根据工件的结构要求、工件的安装方式、工件的加工工艺性、数控机床的性能以及工厂生产组织与管理等因素灵活把握，力求合理。

工步的划分：在同一个工位上，要完成不同的表面加工时，在加工表面、切削速度、进给量和加工工具都不变的情况下，所连续完成的那一部分工序内容，称为一个工步。工步的划分主要从加工精度和效率两方面考虑。在一个工序内往往需要采用不同的刀具和切削用量，对不同的表面进行加工。下面以加工中心为例来说明工步划分的原则。

1）同一表面按粗加工、半精加工、精加工依次完成，或全部加工表面按先粗后精加工分开进行。

2）对于既有铣面又有镗孔的零件，可先铣面、后镗孔。按此方法划分工步，可以提高孔的精度。因为铣削时切削力较大，工件易发生变形。先铣面后镗孔，使其有一段时间恢复，减少由铣面变形引起的对孔的精度的影响。

3）按刀具划分工步。如果数控机床工作台回转时间比换刀时间短，可采用按刀具划分工步，以减少换刀次数，提高加工效率。总之，工序与工步的划分要根据具体零件的结构特点、技术要求等情况综合考虑。

6. *刀具的选择与零件的装夹*

刀具的选择不仅影响机床的加工效率，而且直接影响零件的加工质量，是数控加工工艺中的重要内容之一。与传统的加工方法相比，数控加工对刀具的要求更高。编程时，选择刀具通常要考虑机床的加工能力、工序内容、工件材料等因素。不仅要求精度高、刚度好、耐用度高，而且要求尺寸稳定、安装调整方便。选取刀具时，要使刀具的尺寸与被加工工件的表面尺寸和形状相适应。生产中，平面零件周边轮廓的加工，常采用立铣刀；铣削平面时，应选硬质合金刀片铣刀；加工凸台、凹槽时，选高速钢立铣刀；加工毛坯表面或粗加工孔时，可选镶有硬质合金的玉米铣刀。选择立铣刀加工时，刀具的有关参数，推荐按经验数据选取。曲面加工常采用球头铣刀，但加工曲面较平坦部位时，刀具以球头顶端刃切削，切削条件较差，因而应采用环形刀。在单件或小批量生产中，为取代多坐标联动机床，常采用鼓形刀或锥形刀来加工飞机上的一些变斜角零件，适用于在五坐标联动的数控机床上加工一些球面，其效率比用球头铣刀高近十倍，并可获得好的加工精度。在加工中心上，各种刀具分别装在刀库里，按程序规定随时进行选刀和换刀工作。因此必须有一套连接普通刀具的连接杆（刀柄），以便使钻、镗、扩、铰、铣削等工序用的标准刀具，迅速、准确地装到机床主轴或刀库上去。目前我国的加工中心采用 TSG 工具系统，其柄部有直柄（三种规格）和锥柄（四种规格）两种，总共包括 16 种不同用途的刀。

在数控加工中，刀具的选择直接关系到加工精度的高低、加工表面质量的优劣和加工效率的高低。选用合适的刀具并使用合理的切削参数，可以使数控加工以最低的加工成本、最短的加工时间达到最佳的加工质量。数控机床刀具是一个较复杂的系统，如何根据实际情况进行正确选用，并在 CAM 软件中设定正确的参数，是数控编程人员必须掌握的。只有对数控刀具结构和选用有充分的了解和认识，并且不断积累经验，在实际工作中才能灵活运用，提高工作效率和生产效益并保证生产安全。

零件的安装与夹具的选择原则如下。

(1) 定位安装的基本原则

1) 力求设计、工艺与编程计算的基准统一。

2) 尽量减少装夹次数，在一次定位装夹后，尽可能加工出全部或尽可能多的待加工表面，减少加工累计误差和减少辅助时间。

3) 避免采用占机人工调整式加工方案，以充分发挥数控机床的效能。

(2) 选择夹具的基本原则

一是要保证夹具的坐标方向与机床的坐标方向相对固定；二是要协调零件和机床坐标系的尺寸关系。除此之外，还要考虑以下四点：

1) 当零件加工批量不大时，应尽量采用组合夹具、可调式夹具及其他通用夹具，以缩短生产准备时间、节省生产费用。

2) 在成批生产时才考虑采用专用夹具，并力求结构简单。

3) 零件的装卸要快速、方便、可靠，以缩短机床的停顿时间。

4) 夹具上各零部件应不妨碍机床对零件各表面的加工，即夹具的定位、夹紧机构元件不能影响加工中的走刀（如产生碰撞等）。

7. 对刀点的确定

编程时编程者不知道机械原点在哪里，为了编程的需要，需要自行在工件上或图纸上设置一个原点（称为工件零点或编程零点），以此为基准进行编程。在机床上该点一般通过对刀来确定，所以又称对刀点。对刀点就是在数控机床上加工零件时，刀具相对于工件运动的基准点。在编制程序时，要正确选择对刀点的位置。对刀点的选择原则是：

1) 便于用数字处理和简化程序编制。

2) 在机床上找正容易，加工中便于检查。

3) 引起的加工误差小。

对刀点可选在工件上，也可选在工件外面（如选在夹具上或机床上），但必须与零件的定位基准有一定的尺寸关系。为了提高加工精度，对刀点应尽量选在零件的设计基准或工艺基准上，如以孔定位的工件，可选孔的中心作为对刀点。刀具的位置则以此孔来找正，使“刀位点”与“对刀点”重合。实际操作机床时，通过手工对刀操作把刀具的刀位点放到对刀点上，即“刀位点”与“对刀点”的重合。所谓“刀位点”是指刀具的定位基准点，车刀的刀位点为刀尖或刀尖圆弧中心。平底立铣刀是刀具轴线与刀具底面的交点；球头铣刀是球头的球心，钻头是钻尖等。用手动对刀操作对刀精度较低且效率低，有些工厂采用光学对刀镜、对刀仪、自动对刀装置等，以减少对刀时间，提高对刀精度。加工过程中需要换刀时，应规定换刀点。所谓“换刀点”

是指刀架转动换刀时的位置，换刀点应设在工件或夹具的外部，以换刀时不碰工件及其他部件为准。

8. 加工路线的确定

在数控加工中，刀具刀位点相对于工件运动的轨迹称为加工路线。编程时，加工路线的确定原则主要有以下几点。

1）数值计算简单，以减少编程工作量。

2）加工路线应保证被加工零件的精度和表面质量，且效率较高。

3）加工路线最短，这样既可减少程序段，又可减少空刀运行时间。

对点位控制的数控机床，只要求定位精度较高，定位过程尽可能快，而刀具相对工件的运动路线是无关紧要的，因此这类机床应按空程最短原则来安排走刀路线。除此之外还要确定刀具轴向的运动尺寸，其大小主要由被加工零件的孔深来决定，但也应考虑一些辅助尺寸，如刀具的引入距离和超越量。在数控机床上车螺纹时，沿螺距方向的 z 向进给应和机床主轴的旋转保持严格的速比关系，因此应避免在进给机构加速或减速过程中的切削。为此要增加刀具引入距离 δ_1 导出距离 δ_2。δ_1 和 δ_2 的数值与机床拖动系统的动态特性、螺纹的螺距和精度有关。δ_1 一般为 2～5 mm，对大螺距和高精度的螺纹取大值；δ_2 一般为退刀槽宽度的 1/2 左右，取 1～3 mm。若螺纹收尾处没有退刀槽时，收尾处的形状与数控系统有关，一般按 45°退刀收尾。铣削平面零件时，一般采用立铣刀侧刃进行切削。为减少接刀痕迹，保证零件表面质量，需要对刀具的切入和切出程序精心设计。铣削外表面轮廓时，铣刀的切入和切出点应沿零件轮廓曲线的延长线上切向切入和切出零件表面，而不应沿法向直接切入零件，以避免加工表面产生划痕，保证零件轮廓光滑。铣削内轮廓表面时，切入和切出无法外延，这时铣刀可沿零件轮廓的法线方向切入和切出，并将其切入、切出点选在零件轮廓两几何元素的交点处。加工过程中，工件、刀具、夹具、机床系统平衡弹性变形的状态下，进给停顿时，切削力减小，会改变系统的平衡状态，刀具会在进给停顿处的零件表面留下划痕，因此在轮廓加工中应避免进给停顿。加工曲面时，常用球头刀并采用“行切法”进行加工。所谓行切法是指刀具与零件轮廓的切点轨迹是一行一行的，而行间的距离是按零件加工精度的要求确定的。

9-2　数控加工工艺文件

9. 数控加工工艺文件

数控加工工艺文件是数控加工过程控制、最终产品验收的依据，是操作者必须遵守、执行的规程。数控加工工艺文件要比普通机床加工的工艺文件复杂，它不但是零件数控加工的依据，也是必不可少的工艺资料档案。

9.1.3 数控编程基础

1. 数控编程概述

(1) 数控编程的概念

数控编程是指从零件图纸的分析到获得数控加工程序的全过程。一个合格的数控程序不仅要保证加工出符合零件图样要求的合格零件，还要使数控机床的功能和性能得到很好的应用和充分的发挥，使数控机床能安全、高效地工作。

(2) 数控编程的基本步骤

数控程序的编制需要经过如下几个过程：

1）分析零件图样，确定加工工艺。分析零件图纸就是要分析零件所用的材料、零件的形状、尺寸、精度及热处理要求等，以便确定该零件的加工工艺，如该零件是否适宜在数控机床上加工，或适宜在哪类数控机床上加工；确定零件的加工方法（如采用的工夹具、装夹定位方法等）和加工路线（如对刀点、走刀路线），并确定加工用量等工艺参数（如切削用量三要素等）。

2）数值计算。根据确定的加工路线，计算出数控程序编制时所需的数据，如基点坐标（组成零件轮廓几何要素的交点和切点）和节点坐标（用直线或圆弧逼近零件轮廓时几何要素的交点和切点）的计算。

3）编写程序单。根据加工路线计算出的数据和已确定的工艺参数，结合数控系统的编程格式要求编写零件的加工程序单。同时编制相关的工艺文件。

4）制作控制介质。制作控制介质就是将数控程序记录在所用机床能识别的控制介质（如U盘、CF卡）上作为数控装置的输入信息。

5）程序检验和首件试切。只有通过程序校验和首件试切的程序才是合格的程序，才能用于批量生产。程序校验即检验程序的格式是否符合数控系统的要求以及检查刀具轨迹是否正确，它并不能保证加工出符合图样要求的合格工件，因此还需进行首件试切，来检验所编制出的程序，才能保证程序的正确性。在此阶段一旦发现错误则应及时修正，一直到该程序能加工出合格工件为止。

(3) 程序编制方法

数控程序的编制方法有手工编程和自动编程两种。

1）手工编程。从零件图样分析及工艺处理开始一直到获得合格数控程序的全过程，均由人工完成，则属于手工编程。对于不太复杂的零件来说，编程计算较简单，程序编写工作量不大，手工编程即可实现。但对于形状复杂特别是空间曲面零件，手工编程比较困难且易出错，则需采用自动编程的方法。

2）自动编程。编程工作的大部分或全部由计算机完成的过程称自动编程。采用自动编程，编程人员只要根据零件图纸和工艺要求，用规定的语言编写一个源程序或者是采用 CAD/CAM 软件，由计算机自动进行处理，计算出刀具中心的轨迹，自动生成加工程序清单，因此自动编程效率高且不易出错。

2. 数控机床的坐标系

国际标准化组织（ISO）对数控机床的坐标系和运动方向制定了统一的标准，我国也采用了该标准。数控机床坐标系及运动方向的一般规定如下：

1）假定工件静止，刀具相对于静止的工件而运动。标准规定，在加工过程中，不论是工件运动还是刀具运动，编程时都是看作刀具相对静止的工件运动。

2）数控机床上的坐标系均采用右手直角笛卡儿坐标系。坐标系中三根直线运动轴 X、Y、Z 三者的关系及其正方向用右手定则判定，如图 9-1 所示，大拇指的方向为 X 轴的正方向，食指指向为 Y 轴的正方向，中指指向为 Z 轴的正方向。回转坐标轴用 A、B、C 表示，分别表示绕 X、Y、Z 轴的旋转运动，旋转轴的正方向根据右手螺旋法则确定。

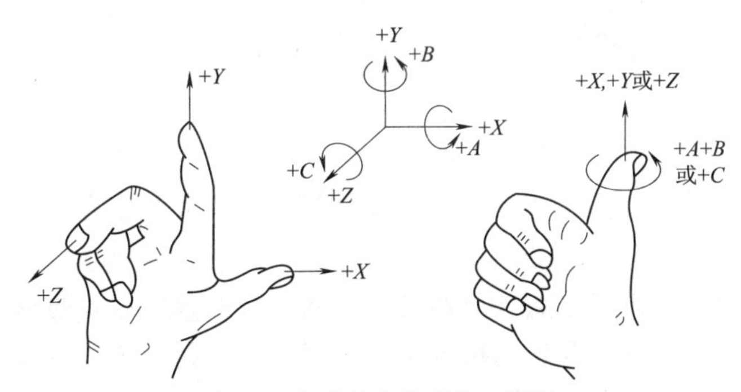

图 9-1　右手笛卡儿直角坐标系

3）坐标轴的规定。

①Z 轴：对于有主轴的机床，与主轴轴线平行的坐标轴即为 Z 轴；倘若机床有多根主轴，则选择一根垂直于工件装夹面的主轴作为机床的主要主轴；若机床没有主轴，则规定 Z 轴垂直与工件的主要装夹平面。

②X 轴：X 轴一般是水平的，对于工件旋转的机床，如车床、磨床，X 轴在工件的径向，且平行与横滑座。对于刀具旋转的机床，如钻床、铣床，如果机床是立式的（Z 轴是竖直的，如立式铣床），当从主要主轴向立柱看时，＋X 的运动方向指向右；如果是卧式机床（Z 轴是水平的，如卧式铣床），当从主要刀具主轴向工件方向看时，X 的运动方向指向右。

③Y 轴：Y 轴垂直于 X、Z 轴，根据 X、Z 轴的正方向按右手笛卡儿坐标系确定

④附加轴：如果有第二组或第三组坐标平行于 X、Y、Z 轴，则分别用 U、V、W 和 P、Q、R 表示。附加的旋转轴用 D、E、F 表示。

4）工件的运动。工件运动的正方向与刀具运动的正方向正好相反。分别用 $+x'$、$+y'$、$+z'$表示。

5）规定以刀具远离工件的方向为坐标轴的正方向。依据以上的原则，卧式数控车床的 x、z 轴如图 9-2 所示，立式数控铣床（加工中心）的 x、y、z 轴如图 9-3 所示；卧式加工中心的 x、y、z 轴如图 9-4 所示。

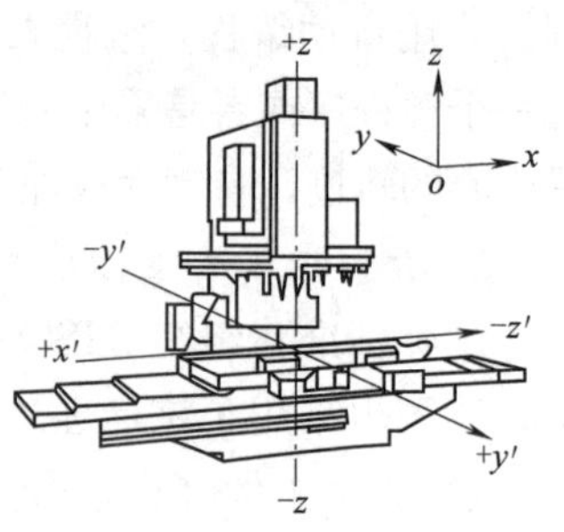

图 9-2　卧式数控车床坐标系

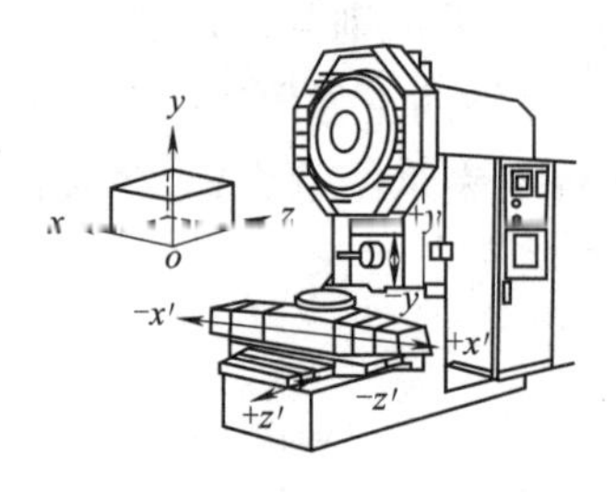

图 9-3　立式加工中心坐标系

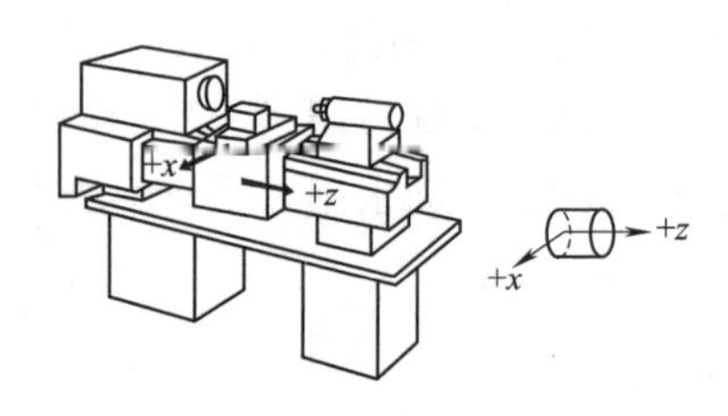

图 9-4　卧式加工中心坐标系

6）机床坐标系。机床坐标系是以机床原点为坐标系原点建立起来的直角坐标系。

①机床原点。机床原点（又称机械原点）即机床坐标系的原点，是机床上的一个固定点，其位置是由机床设计和制造单位确定的，通常不允许用户改变，它是数控机床设置工件坐标系、机床参考点的基准点。如图 9-5 所示。

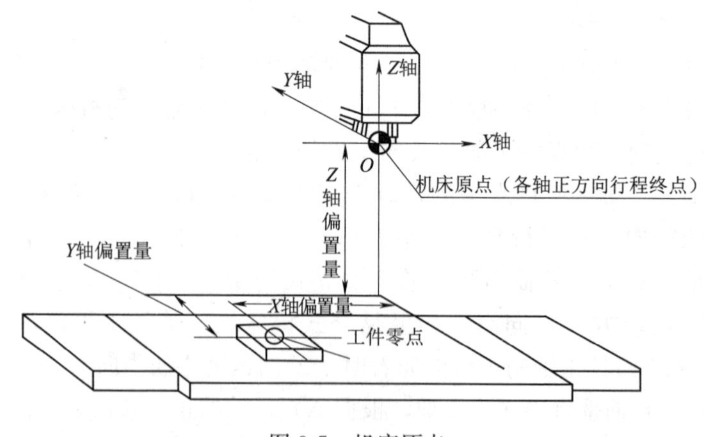

图 9-5　机床原点

②机床参考点。机床参考点也是机床上的一个固定点，它的作用主要是用来给机床坐标系一个定位。对于采用相对脉冲编码器的数控机床，在开机后首先要进行回参考点（也称回零点）操作。只有完成了返回参考点操作后，刀架运动到机床参考点，此时机床面板显示器上显示出刀架基准点在机床坐标系中的坐标值，即建立了机床坐标系。

③工件坐标系。数控机床加工时，工件可以通过夹具夹持于机床坐标系下的任意位置。这样一来在机床坐标系下编程就很不方便。所以编程人员在编写零件加工程序时通常要选择一个工件坐标系，也称编程坐标系，程序中的坐标值均以工件坐标系为依据。

工件坐标系的原点可由编程人员根据具体情况确定，一般设在图样的设计基准或工艺基准处。

3. 程序编制的代码及格式

（1）程序的结构与格式

一个完整的程序由程序号、程序的内容和程序结束三部分组成。

例如
```
O0001;（程序号）
N01  G54  G90;
N02  M03  S4000;
N03  G00  X10  Y10;
N04  G00  Z100;
N05  M05;
N06  M30;（程序结束）
```

1）程序号。程序号即为程序的开始部分，每个程序都要有程序编号，在编号前采用程序编号地址符。FANUC系统一般采用英文字母O作为程序编号地址符，而其他系统有的采用P、%等。

2）程序内容。程序内容部分是整个程序的核心，它表示数控机床要完成的全部动作。它由若干程序段构成，每个程序段由一个或多个指令构成。

3）程序结束。程序结束是以程序结束指令M02或M30作为整个程序结束的符号，来结束整个程序。

（2）程序段格式

零件的加工程序是由程序段组成的，每个程序段由若干个程序字组成，每个程序字是控制系统的具体指令。程序段格式是指一个程序段中字、字符、数据的书写规则。常用的有字-地址程序段格式，该格式的优点是程序简短、直观以及容易检查和修改。字-地址程序段格式由语句号字、数据字和程序段结束符组成，各字前有地址，字的排列顺序要求不严格，数据的位数可多可少，不需要的字以及与上一级程序段相同的续效字可以不写。字-地址程序段格式如下：

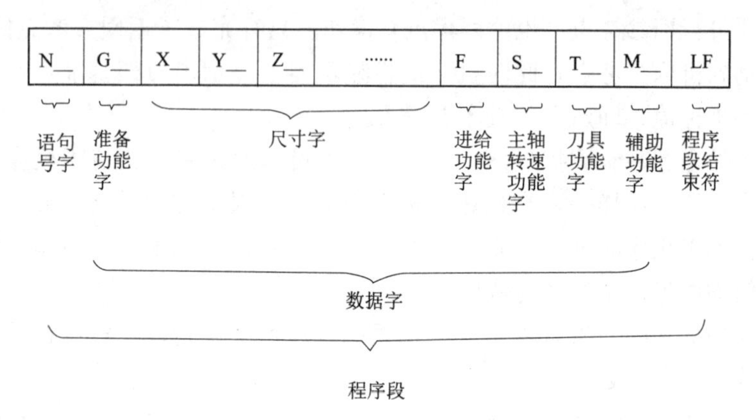

例如：N30 G01 X34 Y30 Z-60 F200 S350 T22 M03；

程序段结束符是写在每一程序段后，表示程序结束。当用 EIA 标准代码时，结束符为“CR”；用 ISO 标准代码时为“NL”或“LF”；有的用符号“;”或“*”表示；有的直接回车即可。

（3）编程格式

1）数控编程中的有关规则及代码。国际上已形成了两种通用的标准，即国际标准化组织（ISO）标准和美国电子工程协会（EIA）标准。我国机械工业部根据 ISO 标准制定了相关标准。但是由于各个数控机床生产厂家所用的标准尚未完全统一，因此，在数控编程时必须按所用数控机床编程手册中的规定进行。

2）字与字的功能类别。字是程序字的简称，常规加工程序中的字都是由一个英文字母与随后的若干位数字组成。如 X160 就是一个“字”。这个英文字母 X 称为地址符，地址符与后续数字间可加正、负号。程序字按其功能的不同可分为 7 种类型：顺序号字、准备功能字、进给功能字、尺寸字、刀具功能字、主轴转速功能字和辅助功能字。

3）顺序号字。它也叫程序段号或程序段序号。顺序号位于程序段之首，它的地址符是 N，后续数字一般 2～4 位。顺序号的作用是：可用于对程序的校对和检索修改；其次在加工轨迹图的几何节点处标上相应程序段的顺序号，就可直观地检查程序；还可作为条件转向的目标等。

4）准备功能字。准备功能字地址符是 G，又称 G 功能或 G 指令。它是建立机床或控制系统工作方式的一种命令。准备功能字一般由 G＋两位整数组成。随着数控机床功能的增加，G00～G99 已不够用，所以有些数控系统的 G 功能字中的后续数字已经使用三位数。

5）尺寸字。尺寸字也叫尺寸指令。尺寸字在程序段中用来指定机床上刀具运动的坐标位置。尺寸字由地址符、+、-符号及绝对（或增量）数值构成。尺寸字的“+”可省略。尺寸字的地址码有X、Y、Z、U、V、W、P、Q、R、A、B、C、I、J、K、D、H等。

6）进给功能字。进给功能字地址符是F，所以又称F功能或F指令。它的功能是指定切削的进给速度。由地址符和后续若干位数字构成。对于车床，可分为每分钟进给和主轴每转进给两种。

7）主轴转速功能字。又称为S功能或S指令。主轴转速功能字用来指定主轴的运转速度，单位有r/min和m/min。

8）刀具功能字。用地址符T+数字表示，也称T功能或T指令。T指令的功能主要是用来指定加工时使用的刀具号。对于车床，其后的数字还兼作指定刀具长度（含X、Z两个方向）补偿和刀尖半径补偿用。

在车床上，T之后的数字一般为2位和4位。对两位数字的来说，一般前位数字代表刀具号，后位数字代表刀具长度补偿号。

9）辅助功能字。辅助功能字由地址符M及随后的1～3位数字组成，也称为M功能或M指令。它用来指令数控机床辅助装置的接通和断开，表示机床各种辅助动作及其状态。

（4）FANUC 0i-MD常用指令

1）常用G指令。G代码被分为了不同的组（见表9-1），这是由于大多数的G代码是模态的，所谓模态代码，是指这些代码一经指定就一直有效，直到程序中出现另一个同组的代码为止。同组的模态G代码控制同一个目标但起不同的作用，它们之间是不相容的。00组的G代码是非模态的，这些G代码只在它们所在的程序段中起作用。标有*号的G代码是上电时的初始状态。对于G01和G00、G90和G91上电时的初始状态由参数决定。

表9-1　常用G指令及其功能

G指令	组别	功能
G00*	01	定位（快速进给）
G01		直线插补（切削进给）
G02		圆弧插补/螺旋线CW（顺时针）
G03		圆弧插补/螺旋线CCW（逆时针）
G17*	02	*XY*平面选择
G18		*ZX*平面选择
G19		*YZ*平面选择
G28	00	返回参考点

续上表

G 指令	组　别	功　能
G40 *	07	取削刀具半径补偿
G41		刀具半径左补偿
G42		刀具半径右补偿
G43	08	刀具长度正补偿
G44		刀具长度负补偿
G49 *	08	刀具长度补偿取消
G54 *	14	选择工作坐标系 1
G55		选择工作坐标系 2
G56		选择工作坐标系 3
G57		选择工作坐标系 4
G58		选择工作坐标系 5
G59		选择工作坐标系 6
G90 *	03	绝对值命令
G91		增量值命令
G94 *	05	每分钟进给
G95		每转进给

2）常用 M 指令。常用 M 指令及其功能见表 9-2。

表 9-2　常用 M 指令及功能表

M 指令	功　能	M 指令	功　能
M00 *	程序暂停	M08	冷却液开
M02	程序结束	M09	冷却液关
M03	主轴正转	M19	主轴准停
M04	主轴反转	M98	调用子程序
M05	主轴停止	M99	返回主程序或重复执行
M06	换刀	M30	程序结束并返回到起始段

9.1.4　数控车床编程

数控车床主要加工轴类、轴套类和法兰类零件。

1. 数控车床编程基础

（1）编程单位

数控车床使用的长度单位量纲有米制和英制两种，FANUC 数控系统统一用 G20 指令表示英制单位量纲，G21 指令表示米制单位量纲。

（2）直径编程与半径编程

数控车床有直径编程和半径编程两种方法，直径编程就是X坐标值用直径表示，由于图纸上都用直径表示零件的回转尺寸、测量得到的也是直径，用这种方法编程比较方便。半径编程就是X坐标值用半径表示，这种表示方法符合直角坐标系的表示方法。

（3）前置刀架与后置刀架

数控车床刀架布置有两种形式：前置刀架和后置刀架。如图9-6所示，前置刀架位于Z轴的前面，与传统卧式车床刀架的布置形式一样，刀架导轨为水平导轨；后置刀架位于Z轴的后面，刀架的导轨位置与正平面倾斜，一般全功能的数控车床都设计为后置刀架。

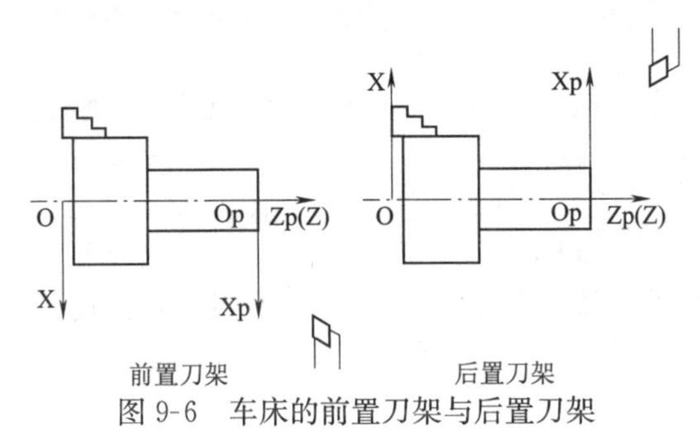

图9-6　车床的前置刀架与后置刀架

（4）数控车床的工件原点的设置

工件坐标系可以设定在工件上的任意位置，但其设定的基本原则是：使编程的坐标计算尽可能简单方便。对于轴类和盘类零件来说，通常选在工件左端或右端面的回转中心上。

2. 数控车床常用编程指令

不同的数控系统。其编程指令有所不同，这里以FANUC-0i系统为例介绍数控车床的基本编程指令。

（1）进给功能（F功能）

F功能用于指定进给速度，它有每分进给（G98）和每转进给（G99）两种指令模式，G98和G99均是同一组中的模态指令，可以相互取消各自的功能。

1）每分钟进给模式（G98）：

指令格式为：G98 __F __；

该指令在F后面直接指定进给速度，米制单位为：mm/min。

2）每转进给模式（G99）：

指令格式为：G99 __F __；

该指令在F后面直接指定进给量，米制单位为：mm/r。

（2）主轴转速功能（S功能）

主轴转速功能有恒线速度控制和恒转速度控制两种指令方式，可以限制主轴的最高转速。

1）主轴最高转速限制：

格式：G50　S__；

如 G50 S2000；表示主轴最高转速限制为 2000r/min。

2）主轴速度以恒线速度设定（单位：m/min）：

格式：G96　S__；

采用此功能，可保证当工件直径变化时，切削速度不变，主轴转速会随工件直径大小发生变化。

3）主轴速度以恒转速设定（单位：r/min）：

格式：G97　S__；

采用此功能，可设定主轴转速并取消恒线速度控制。

（3）M 指令

M 指令是 实现“开、关”功能的指令，主要用于完成辅助动作。常用的 M 指令功能及其应用见表 9-2。

（4）基本移动 G 指令（G00、G01、G02、G03）

1）快速点位运动 G00：

功能：命令刀具以点位控制方式，从刀具当前点快速移动到目标点。

格式：G00　X（U）__　Z（W）__；

说明：

①G00 指令只用作快速定位，不能用于加工，运动速度也不能用程序指令设定。

②G00 是模态指令。

③常见 G00 轨迹如图 9-7 所示，从 A 到 B 有 4 种方式：直线 AB、直角线 ACB、直角线 ADB 和折线 AEB。折线的起始角 θ 是固定的（22.5°或 45°），它决定于各坐标轴的脉冲当量。

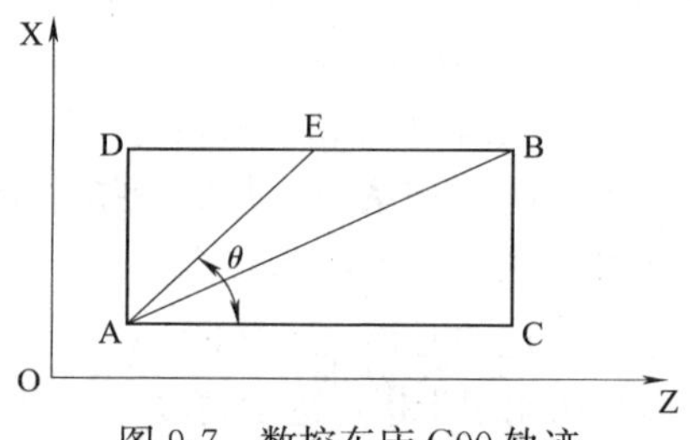

图 9-7　数控车床 G00 轨迹

④X、Z 表示目标点在工件坐标系中的绝对值坐标，U、W 表示增量值坐标，为目标点相对当前点的坐标。

例：如图 9-8 所示，刀具从换刀点 A（刀具起点）快进到 B 点，试分别用绝对坐标方式和增量坐标方式编写 G00 程序段。

绝对坐标编程：G00 X40 Z122

增量坐标编程：G00 U-60 W-80

2）直线插补 G01。

功能：命令使刀具以给定的进给速

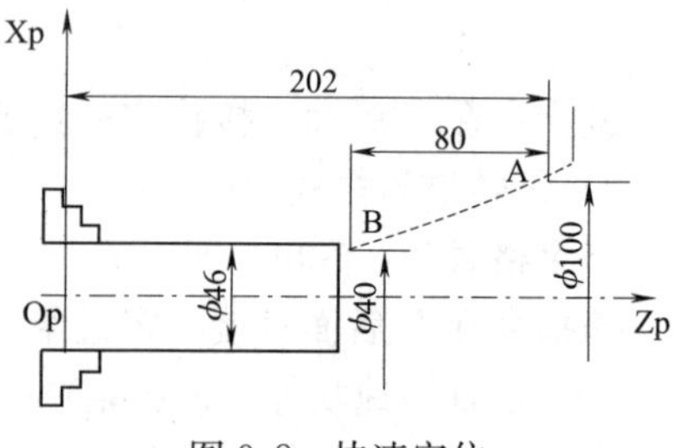

图 9-8　快速定位

度，从所在点出发，沿直线移动到目标点。

格式：G01 X（U）__　Z（W）__　F__；

G01 和 F 都是模态指令。

3）圆弧插补 G02、G03。

圆弧插补指令的功能为：使刀具在指定平面内按给定的进给速度作圆弧插补运动，加工出圆弧。数控车床只有 X 轴和 Z 轴，在判断逆、顺时，先按右手定则将 Y 轴的正向判别出来，再从 Y 轴的正向向 Y 轴的负方向看去，顺时针圆弧插补用 G02 指令，逆时针圆弧用 G03 指令。如图 9-9 所示为刀架前置和后置时圆弧的顺逆方向。

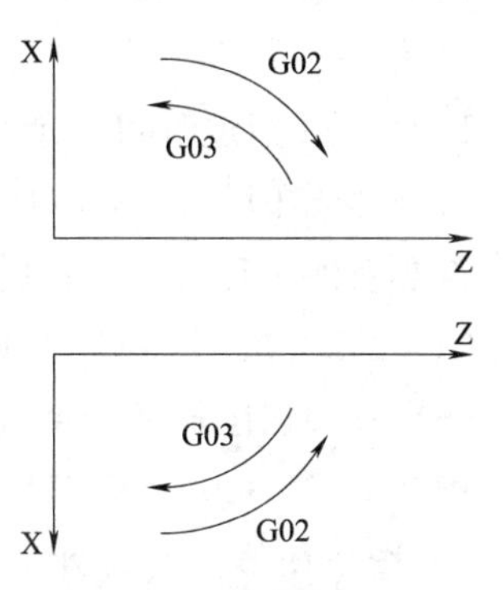

图 9-9　圆弧的顺逆方向

加工圆弧时，经常采用如下两种编程方法。

①用圆弧终点坐标和半径 R 编写圆弧加工：

程序格式：G02（G03）X（U）__　Z（W）__　R__　F__；

说明：X、Z 为圆弧终点的绝对坐标；U、W 为圆弧终点相对于圆弧起点的增量；R 为圆弧半径，规定圆心角小于或等于 180°时，用“＋R”表示，如图 9-10 图中的圆弧 2；圆心角大于 180°而小于 360°用“－R”表示，如图 9-10 中的圆弧 1。

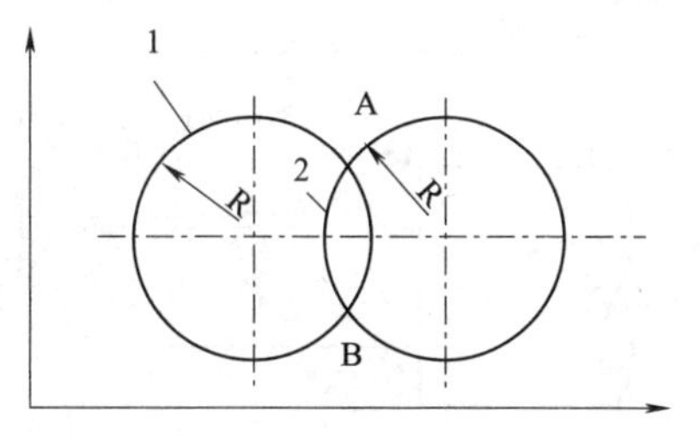

图 9-10　圆弧编程时±R 的区别

②用分矢量 I、K 和圆弧终点坐标编写圆弧加工程序：

格式：G02（G03）X（U）__　Z（W）__　I__　K__　F__；

说明：I、K 分别是圆心相对圆弧起点的增量坐标，有正值和负值。I 为半径值编程。

③编程举例图 9-11 所示的零件图，是个有一段圆弧（R30）的轴类零件。现按图中圆弧轨迹，用绝对值方式和相对值方式编程。

用 R 编程绝对式：G02 X60.0 Z-30.0 R30.0　F150；

相对式：G02 U60.0 W-30.0 R30.0 F150；

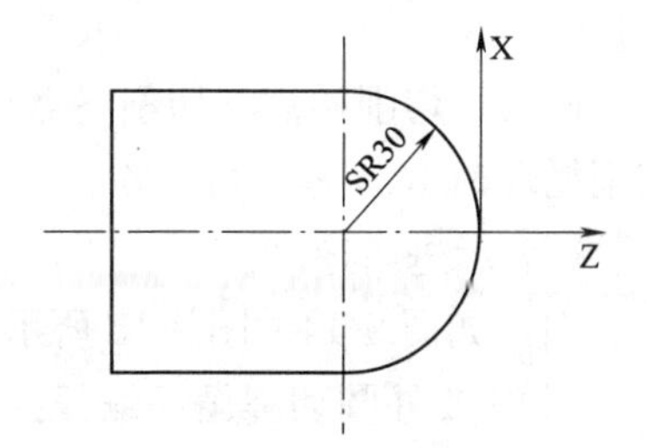

图 9-11　圆弧加工时的编程方法

用 I 、K 编程绝对式：G02 X60.0

Z-30.0 I0 K-30 F150；

相对式：G02 U60.0 W-30.0 I0 K-30 F150；

（5）暂停指令（G04）

功能，该指令可使刀具做短时间的停顿。

格式：G04 X（U）__；或者 G04 P __；

说明：

1）X、U 指定时间，允许小数点。

2）P 指定时间，不允许小数点。

若要暂停 1 秒钟，可写成如下格式：

G04 X1.0 或 G04 U1.0 或 G04 P1000.

（6）外圆切削循环指令（G90）

指令格式：G90　X（U）_ Z（W）_　R_　F_

1）指令功能。实现外圆切削循环和锥面切削循环，刀具从循环起点按图 9-12 与图 9-13 所示走刀路线，最后返回到循环起点，图中虚线（标有 R 的线段）表示快速移动，实线表示按 F 指定的工件进给速度移动。

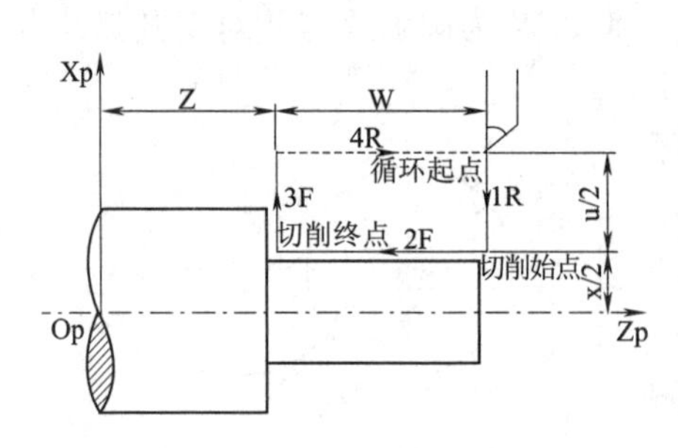

图 9-12　外圆切削循环

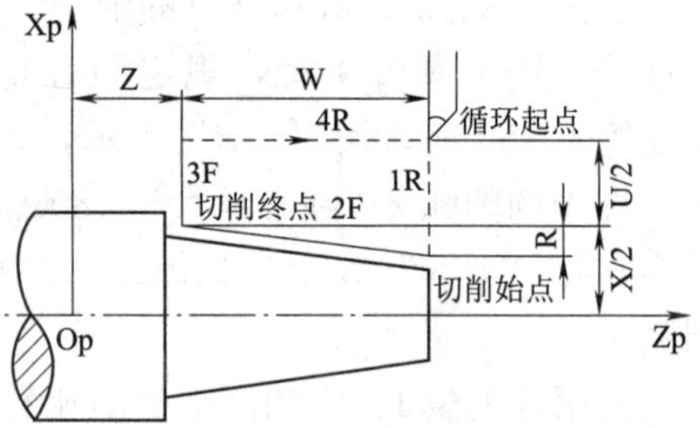

图 9-13　锥面切削循环

2）指令说明。

X、Z 表示切削终点的绝对值坐标；

U、W 表示切削终点的增量值坐标，是切削终点相对循环起点的坐标分量；

R 表示切削始点与切削终点在 X 轴方向的坐标增量（半径值），圆柱外圆切削循环时 R 为零，可省略；

F 表示进给速度。

例：如图 9-14、图 9-15 所示，运用外圆切削循环指令编程。

图 9-14 外圆切削循环编程：

G00 X55 Z2

图 9-15 锥面切削循环编程：

G00　X55 Z0

```
G90 X45 Z-60 F200
X40
X36
```

```
G90 X49 Z20   R-4.5 F30
X45
```

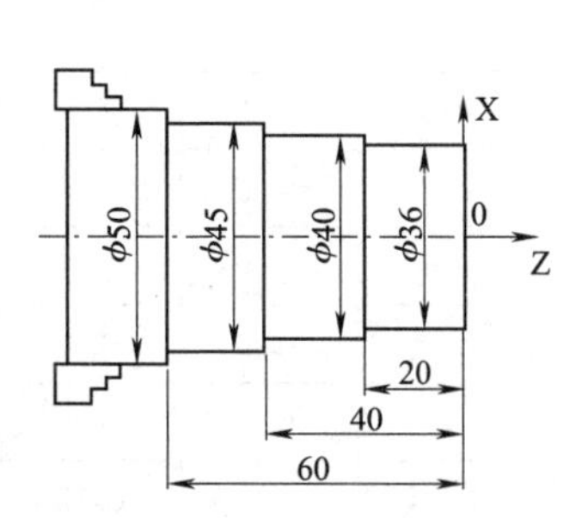

图 9-14　外圆切削循环应用

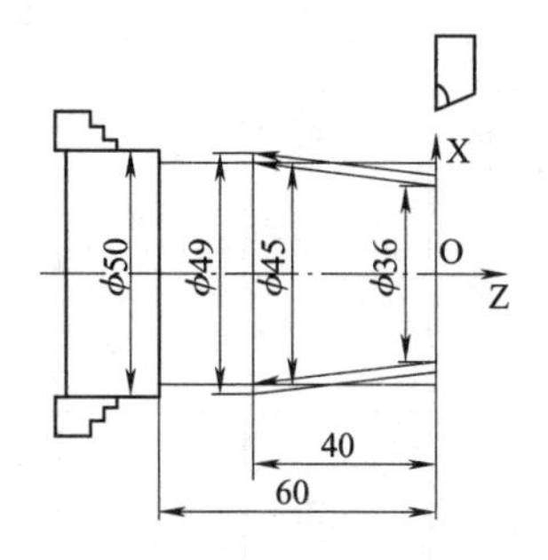

图 9-15　锥面切削循环应用

（7）螺纹切削循环 G92

1）指令功能。该指令适用于对直螺纹和锥螺纹进行循环切削，每指定一次，螺纹切削自动进行一次循环。其用法和轨迹与 G90 直线车削循环类似，如图 9-16 所示。

直螺纹切削格式：G92 X（U）＿ Z（W）＿　F＿；

指令说明：X、Z 表示螺纹终点坐标值；

U、W 表示螺纹终点相对循环起点的坐标分量；

F 表示螺纹导程。

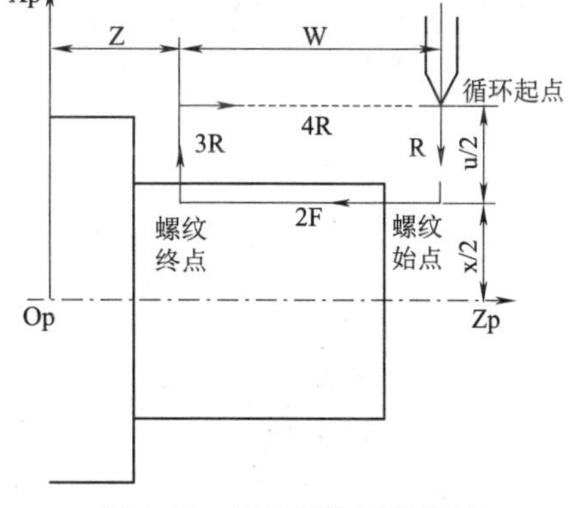

图 9-16　G92 螺纹切削循环

2）注意。

①切削螺纹时，要保证主轴转速不变，不能用 G96 指令而要用 G97 指定主轴转速。

②在车螺纹期间进给速度倍率、主轴速度倍率调节旋钮无效。

③螺纹加工中的走刀次数和（背吃刀量）会影响螺纹的加工质量，对于初学者，车削螺纹时的走刀次数和背吃刀量可参考表 9-3。

表 9-3　普通螺纹走刀次数和背吃刀量的参考表

普通螺纹　牙深：0.6495×P　P 是螺纹螺距							
螺距	1	1.5	2.0	2.5	3.0	3.5	4.0
牙深	0.649	0.974	1.299	1.624	1.949	2.273	2.598

续表

普通螺纹　牙深：0.6495×P　P是螺纹螺距								
走刀次数和背吃刀量	1次	0.7	0.8	0.9	1.0	1.2	1.5	1.5
	2次	0.4	0.6	0.6	0.7	0.7	0.7	0.8
	3次	0.2	0.4	0.6	0.6	0.6	0.6	0.6
	4次		0.16	0.4	0.4	0.4	0.6	0.6
	5次			0.1	0.4	0.4	0.4	0.4
	6次				0.15	0.4	0.4	0.4
	7次					0.2	0.2	0.4
	8次						0.15	0.3
	9次							0.2

注：表中背吃刀量为直径值，走刀次数和背吃刀量根据工件材料及刀具的不同可酌情增减。

3）编程实例。如图9-17所示，用G92指令编程。

程序如下：

```
    O0001
    G97 S400
    T0101 M03
    G00 X35 Z3
    G92 X29.2 Z-21 F1.5
        X28.6
        X28.2
        X28.04
G00 X100 Z50
M30
```

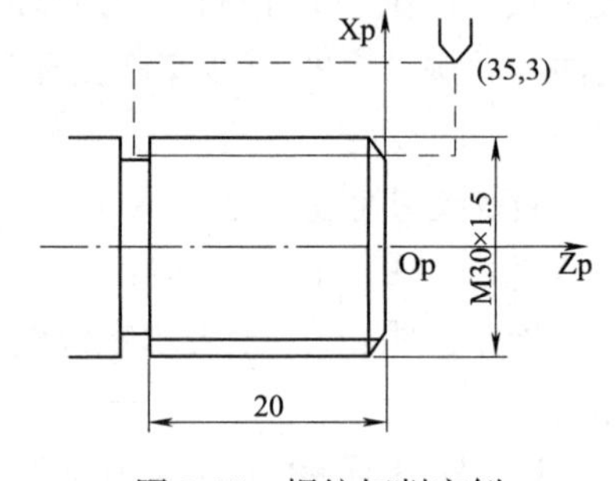

图9-17　螺纹切削实例

(8) 外圆/内孔粗车复合循环（G71）

G71指令是复合固定循环指令，编程时只需依照指令格式设定粗车时每次的切削深度、精车余量、进给量等参数，就可以通过定义零件加工的刀具轨迹来自动计算出粗车的刀具路径，自动进行粗加工。G71指令适用于用圆柱棒料粗车阶梯轴的外圆或内孔的情况。

复合固定循环还有端面车削循环指令G72、多次成形车削循环指令G73、精车循环指令G70和螺纹车削循环指令G76。

1）G71指令格式为：

G71 U（Δd）R（e）

G71 P（ns）Q（ne）U（Δu）W（Δw）F（Δf）S（Δs）T（t）

指令中各项之意义说明如下：

Δd：背吃刀量，是半径值，且为正值；

e：退刀量；

ns：精车开始程序段的顺序号；

ne：精车结束程序段的顺序号；

Δu：X 轴方向精车余量，是直径值；

Δw：Z 轴方向精车余量；

Δf：粗车时的进给量；

Δs：粗车时的主轴速度 ；

t：粗车时所用的刀具。

G71 指令的刀具循环路径如图 9-18 所示。在使用 G71 指令时数控系统会自动计算出粗车的加工路径并控制刀具完成粗车，且最后会沿着粗车轮廓 A′B′车削一刀，再退回至循环起点 C 完成粗车循环。

2）使用 G71 指令应注意以下几点：

①由循环起点 C 到 A 点的只能用 G00 或 G01 指令，且不可有 Z 轴方向移动指令。

②车削的路径必须是单调增大或减小，即不可有内凹的轮廓外形。

③当使用 G71 指令粗车内孔轮廓时，须注意 Δu 为负值。

（9）精加工循环指令（G70）

指令格式为：

G70 P（ns）Q（ne）

参数说明：

ns：开始精车程序段号；

ne：完成精车程序段号。

使用 G70 时应注意下列事项：

1）精车过程中的 F、S 在顺序号 ns 至 ne 间指定。

2）必须先使用 G71 或 G73 指令后，才可使用 G70 指令。

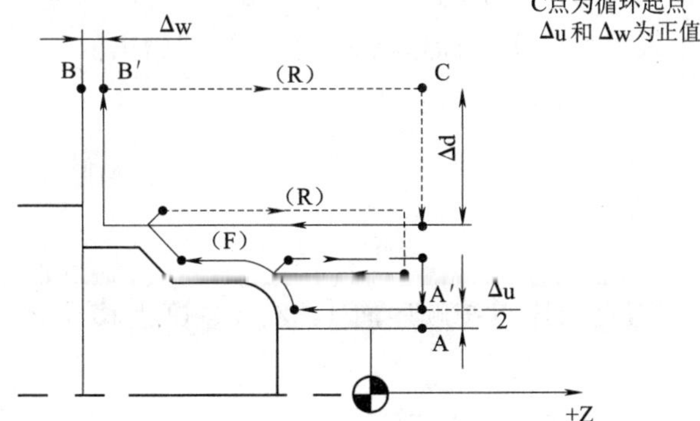

图 9-18　G71 轴向粗车复合循环

(10) 数控车床综合编程举例

编写加工如图 9-19 所示零件的加工程序。

毛坯：ϕ45×120

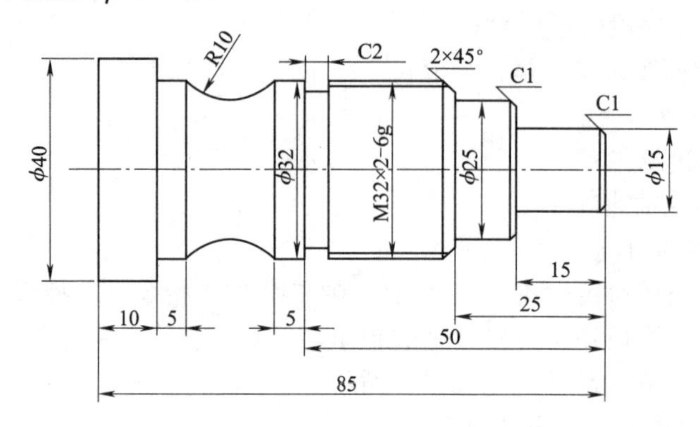

9-3　左图
加工程序

图 9-19　数控车削综合编程零件图

9.1.5　数控铣床编程

1. 坐标系设置指令（G54～G59）

(1) 功能

通过该指令，直接读出或测量得到工件坐标系原点的机床坐标值，并将该值直接输入 G54-G59 的数据存储器中，从而直接确定工件坐标系的原点（工件原点），建立起工件坐标系。

(2) 指令格式

G54/G55/G56/G57/G58/G59（六选一），其中：G54～G59 分别表示第一工件坐标系～第六工件坐标系。

2. 绝对值与相对值编程指令（G90、G91）

(1) 基本概念

G90 为绝对值编程，每个轴上的编程坐标是相对于程序原点给出的。G91 为相对值编程，每个轴上的编程坐标是相对于前一位置给出的。

(2) 编程格式

G90 G　X　Y　Z

G91 G　X　Y　Z

(3) 使用举例

图 9-20 中给出了刀具由原点按顺序向 1、2、3、O 点移动时两种不同指令的区别。

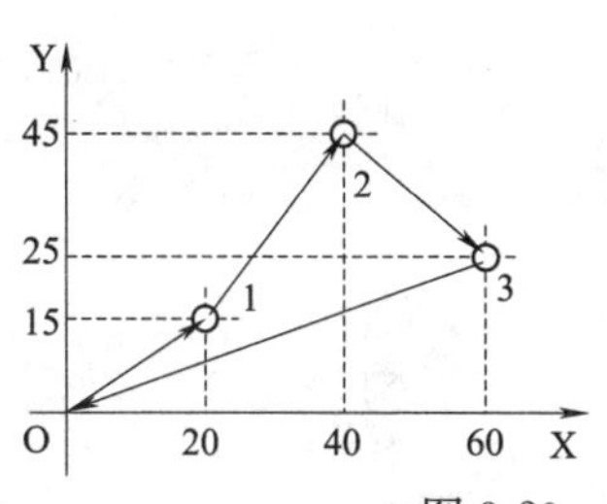

G90编程	G91编程
O0001 N1 G92 G0 Y0 N2 G90 G01 X20 Y15 N3 X40 Y45 N4 X60 Y25 N5 X0 Y0 N6 M30	O0002 N1 G91 G01 X20 Y15 N2 X20 Y30 N3 X20 Y-20 N4 X-60 Y-25 N5 M30

图 9-20　绝对值编程与相对值编程

3. 快速点定位指令（G00）

（1）功能

它命令刀具以点位控制的方式从当前位置快速运动到目标点。

（2）编程格式

G00 X_　Y_　Z_

参数说明：

X、Y、Z：（G90）目标点的绝对坐标；

　　　　　（G91）目标点相对于起点的增量。

4. 直线插补指令（G01）

（1）功能

它命令刀具以走直线的方式从当前位置按给定的速度运动到目标点。

（2）编程格式

G01　X_　Y_　Z_　F_

参数说明：

X、Y、Z：（G90）目标点的绝对坐标；

　　　　　（G91）目标点相对于起点的增量；

F：进给速度。

5. 圆弧插补指令（G02、G03）

（1）功能

圆弧插补指令能使刀具在指定平面内按给定的进给速度作圆弧插补运动，切削出圆弧曲线。G02 为顺时针圆弧插补指令，G03 为逆时针圆弧插补指令。

（2）圆弧顺逆的判断方法

沿圆弧所在平面的垂直坐标轴的负方向看去，顺时针方向为 G02，逆时针方向为 G03，如图 9-21 所示。

（3）编程格式

（在 G17 指定的平面内）格式一：G17　G02/G03　X _ Y _ R _ F _ ；

参数说明：

X、Y、Z：（G90）圆弧终点的绝对坐标；

　　　　　（G91）圆弧终点相对于圆弧起点的增量；

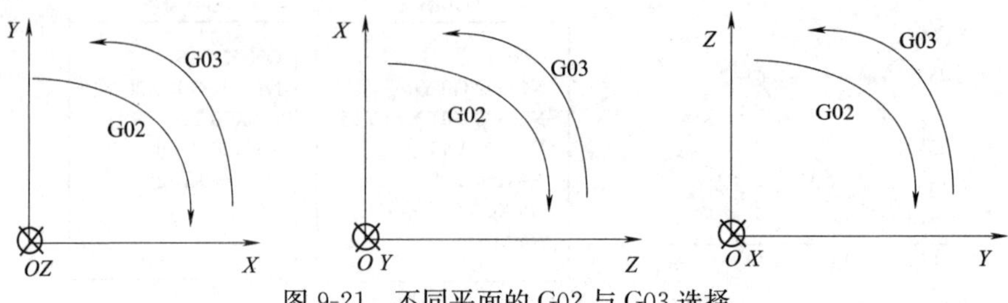

图 9-21　不同平面的 G02 与 G03 选择

R：圆弧半径（当所加工的圆弧大于半圆时 R 取负值，否则取正值）；

F：进给速度；

G17、G18、G19：为圆弧所在的坐标平面。

格式二：G17　G02/G03　X_ Y_ I_ J_ F_；

参数说明：

I_ J_：圆心相对于圆弧起点的增加量（等于圆心坐标减去圆弧起点的坐标）。

（4）说明

1）整圆编程时不可以使用 R，只能用 I、J、K。

2）F 为编程的两个轴的合成进给速度。

3）G02、G03 也是螺旋插补指令，其常用格式为：G17　G02/G03　X_ Y_ Z_R_F_，利用此指令可以实现螺旋下刀。

6. 暂停指令（G04）

1）功能：实现进给暂停。

2）编程格式。

G04　X_

参数说明：

X：暂停时间（单位：s）。

7. 刀具半径补偿指令

（1）刀具半径补偿的概念

就是根据工件轮廓 A 和刀具偏置量计算出刀具的中心轨迹 B（见图 9-22），这样编程者就以根据工件轮廓 A 或图纸上给定的尺寸进行编程，而刀具沿轮廓 B 运动，加工出所需的轮廓 A。

（2）刀具半径补偿的工作过程

刀具半径补偿的过程一般可分为三步，如图 9-23 所示。

1）刀补的建立。刀具从起点接近工件时，刀具中心从与编程轨迹重合的状态慢慢过渡到与编程轨迹偏移一个偏置量的过程。

2）刀补的进行。刀具的中心轨迹（图 9-23 中的中心线）与编程轨迹始终偏移一个刀具偏置量的距离。

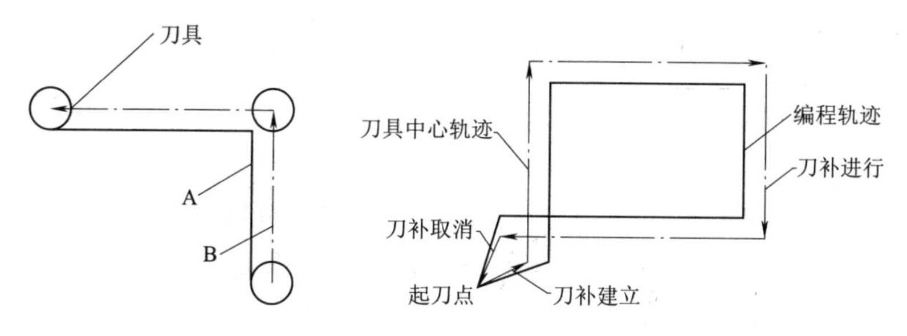

图 9-22　刀补的概念　　　　图 9-23　刀补得工作过程

3）刀补的取消。刀具撤离工件，刀具中心轨迹的终点与编程轨迹的终点重合。它是刀补建立的逆过程。

（3）刀具半径补偿的指令及格式

1）指令解释。

G41——刀具半径左补偿（简称左刀补）：即沿着刀具运动方向看去，刀具中心在零件轮廓（或编程轨迹）的左侧［如图 9-24（a）］。

G42——刀具半径右补偿（简称右刀补）：即沿着刀具运动方向看去，刀具中心在零件轮廓（或编程轨迹）的右侧［如图 9-24（b）］。

G40——取消刀补。

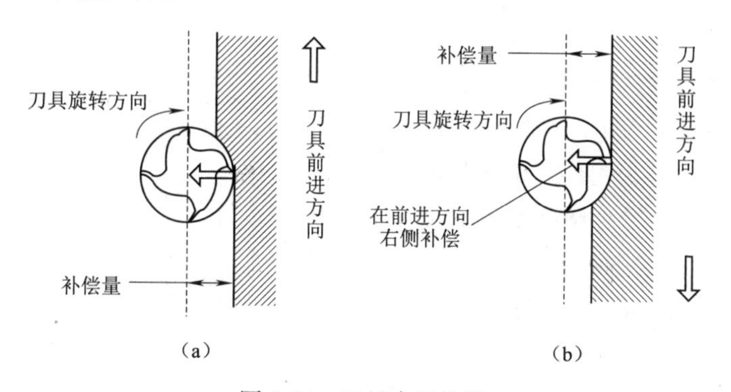

图 9-24　刀具半径补偿

2）刀补建立的格式（在 G17 指定的平面内）。

G17　G00（或 G01）　G41（或 G42）　D_　X_　Y_

3）刀补的取消的格式。

G17　G00（或 G01）　G40　X_　Y_

其中 G17 是刀补平面选择指令，D 为刀具补偿号，可以为 D00 · D99。

8. 刀具长度补偿指令

（1）功能

实现刀具在长度方向的磨损补偿以及在多刀加工时实现不同刀具长度的补偿。

（2）编程格式

G43/G44　G00/G01　Z＿　H＿；

（3）说明

1）H 为补偿号，H 后边指定的地址中存有刀具长度值。进行长度补偿时，刀具要有 Z 轴移动。

2）G43 为刀具长度正向补偿，与程序给定移动量的代数值做加法；G44 为刀具长度负向补偿，与程序给定移动量的代数值做减法。

3）刀具长度取消时用指令 G49。

格式为：G49　G00/G01　Z＿；

9. 换刀指令

换刀功能可以分为选刀和刀具交换两个功能。其中选刀功能用 T 指令实现。如 T03，表示刀具将 T03 号刀送到刀库中换刀位置；选刀功能是在刀库中完成的。因此可以在加工过程中预选下一工序所用刀具。刀具的交换功能是由 M06 指令实现。M06 指令实现主轴上的刀具和刀库中处于换刀位置的刀具的交换。对于采用机械手实现换刀的加工中心的换刀编程格式如下：

T02；（预选 2 号刀）

M06；（换 2 号刀到主轴上）

10. 数控铣床编程实例

编写图 9-25 所示零件的程序。毛坯：$\phi40\times30$，材料：Al6061。

1）图样分析。从图 9-25 中可看出，加工任务是一个正六边形的轮廓，加工深度为 3mm，工件材料为铝件，毛坯尺寸为 $\phi40\times30$，图中有两个较高精度要求的尺寸，需要重点保证，X、Y 轴方向尺寸的设计基准为对称中心线，Z 轴方向的设计基准为工件上表面。

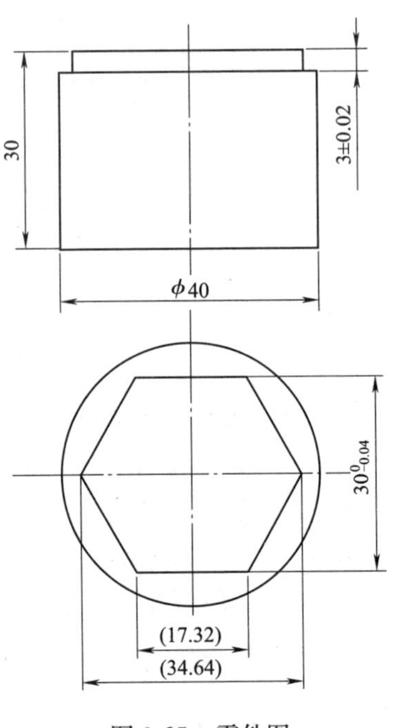

图 9-25　零件图

2）工艺处理。

①加工顺序及加工路线的确定：需要加工的部位有工件的上表面（上表面为设计基准，而且为了保证尺寸 3±0.03，需要平整上表面）及正六边形的轮廓，上表面在这里采用手动完成，因此先手动平整平面后再加工六边形的轮廓，为了保证尺寸精度，轮廓的加工分粗、精加工来完成，轮廓精铣余量为 0.2 mm。由于工件为铝件，不存在硬

皮，因此粗精铣均采用顺铣完成，刀具的切入和切出位置可设在六边形的任意一个顶点处，而且采用切向的切入和切出。在此例中我们的加工路线如图 9-26 所示（A-B-C-D-E-F-G-H），其中 A 点为下刀点，刀具沿此点下刀时，刀具与工件不要发生干涉。

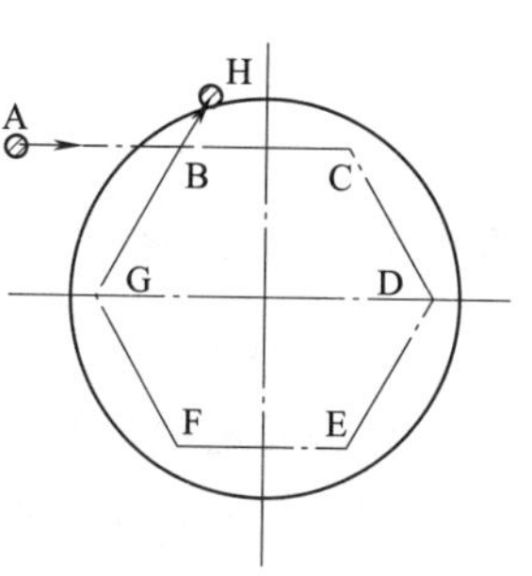

图 9-26 加工路线

②刀具及切削用量的确定：在粗加工时刀具直径要大一点，主要是提高生产效率以及简化编程。在此例中选用 $\phi12$ 的立铣刀来完成粗精铣削。

粗加工切削用量的确定：$n=5\ 000$ r/min，$F=2\ 000$ mm/min，$a_p=3$ mm；

精加工切削用量的确定：$n=5\ 000$ r/min，$F=1\ 000$ mm/min，$a_p=3$ mm，$a_w=0.2$ mm。

③夹具的选择及装夹方案的确定：本例加工时，可以在工作台上用压板安置三爪卡盘，工件用三爪卡盘安装。也可以采用 V 形铁＋平口钳来装夹。

④工件原点的设置及基点坐标的计算：由于零件是中心对称的图形，因此工件原点设置在工件上表面的中心。各点的绝对坐标如下：

A （X-26，Y15） B （X-8.66，Y15） C （X8.66，Y15）
D （X17.32，Y0） E （X8.66，Y-15） F （X-8.66，Y-15）
G （X-17.32，Y0） H （X-5.77，Y20）

3）参考程序，粗加工程序如下：

```
O1001
G54 G90 M03 S5000
G00 Z50
G00 X0 Y0    (检验对刀是否准确)
G00Z5
G41 G00 X-26 Y15 D01    (建立刀补到 A)（粗加工时 D01= 刀具半径+ 精加工余量；精加工时 D01= 6，具体以测量为准）
G01 Z-3 F2000    (下刀，精加工时 F= 1000)
X8.66 Y15        (C)
X17.32 Y0        (D)
X8.66 Y-15       (E)
X-8.66 Y-15      (F)
X-17.32 Y0       (G)
X-5.77 Y20       (H)
```

```
G00 Z50            (退刀)
G40 G00 X0 Y0      (取消刀补)
M05
M30
```

9.1.6 自动编程

1. 自动编程概述

自动编程相对与手动编程而言它是利用计算机专用软件来编制数控加工程序，编程人员只需根据零件图样的要求，使用数控语言，由计算机自动地进行数值计算及后置处理，编写出零件加工程序单，加工程序通过直接通信的方式送入数控机床，指挥机床工作，自动编程使得一些计算烦琐、手工编程困难或无法编出的程序能够顺利地完成。

常用 CAD/CAM 软件有 Siemens UG、Pro/E、MasterCAM、PowerMill、Hypermill、CAXA 制造工程师将等。

9-4 Master CAM 编程过程

2. 自动编程实例介绍（以 MasterCAM X9 为例）

下面以图 9-27 所示零件的加工为例，简要介绍其二维造型和二维加工功能。

9.1.7 多轴编程

1. 多轴加工概述

通常所说的多轴数控加工是指 4 轴以上的数控加工，其中具有代表性的是 5 轴数控加工。多轴数控加工能同时控制 4 个以上坐标轴的联动，将数控铣、数控镗、数控钻等功能组合在一起，工件在一次装夹后，可以对加工面进行铣、镗、钻等多工序加工，有效地避免了由于多次安装造成的定位误差，能缩短生产周期，提高加工精度。随着模具制造技术的迅速发展，对加工中心的加工能力和加工效率提出了更高的要求，因此多轴数控加工技术得到了空前的发展。

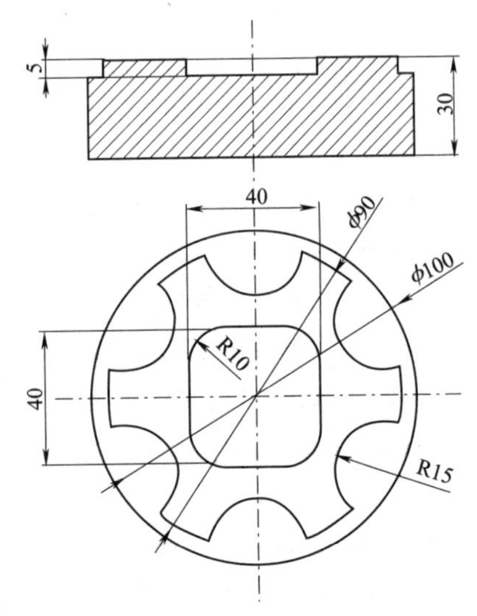

图 9-27 二维造型与加工实例零件图

多轴数控加工中心具有高效率、高精度的特点，工件在一次装夹后能完成多个面的加工。如果配置5轴联动的高档数控系统，还可以对复杂的空间曲面进行高精度加工，非常适于加工汽车零部件、飞机结构件等工件的成型模具。根据回转轴形式，多轴数控加工中心可分为三种设置方式：双摆台结构：如图9-28所示；双摆头结构，如图9-29所示。一摆台、一摆头结构如图9-30所示。

图9-28　双摆台结构

图9-29　双摆头结构

图9-30　一摆台、一摆头结构

2. 五轴加工编程

以DMG公司的DMU 60 monoBlock五轴数控机床为例介绍五轴加工编程。该机床采用海德汉iTNC530数控系统，主轴最高转速为12 000 r/min，五根轴分别为X、Y、Z、B、C轴。其中B轴的行程为：+30°～120°，C轴的行程为360°（可连续整周旋转）。

（1）轮廓编程

1）毛坯的定义。一旦初始化新程序后，可立即定义一个长方体工件毛坯。定义的毛坯主要是用于切削仿真。工件毛坯的边与X、Y和Z轴平行，最大长度为100 000 mm。毛坯的大小由它的两个角点来确定：

MIN（最小）点：毛坯形状的X、Y和Z轴最小坐标值，用绝对量输入。

MAX（最大）点：毛坯形状的X、Y和Z轴最大坐标值，按绝对或增量值输入。

2）进给速率F的输入。进给速率F是指刀具中心运动（mm/min）。每个机床轴的最大进给速率可以各不相同，并能通过机床参数设置。

①输入：可以在TOOL CALL（刀具调用）程序段中输入进给速率，也可以在每个定位程序段中输入。

②快速移动：如果想编程快速移动，可输入 FMAX。要输入 FMAX，当 TNC 屏幕显示对话提问“FEED RATE F=?"（进给速率 F=?）时，按 ENT 或 FMAX 软键。

要快速移动机床，也可以使用相应的数值编程，如 F3000。与 FMAX 不同，快速移动不仅对当前程序段有效，而且适用于所有后续程序段直至编写新的进给速率。

③有效范围：用数值输入的进给速率持续有效直到执行不同进给速率的程序段为止。FMAX 仅在所编程序段内有效。执行完 FMAX 的程序段后，进给速率将恢复到以数值形式输入的最后一个进给速率。

④程序运行期间改变：程序运行期间，可以用进给速率倍率调节旋钮调整进给速率。

3）主轴转速 S 的输入。在 TOOL CALL 程序段中，用转/分（rpm）输入主轴转速 S。在零件程序中，要改变主轴转速只能在 TOOL CALL 程序段中输入主轴转速方法实现。

4）刀具半径补偿。编程刀具运动的 NC 程序段包括：

①半径补偿 RL（左刀补）或 RR（右刀补）。

②如果没有半径补偿，为 R0。

③一旦调用刀具并用 RL 或 RR 在工作面上用直线程序段移动刀具，半径补偿将自动生效。

5）路径功能。工件轮廓通常由多个元素构成，如直线和圆弧等。用路径功能可对刀具的直线运动和圆弧运动编程。主要的路径功能有直线 L，倒角 CHF，圆 C，圆弧 CR，相切圆弧 CT，倒圆 RND，FK 自由轮廓编程。

①直线运动：TNC 在空间中将刀具沿空间直线移至编程位置。根据机床的不同，零件程序可能移动刀具或者固定工件的机床工作台。不管怎样，路径编程时只需假定刀具运动，工件固定。

编程举例：

L X+100 Y+0 Z−10

其中：L 表示直线路径功能，X+100 Y+0 Z−10 为终点坐标。

②圆与圆弧：TNC 在相对工件圆弧路径上同时移动两个轴。输入圆心 CC 来定义圆弧运动。圆弧运动的旋转方向 DR：如果圆弧路径不是沿切线过渡到另一轮廓元素上的，需输入圆弧方向：顺时针圆弧输入 DR−，逆时针圆弧输入 DR+。

③接近与离开轮廓的路径类型：由 APPR/DEP 键启动接近“APPR”与离开“DEP”轮廓功能。用相应软键选择所需的路径功能。

沿相切直线接近：APPR LT，如图 9-31 所示，刀具由起点 PS 沿直线移到辅助点 PH。然后，沿相切于轮廓的直线移动到第一个轮廓点 PA。辅助点 PH 与第一轮廓点 PA 之间的距离为 LEN。

NC　程序段举例：

```
7  L X+ 40 Y+ 10 R0 FMAX M3
8  APPR LT X+ 20 Y+ 20 LEN15 RR F100
9  L X+ 35 Y+ 35
```

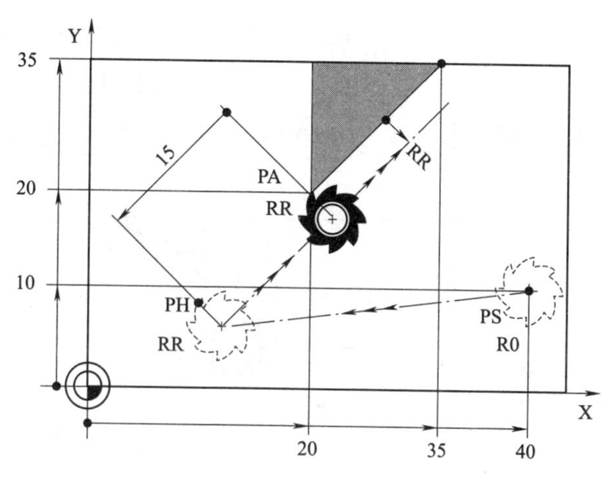

图 9-31　APPR LT

沿相切圆弧接近：APPR CT，如图 9-32 所示，刀具由起点 PS 沿直线移动到辅助点 PH。然后，沿相切于第一轮廓元素的圆弧移动到第一个轮廓点 PA。PH 到 PA 的圆弧由半径 R 与圆心角 CCA 确定。圆弧方向由第一轮廓元素的刀具路径自动计算得到。

NC 程序段举例

7　L X+ 40 Y+ 10 R0 FMAX M3	无半径补偿接近 PS
8　APPR CT X+ 20 Y+ 20 CCA180 R10 RR F100	到 PA 及半径补偿 RR，半径 R = 10
9　L X+ 35 Y+ 35	第一轮廓元素终点

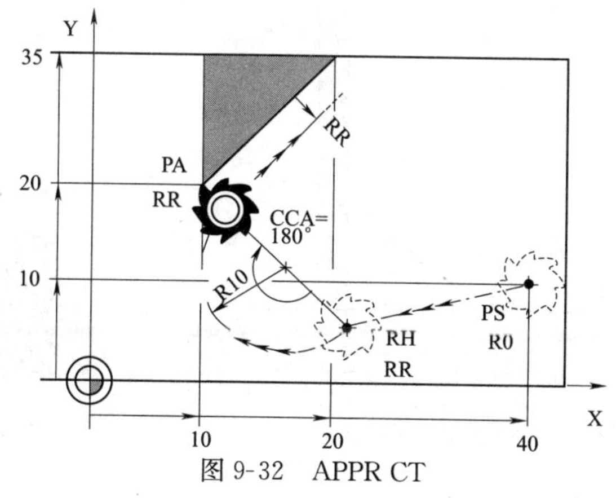

图 9-32　APPR CT

沿相切直线离开：DEP LT，如图 9-33 所示，刀具沿直线由最后一个轮廓点 PE 移至终点 PN。直线在最后一个轮廓元素的延长线上。PN 与 PE 的距离为 LEN。

NC 程序段举例：

23 L Y+ 20 RR F100	最后一个轮廓元素：PE 及半径补偿
24 DEP LT LEN12.5 F100	用 LEN= 12.5 毫米离开轮廓
25 L Z+ 100 FMAX M2	沿 Z 轴退刀，结束程序

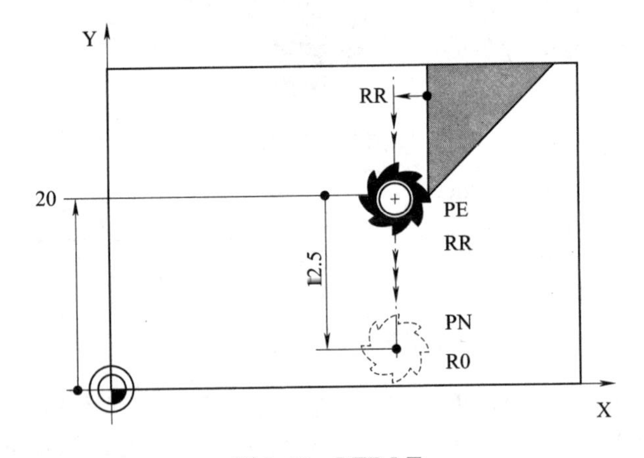

图 9-33　DEP LT

6）程序举例。编写如图 9-34 所示零件的加工程序。

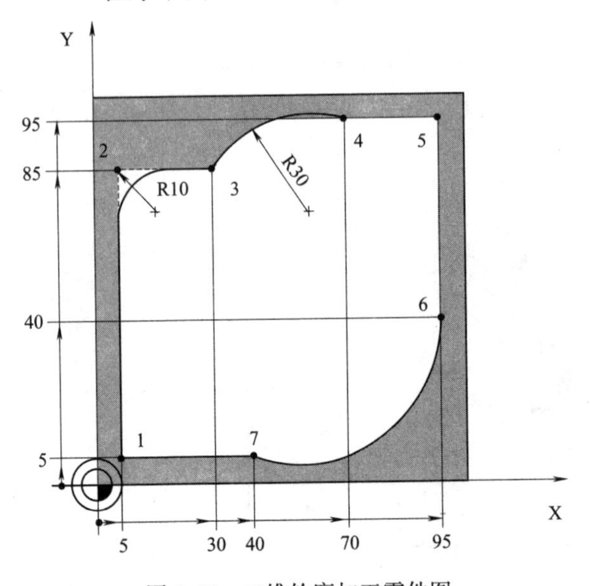

图 9-34　二维轮廓加工零件图

9-5　二维轮廓加工编程

（2）循环编程

对于由多个加工步骤组成的、经常重复使用的加工过程，可将其保存为标准循环存放在 TNC 存储器中。循环也提供坐标变换和多个特殊功能。

1）定义循环。

①按下 CYCL DEF 按钮，软键行显示多个可用循环组。

②按下所需循环组的软键，例如选择钻孔循环的 DRILLING（钻孔）。

③选择所需循环，例如 THREAD MILLING（铣螺纹）。TNC 启动编程对话，提示输入全部所需数值。同时，右侧窗口中显示输入参数的图形。对话中要求输入的参数以高亮形式显示。

④输入 TNC 所需的全部参数，每输入一个参数后用 ENT 键结束。

⑤输入完全部所需参数后，TNC 结束对话。

2）用 CYCL CALL（循环调用）功能调用一个循环。CYCL CALL（循环调用）功能将调用最新定义的加工循环一次。循环起点位于 CYCL CALL（循环调用）程序段之前最后一个编程位置处。

①要编程循环调用，按下 CYCL CALL CYCL CALL（循环调用）键。

②按下 CYCL CALL M 软键输入一个循环调用。

③根据需要，输入辅助功能 M（例如用 M3 使主轴运转），或按下 END 键结束对话。

3）用 CYCL CALL POS（循环调用位置）调用一个循环。CYCL CALL POS（循环调用位置）功能将调用最新定义的加工循环一次。循环起点位于 CYCL CALL POS（循环调用位置）程序段中定义的位置处。TNC 用定位逻辑移动至 CYCL CALL POS（循环调用位置）程序段的定义位置处。

4）用 M99/89 调用循环。M99 功能仅在其编程程序段中有效，它调用最后定义的加工循环一次。可以将 M99 编程在定位程序段的结束处。TNC 移至该位置后，再调用最后定义的加工循环。

要取消 M89 的作用，在移至最后一个起点的定位程序段中使用 M99；或者用 CYCL DEF（循环定义）定义一个新加工循环。

9-6　钻孔加工编程

5）编程举例。

①钻孔循环编程　编写如图 9-35 所示零件的钻孔程序。

②铣型腔、凸台和槽：编写如图 9-36 所示零件的加工程序。

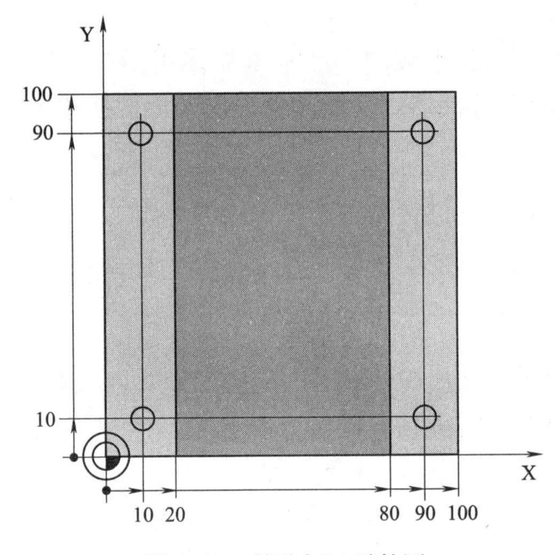

图 9-35　钻孔加工零件图

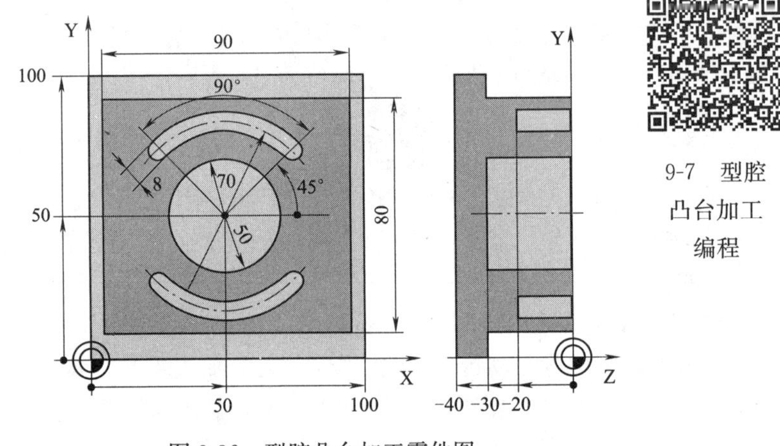

图 9-36　型腔凸台加工零件图

（3）倾斜面加工（3＋2 编程）

1）PLANE 功能。PLANE 功能是一个强大功能的定义倾斜加工面功能，它支持多种定义方式。PLANE 功能只能用于两个以上旋转轴（主轴头及 / 或旋转工作台）的机床。TNC 系统的所有 PLANE 功能都可用于描述所需加工面，与机床实际所带的旋转轴无关。它有以下功能子项：空间角、投影、欧拉角、矢量、三点、相对角、轴角、复位。

2）PLANE 平面的定位特性：无论用哪一个 PLANE 功能定义倾斜加工面，都可以使用以下定位特性：自动定位、选择其他倾斜方式、选择变换类型。

①自动定位：MOVE/TURN/STAY（必须输入项），如图 9-37 所示。

输入全部 PLANE 定义参数后，还必须指定如何将旋转轴定位到计算的轴位置值处：

MOVE：PLANE 功能自动将旋转轴定位到所计算的位置值处。刀具相对工件的位置保持不变。TNC 将在线性轴上执行补偿运动。

TURN：PLANE 功能自动将旋转轴定位到所计算的位置值处，但只定位旋转轴。TNC 将不对线性轴执行补偿运动。

STAY：需要在另一个定位程序段中定位旋转轴

如果选择了 MOVE（移动）功能（用 PLANE 功能自动定位轴），还必须定义以下两个参数：偏移刀尖（旋转中心）和进给速率？F=。

偏移刀尖—旋转中心（增量值）：用来定义相对当前刀尖位置进行定位运动的旋转中心。

进给速率？F=：定义刀具的轮廓加工速度。

如果选择 TURN（转动）功能（用 PLANE 功能无补偿运动地自动定位轴），还必须定义以下参数：进给速率？F=，或者用数字值直接定义进给速率 F，也可以用 FMAX（快移速度）或 FAUTO（TOOL CALL 程序段中的进给速率）。

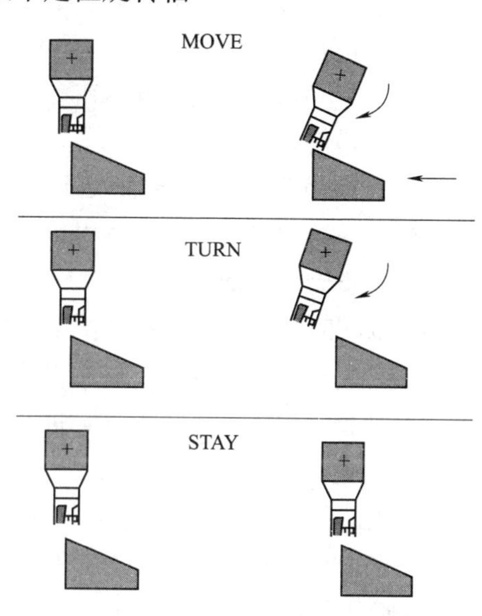

图 9-37　自动定位的方式

如果 PLANE 轴角与 STAY（不动）一起使用，必须在 PLANE 功能后用单独程序段定位旋转轴。执行程序时，TNC 计算机床上的旋转轴位置值，并将其保存在系统参数 Q120（A 轴）、Q121（B 轴）和 Q122（C 轴）中。必须在 PLANE 功能后用单独程序段定位旋转轴。

例如将 C 轴回转工作台和 A 轴倾斜工作台的机床定位在 B+45 度空间角位置处的程序如下：

```
...
12 L Z+ 250 R0 FMAX               定位在安全高度处
13 PLANE SPATIAL SPA+ 0 SPB+ 45 SPC+ 0 STAY        定义并启动 PLANE 功能
14 L A+ Q120 C+ Q122 F2000        用 TNC 计算的值定位旋转轴
```

②选择其他倾斜方法：SEQ+/−（可选输入项），TNC 系统用定义加工

面的位置数据计算机床上实际存在的旋转轴的正确定位位置。通常，有两种方法，用 SEQ 开关指定 TNC 应用哪一种方法：

用 SEQ+ 定位基本轴。基本轴向正向运动。基本轴就是工作台的第 2 旋转轴，或刀具的第 1 轴，这跟机床的机床配置情况有关，见图 9-38。

用 SEQ-定位基本轴，基本轴向负向运动。

如果用 SEQ 选择的计算结果不在机床行程范围内，TNC 将显示“Entered angle not permitted 输入的角不在允许范围内”的出错信息。

③选择变换类型（可选输入项）：在 C 轴回转工作台的机床上，系统提供了一个指定变换类型的功能：

COORD ROT（坐标旋转）：用于指定 PLANE 功能只将坐标系旋转到已定义的倾斜角位置。回转工作台不动；进行纯数学补偿，见图 9-39。

TABLE ROT（工作台旋转）：用于指定 PLANE 功能将回转工作台定位到已定义的倾斜角。通过旋转工件进行补偿，见图 9-39。

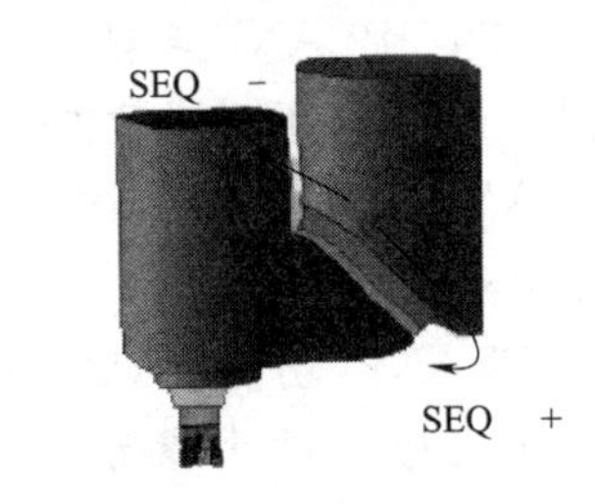

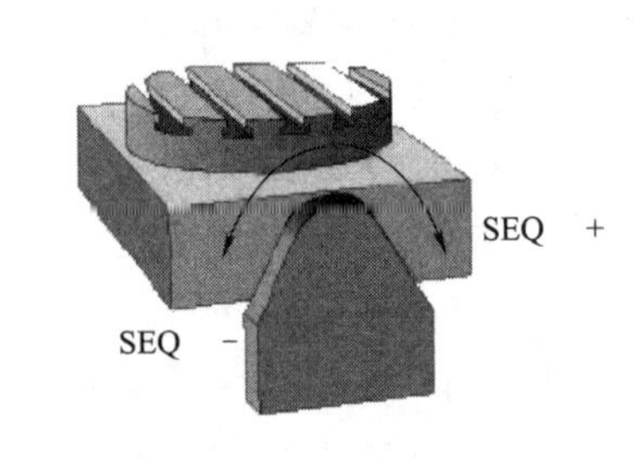

图 9-38　基本轴

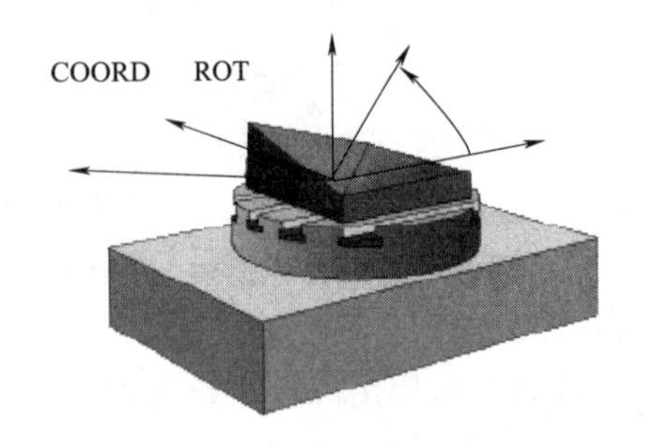

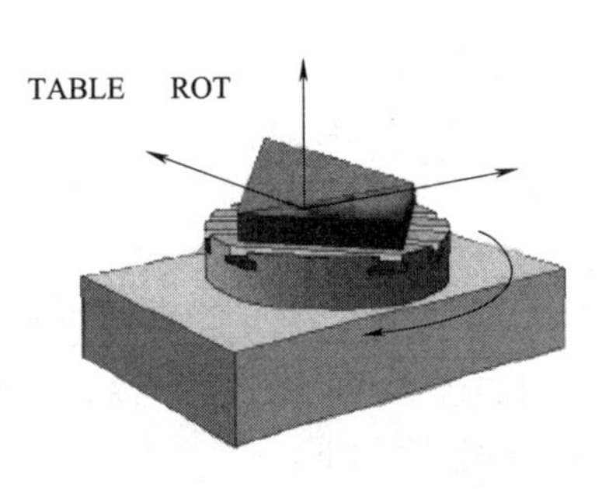

图 9-39　COORD ROT 与 TABLE ROT

3）用空间角定义加工平面（PLANE SPATIAL）。通过最多 3 个围绕机床固定坐标系统旋转的空间角定义一个加工面。旋转顺序必须严格遵守：先围绕 A 轴旋转，然后 B 轴，再 C 轴；必须定义三个空间角 SPA，SPB 和 SPC，即使它们其中之一为 0；上述所述的旋转顺序与当前刀具轴无关。

4）“3＋2”加工编程实例。编写如图 9-40 所示零件的加工程序 。

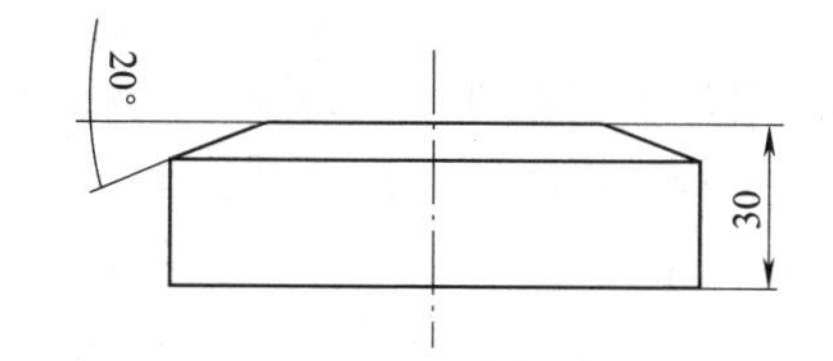

9-8　五轴加工编程

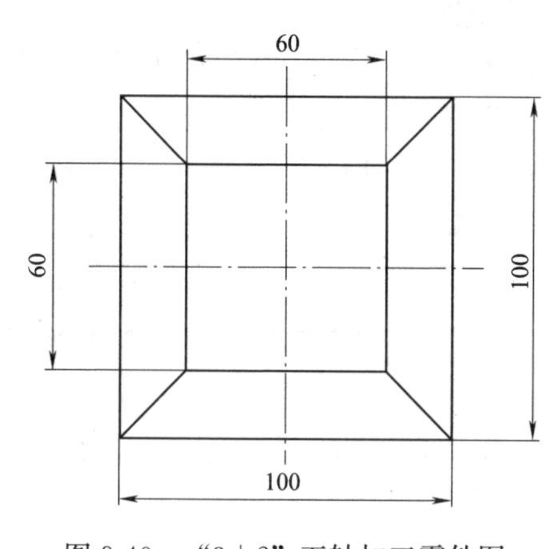

图 9-40　“3＋2”五轴加工零件图

9.2　特 种 加 工

9.2.1　特种加工基本概念

特种加工亦称“非传统加工”或“现代加工方法”，泛指用电能、热能、光能、电化学能、化学能、声能及特殊机械能等能量达到去除或增加材料的加工方法，从而实现材料被去除、变形 、改变性能或被镀覆等。常用特种加工方法的分类见表 9-4，与传统机械加工方法相比特种加工具有许多独到之处：

1）加工范围不受材料物理，机械性能的限制，能加工任何硬的、软的、脆的、耐热或高熔点金属以及非金属材料。

2）易于加工复杂型面、微细表面以及柔性零件。

3）易获得良好的表面质量，加工后产生的热应力、残余应力、冷作硬化、热影响区等均比较小。

4）各种加工方法易于复合形成新工艺方法，便于推广应用。

正因为特种加工工艺具有上述特点，所以就总体而言，特种加工可加工任何硬度、强度、韧性、脆性的金属或非金属材料，且专长于加工复杂、微细表面和低刚度的零件。目前，国际上对特种加工技术的研究主要表现在以下几个方面：

1）微细化。目前，国际上对微细电火花加工、微细超声波加工、微细激光加工、微细电化学加工等的研究正方兴未艾，特种微细加工技术有望成为三维实体微细加工的主流技术。

2）特种加工的应用领域正在拓宽。例如，非导电材料的电火花加工，电火花、激光、电子束表面改性等。

3）广泛采用自动化技术。充分利用计算机技术对特种加工设备的控制系统、电源系统进行优化，建立综合参数自适应控制装置、数据库等，进而建立特种加工的CAD/CAM和FMS系统，是当前特种加工技术的主要发展趋势。用简单工具电极加工复杂的三维曲面是电解加工和电火花加工的发展方向。目前已实现用四轴联动线切割机床切出扭曲变截面的叶片。随着设备自动化程度的提高，实现特种加工柔性制造系统已成为各工业国家追求的目标。

表 9-4　常用特种加工方法的分类

加工方法		主要能量形式	作用形式	符号
电火花加工	电火花成型加工	电能、热能	熔化、气化	EDM
	电火花线切割加工	电能、热能	熔化、气化	WEDM
电化学加工	电解加工	电化学能	金属离子阳极溶解	ECM（ELM）
	电解磨削	电化学能、机械能	阳极溶解、磨削	EGM（ECG）
	电解研磨	电化学能、机械能	阳极溶解、研磨	ECH
	电铸	电化学能	金属离子阴极沉积	EFM
	涂镀	电化学能	金属离子阴极沉积	EPM
高能束加工	激光束加工	光能、热能	熔化、气化	LBM
	电子束加工	光能、热能	熔化、气化	EBM
	离子束加工	电能、机械能	切蚀	IBM
	等离子弧加工	电能、热能	熔化、气化	PAM
物料切蚀加工	超声加工	声能、机械能	切蚀	USM
	磨料流加工	机械能	切蚀	AFM
	液体喷射加工	机械能	切蚀	HDM
化学加工	化学铣削	化学能	腐蚀	CHM
	化学抛光	化学能	腐蚀	CHP
	光刻	光能、化学能	光化学腐蚀	PCM
复合加工	电化学电弧加工	电化学能	熔化、气化腐蚀	ECAM
	电解电化学机械磨削	电能、热能	离子溶解、熔化、切割	MEEC

9.2.2　特种加工的基本规律

电火花加工、电解加工、化学腐蚀加工、超声波加工、激光加工、电子束加工和离子束加工等特种加工的基本规律可扫二维码9-9进行了解。

9-9　特种加工的基本规律

9.2.3　特种加工的基本设备

1. 数控电火花线切割加工

电火花加工（Electrical Discharge Machining，简称EDM）是通过工具电极和工件之间产生脉冲性的火花放电，靠放电的瞬间局部产生高温把金属蚀除下来。由于在放电过程中可见到火花，故称之为电火花加工。

电火花线切割加工（Wire Cut EDM，简称WEDM）是在电火花加工基础上发展起来的一种工艺方法，其基本原理是利用移动的细金属导线（铜丝或钼丝）作电极，对工件进行脉冲火花放电、切割成形。

9-10　数控电火花线切割

相关视频

2. 数控电火花成型

电火花成型加工又称为放电加工或电蚀加工，它是利用在一定介质中，通过工具电极和工件电极之间脉冲放电时的电腐蚀作用对工件进行加工的一种工艺方法。

电火花成型机床（除穿孔机床可单列为一种外）按大小可分为小型、中型及大型三类；也可按精度等级分为标准精度型和高精度型；还可按工具电极自动进给系统的类型分为液压、步进电机、直流伺服电机驱动型；随着模具制造的需要，现已有大批三坐标数控电火花机床用于生产，带电极工具库且能自动更换电极工具的电火花加工中心也在逐步投入使用。数控电火花成型机床一般由主机、脉冲电源与机床电气系统、数控系统和工作液循环过滤系统等部分组成。

9-11　电火花成型

相关视频

3. 激光加工

激光英文全名为Light Amplification by Stimulated Emission of Radiation（LASER）。于1960年面世，是一种因刺激产生辐射而强化的光。激光是通过入射光子来激发处于亚稳态的较高能级的原子、离子或分子跃迁到低能

9-12　激光加工

相关视频

级时完成受激辐射所发出的加强光。可通过光学系统将激光束聚焦成尺寸与光波波长相近的极小光斑，其功率密度可达 107～1 011 w/cm^2，温度可达一万摄氏度，将材料在瞬间（10～3 s）熔化和蒸发，工件表面不断吸收激光能量，凹坑处的金属蒸气迅速膨胀，压力猛然增大，熔融物被产生的强烈冲击波喷溅出去。激光加工是激光系统最常见的应用。根据激光束与材料相互作用的机理，大体可将激光加工分为激光热加工和光化学反应加工两类。激光热加工是指利用激光束投射到材料表面产生的热效应来完成加工过程，包括激光焊接、激光切割、表面改性、激光打标、激光钻孔和微加工等；光化学反应加工是指激光束照射到物体，借助高密度高能光子引发或控制光化学反应的加工过程。包括光化学沉积、立体光刻、激光刻蚀等。

9.3 逆向工程

9.3.1 逆向工程概述

逆向工程也称为反求工程、反向工程，源于精密测量和质量检测，是一种以设计方法学为指导，以现代设计理论、方法、技术为基础，运用各种专业人员的工程设计经验、知识和创新思维，对已有新产品进行解剖、深化和再创造，是一个十分复杂的系统工程。不同于传统的正向设计方法，逆向工程是根据已存在的产品，进行相应零部件的重构，并对已有产品进行剖析、改进与再创造。

1. 逆向工程分类

从广义讲，逆向工程可分以下三类。

1）实物逆向：针对已存在的实物，采用测绘、分折等手段，进行再创造，实物逆向可针对整机、大型部件和零件组进行逆向设计。

2）软件逆向：主要针对没有实物，而具有部分，或者全套的技术软件资料的情况下，进行的逆向设计。

3）影像逆向：主要针对仅通过产品影像资料开展的逆向设计。

2. 逆向工程应用领域

逆向工程在新技术应用、新工艺实施、新产品开发等方面有着重要的应用，主要体现在以下几个方面。

1）无设计图样：在设计图样缺失或者不完整的情况下，进行逆向设计，完成完整的图纸设计与模型生产。

2）油泥模型：对外形创作人员设计的油泥模型，进行逆向设计，快速构建出油泥模型的三维模型，保证产品外观的艺术创作多方面要求。

3）模型制造：借助逆向工程，可大大缩短模具制造过程中的试制、修改周期，减少实验测试次数。

4）艺术品与文物修复：在艺术品和文物存在破损的情况下，运用逆向工程，可获取破损部位的三维模型与配套的修复件。

5）医学领域：逆向工程在牙齿修复、人工骨骼等领域的应用越来越广泛，可提高缺损部分修复后的匹配度。

9.3.2　逆向工程工艺过程

逆向工程工艺过程主要分为数据采集、数据处理与模型重建、加工成型。

1. 数据采集

数据采集是指采用特定的测量设备与测量方法获取待测物体表面离散点的几何坐标数据，进行实现产品几何形状数字化。将被测物体放置于三维测量空间内，获得被测物体表面上各离线的测量点的坐信息，经过数据分析与处理，得出被测物体的各几何量数据。目前数据采集方法分为接触式和非接触式。非接触式方法效率高，且对工况要求不高，可处理易变形、表面是损伤、腐蚀的待测物体，目前应用广泛。激光扫描仪使用方便，测量精度相对较高，可实现在线测量，综合成本较低，目前是非接触式方法中应用比较广泛的设备。本书所采用的测量设备即为 Handy Scan 700 型三维扫描仪。

2. 数据处理与模型重建

数据处理是逆向工程的重要环节。数据处理环节可以降低数据采集阶段的工作量，也可以为后续的模型重建提供可靠模型数据来源。数据采集环节获得的数据，经过数据处理后，可以去除其中的冗余数据，补充在数据采集时未完整采集到的部分边缘数据。模型重建是逆向工程各工艺过程中最为复杂的，为后续的成型制造提供直接可用的 CAD 模型，在模型重建的过程中，设计人员还应对模型加工过程中的关键工艺、关键刀具、主要的检测手段进行分析。

3. 加工成型

加工成型是逆向工程的重要工艺环节。随着制造技术的发展，加工成型的方法与设备越来越多样化，如可采用 3D 打印机、数控加工中心、柔性生产单元等设备实现产品的加工成型，也可采用铸造、锻造、冲压、普车、普铣、钳工、焊接等传统的加工工艺，实现产品的加工成型。本书所采用的是 Objet30 型 3D 打印机作为加工成型的主要设备。

第 10 章 质量检验与控制

10.1 质量检验概述

通常我们把产品质量作为评价产品使用价值的指标，所谓的产品质量好坏就是产品在生产和消费过程中的适应性强弱。产品的众多特性均受到产品质量好坏的直接影响，比如：适用性、可靠性和安全性。因此，产品质量的检验和控制必将成为产品在整个生产周期中必不可少的环节。

10.1.1 产品质量与质量检测

产品质量包含硬度、强度、精度、耐高温、寿命等多种多样不同的特征，不同的产品所关注的特征不尽相同，但不同产品的产品质量可归纳为性能、安全性、经济性和时间性。

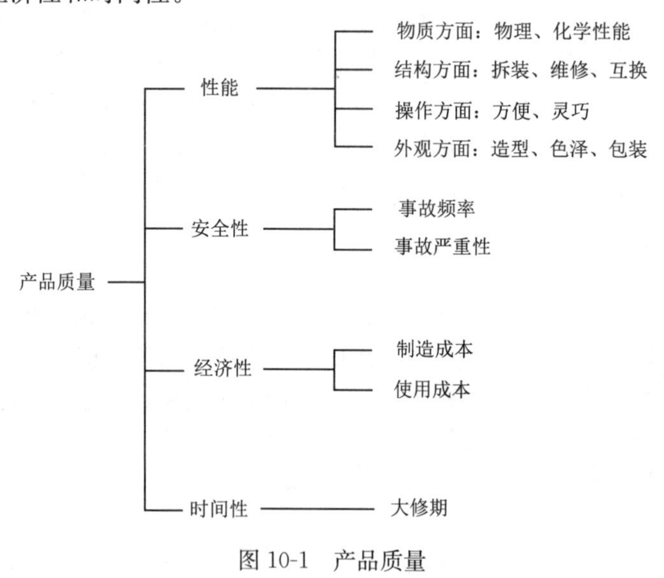

图 10-1　产品质量

对产品特性进行测量、试验然后将测验值与所要求的标准进行对比以确定产品是否合格的活动被称为质量检测，检测过程中既可以单一特性进行称量也可同时对多个特性进行测量。对产品在生产过程中的每个环节都实施质量监控和质量检测是生产高质量产品的有力保障。对产品进行质量检验不仅能够挑出不合格品，保证产品质量，而且通过质量检验报告的信息反馈，管理者不仅可以做出正确的质量评价和决策，而且能掌握质量改进的方向，从而加快质量改进的步伐。原有的质量检验技术缺少原材料和外购件的检验，因此，现代质量检验技术加入对原材料和外购件的入厂检验和前工序的把关检验，对后面的生产过程和下一道工序生产可以起到一定的预防作用。可见，产品质量检测在产品生产中主要起着把关、报告、改进和预防四个方面的作用。

10.1.2　检验的基本方式

由于产品的质量检验方式众多，质量检验方式的分类方式也多种多样，通常按照生产阶段、检验目的、实施人员三方面进行分类。按照生产阶段可以分为三类，分别是原料检验、工序检验和成品检验；按照检验目的可以分为三类，分别是把关性检验、预防性检验和考核性检验；按照实施人员可以分为自检、互检、专检等，综合来讲都是为了满足用户的使用需求而制定的，见表 10-1。

表 10-1　检验方式的分类①

分　　类	方　　式	备　　注
按照实施检验人员分	自检 互检 专检	加工工人自行检验 加工工人相互间检验 专职检验员进行检验
按照生产阶段分	原料检验 工序检验 成品检验	对入厂的原料、标准件，配件检验 其目的是保证半成品加工符合工艺要求 对成品性能、安全性、成套性、可靠性、外观等进行检测
按照检验数量分	全数检验 抽样检验	确定每件产品是否合格 抽取部分产品检验是否合格
按照检验目的分	把关性检验 预防性检验 考核性检验	对单件或产品批进行单纯性验收 首件检验、巡回检验 符合检验、循环检验、重复性检验等
按照检验工作地分	固定检验 巡回检验	检验工作地固定 检验工作地不固定

①刘恂．机械制造检验技术［M］．北京：国防工业出版社，1987

续表

分　类	方　式	备　注
按照破坏性分	破坏性检验 非破坏性检验	检验过程中受检产品将会破损 受检产品不因检验而破坏
按照接受检质量特征分	规格限检验 产品功能检验 感官检验	检验产品是否在图纸所要求的规格范围内 检验产品的各项功能是否符合技术条件及图纸的要求 直接用人体感官进行检验
按照实施检验的主体分	人工检验 自动化检验	检验工作全部由人工完成 测定、对比、判断全部有自动检验设备来完成
按照被检对象的性质分	几何量检验 物理量检验 化学量检验	检验对象是宏观几何量 检验对象是物理量如：重量、色差 检验对象是化学量如：钢的含碳量、含硫量

10.1.3　质量检验的步骤

质量控制的每一个环节，特别是像质量检验类这样的重要环节，必须有一套合理完整的执行方案以保证检验过程的准确性和合理性。由于工业生产中每个领域对检验的要求不同，所以针对每个实际的生产要求都应该制定与其相符的检验步骤。总的来说质量检验的步骤可以归纳为以下几点：

1）制定检验规范：根据产品的使用和生产特性所规定的产品检验标准以及与该产品相关的技术文件制定相应的检验规范。如确定测量的项目和量值、确定检验方法、选择适合适的检测器具和仪器设备、确定检测条件、检验数量和抽样方案等。

2）测定产品质量：根据产品特性，制定相应的检验方法和方案对产品质量进行测定。为确保产品质量测定的准确性，被检物品在测试前要确保正常，检测仪器在测试前要校准，检测仪器在测试过程中要严格遵循检测规范进行。由于在大批量生产中对产品逐个检验费时费力，多采用抽样的方法进行检测。

3）产品合格判断：把产品质量测试数据同标准和规定的质量要求进行对比以判断产品是否合格。对于国家给定了相应国标的标准零件，企业和工厂可以根据国标进行产品的质量比较；对于无国标的产品，可根据产品的实际需要制定相应的质量标准。

4）数据反馈：将产品质量测试数据反馈至有关部门，以促使其改进质量。质检部门要及时将检验结果向生产部门反馈；生产部应门根据反馈信息，在满足生产要求的前提下调整生产工艺。

10.1.4　质量检验的误差

各种各样的主、客观原因都会导致质量检验中产生误差，通常误差分为系统检验误差、随机检验误差和粗大检验误差三类。

在偏离检验规定条件时或由于检验方法所引入的因素，按照某种规律所引起的误差，叫做系统检验误差，这种误差常常具有普遍性。从实验的过程来说，系统误差可以分为定值系统检验误差和变值系统检验误差之分。比如，测量工件使用直径立式光较仪的方式，调整仪器零点所用量块产生的误差，这对结果都会产生一定的影响，称为定值系统误差；在测量过程中，若温度产生均匀变化，则引起的误差为线性系统变化，属于变值系统误差。

随机检验误差是指在相同的条件下，对同一个被检验物进行重复检验，由于一系列有关因素微小的随机波动而形成的具有相互抵偿性的误差。这类误差没有规律，很难预测，但是测量次达到一定的数量时，会出现一定的统计规律。比如大小相等，正负误差出现的可能性相等，小概率出现机会一般会多，大概率出现一般很少，而且伴随测定次数的不断增加，正负误差可以补偿，这常常可以使得误差的平均时趋于零。

粗大检验误差是指在一定的测量条件下，超出规定条件下预期的误差，主要是人为原因引起的，例如工作粗心。检测结果中的一个或几个值与其他值差异很大，有时偏离真值很远是这种方法的最大特点。

有时检验结果产生偏差，检验结果出现错误是由误差所引起的，这使得检验结果失真，甚至使不合格的产品继续在生产现场流转或流向消费领域，造成种种问题。因此，有必要从不同角度、不同方面来减小甚至消除误差。比如可以通过加强思想教育，严格工艺纪律，坚持三级检验，实行复检检验、循环检验、严明奖惩制度等措施来规范检验者操作，减少可避免的检验误差。

10.2　机械零件常规质量检测器具与检验方法

机械加工精度的检验和加工表面质量的检验是机械加工零件质量检验的两大部分。对于不同的检测位置采用的检测仪器也各不相同，例如可采用游标卡尺、带表卡尺等对孔径进行测量；可采用直角卡尺、万能角度尺等角度测量工具进行角度测量；可采用光切显微镜、针描法电动轮廓仪对工件表面粗糙度进行测量。本节将围绕对基本检测仪器的使用，结合常见检测位置，阐述了如何针对这些位置合理的选择和正确使用检测器具。

10.2.1 机械件质量检测基础

机械零件的质量检测是以几何量检测为基础的检测，而几何量检测的具体对象是各种机械零件的几何参数，因此，对机械零件几何量的检测成为了机械零件的质量检测的主要部分。所以，有必要对几何量测量的三部分测量对象、测量方法和测量原则进行阐述。

1. 测量对象

长度、角度、形位误差和表面粗糙度是几何测量的主要对象。形位误差分为形状误差和位置误差两部分。其中形状误差是指相较于理想形状而言，实际形状的变动量；位置误差是相对于理想位置而言，实际位置对的变动量。加工表面时，较小间距和微小峰谷的不平度被称之为表面粗糙度，其值越小，表面越光滑。

2. 测量方法

对于不同的测量任务，工程实际中应采用不同的测量方法，常见测量方法分类如下。

（1）直接测量与间接测量

通过从测量仪表直接读数的方式来获得被测量数值的测量方法叫做直接测量。例如：用游标卡尺测、千分尺直接测量尺寸。直接测量方法较为简单且十分迅速，因此，直接测量方法广泛应用于工程测量中。

通过测量与被测量有函数关系的其他量来获得被测量数值的测量方法叫做间接测量。例如：用三针法测量螺纹中径，用钢球法测锥度等。间接测量比直接测量复杂，且易引入多种误差因素，所以只有在难以或无法使用直接测量时才采用。

（2）接触测量与非接触测量

仪器测量过程中，仪器与被测表面直接接触且存在机械作用测力的测量被称为接触测量。零件表面测量头以及测量仪器传动系统的弹性形变可能由机械测力产生。因此，需要规范精度高的测量工具的测量力。

仪器测量过程中，仪器的测量头与被测表面之间不存在机械测力的测量被为非接触测量，例如：光学投影仪测量等。

（3）单项测量与综合测量

单项测量是指单个的彼此没有联系地测量工件的单项参数，比如：圆柱体零件某一剖面直径的测量。加工中为了分析造成加工误差的原因，常采用单项测量。

同时测量工件上的几个有关参数，从而综合地判断工件是否合格这种方法称为综合测量，比如：用螺纹极限规的通规检验螺纹。

(4) 静态测量与动态测量

静态测量是指被测表面与测量头之间是相对静止的测量。动态测量被测表面与测量头之间是有相对运动的测量。其中动态测量是测量技术发展最有前景方向之一，能有效地提高测量效率和保证测量精度。

3. 测量原则

在对机械零件进行几何量检测时，对于同一被测几何量往往可以采用多种测量方法，为了提高检测精度，减少测量的不准确度，应当遵守以下基本测量原则：

(1) 阿贝原则

在测量过程中，阿贝原则是长度计量中的最基本原则，是指为保证长度测量的准确性，要使被测零件的尺寸线和测量仪器中作为标准的刻度尺的刻度基准线重合或排成一条直线，否则在比较过程中由于制造误差的存在和移动方向的偏移，两长度之间会出现夹角导致产生较大的误差。

(2) 变形最小原则

由于热变形和弹性变形，因而长度计量中引起被测件和测量器具的变形。这些变形会导致被测件、测量器具尺寸发生一些变化，从而影响测量结果的准确性和可靠性。通过平衡温度，合理的支撑被测物体，尽力减小和稳定测力等办法，使被测零件变形最小的原则称为变形最小原则。

(3) 基准统一原则

测量基准、工艺基准和设计基准三者重合统一称为基准统一原则。使用基准统一原则可以避免由工艺基准和测量基准不重合而引起的测量误差、工艺基准和设计基准不重合而引起的制造误差。

(4) 最短链原则

最短链原则是针对间接测量而言的，在无法对被测量进行直接测量时，需要测量与被测量具有函数关系的其他量，这些关系量和被测量常常会形成测量链，形成测量链的数量越多，被测量的可靠性就越低，因此，我们要尽可能减少测量链的数量，以保证测量的准确性。

(5) 封闭原则

在测量圆分度器件的分度误差时，由于圆周封闭的特性，其分度角或内角的标称值总和以及实际角值总和均为 360°，当其角度误差的总和为零的时候，我们可以称之为封闭原则。

10.2.2　轴、孔径的质量检验

1. 轴径和孔径的检验

检验轴和孔径的计量器具常用的有游标卡尺、带表卡尺和千分尺等。检验误差由下式计算可得：

$$\sigma=\frac{\phi_1-\phi_2}{\phi_2}$$

其中 ϕ_1 为测量值，ϕ_2 为精确值，若 σ 在允许的误差范围内，则机械孔轴类产品符合质量要求。

2. 轴径和孔径的测量方法

（1）游标卡尺

游标卡尺通过尺身和游标上的刻线间距差累计值，游标可以沿着卡尺尺身移动。游标卡尺是游标量具中数量最多、使用最广泛的一种量具，常见的有三用游标卡尺、两用游标卡尺、双面游标卡尺、单面游标卡尺和深度游标卡尺。下图为三用游标卡尺，可以用来测量零件的内、外径和深度。

游标卡尺的使用方法：

1）在测量前之前，首先要游标卡尺的零位对准，保证两个测量面和测量刃口均平直无损，保证两个量爪紧密贴合，无明显的间隙，同时要使游标和主尺的零位刻线要相互对准。

2）在测量零件的内外径的过程中，卡尺两测量面的连线必须垂直于被测量表面，不可以歪斜。测量外径时，外量爪间距应由大到小调节；测量内径时，内量爪间距应由小到大调节，直至和被测零件接触后，加少许推力，同时轻轻摆动卡尺找到最小尺寸点，然后再读数。

3）读数时，测量值（mm）的整数部分为主尺上与游标尺“0”刻线左侧最靠近的刻度值；测量值小于 mm 部分的数值为游标尺上与主尺某一条刻度线完全对齐时那条游标刻线所示的测量值，两数之和即为该次测量的数值。

游标卡尺在使用时除了按照游标卡尺正确的使用方法进行测量外，还需注意游标卡尺是一种中等精度的量具，这种方法只可以用于中等精度尺寸的测量和检验，一般不可以使用游标卡尺去测量锻铸件毛坯或精度要求很高的尺寸。前者特别容易损坏测量的量具，而后者测量精度常常达不到要求。

（2）带表卡尺

带表卡尺一般通过机械传动系统将两测量爪的相对位移转变为指示表针的回转运动，利用主尺上的刻度和指示表，对两侧量爪测量面的相对移动后的距离进行读数的一种长度测量工具。实际就是用齿条传动和指示表读数的方法代替游标卡尺的游标读数，其使用方法和游标卡尺类似，读数时将主尺上露出游标框的尺寸和指示表针所指的小数部分相加即可。

（3）外径千分尺

外径千分尺一般情况下是利用螺旋传动原理，将螺杆旋转运动的角位移转变为直线位移来进行长度测量的一种尺子。外径千分尺是一种较精密的计量器具，合适用于测量 IT6～IT10 级精度的零件尺寸。一般情况下，千分尺的分度值会有 0.01 mm 和 0.001 mm 两种，其使用方法大致为：

1）一般情况下，我们使用前首先要校对千分尺，使得两个测砧面相互接触，接触面上不能有间隙或者漏光的现象，同时微分筒和固定套筒务必要对准零位，同时要把零件的被测量表面处理干净，以免有脏物存在时影响测量精度。

2）我们在使用千分尺测量零件时，千万不可以用力旋转微分筒以增加测量压力，而要通过测力装置的转帽来转动测微螺杆测砧表面从而保持标准的测量压力，当听到咔咔的声音，表示压力合适，这时可以开始读数。

3）读数时，由整数部分与小数部分相加的和组成。整数指示线即整数部分由微分筒棱边所压固定套筒上排刻度的整数值；小数部分数值应视微分筒"0"刻线的具体位置。

（4）内测千分尺

内测千分尺和外径千分尺的测量原理、使用方法、适用范围均相同，只是内径千分尺用于测量工件的浅孔直径、槽宽及两端面距离等内尺寸。

除了上述的卡尺和千分尺外测轴，孔径的常用计量器具还有百分表、测微仪、工具显微镜、立式接触干涉仪、内径千分尺等。

10.2.3　表面粗糙度的检测器具与检验方法

1. 表面粗糙度的检验

对表面粗糙度的检验是通过高度特性参数、间距参数和形状特性参数这三类参数来评定的，其中最为常用的参数主要有轮廓算术平均偏差 R_a、轮廓最大高度 R_y、微观不平度十点高度 R_z、轮廓支承长度率 $T_{p和}$轮廓微观不平度的平均间距 S_m五个参数。标注和评价表面粗糙度时，同一表面可以选择一个或几个粗糙度参数，选择哪几个参数完全取决于对工件的性能要求和是否便于测量等方面的因素。检验方法可分为接触法、比较法、印模法和非接触法。各种检验方法都有其优点和不足之处，具体选用哪种方法，一般情况下要取决于检验手段（人员、仪器、环境等）、检验对象和检验精度。

（1）表面粗糙度的评定参数

评定参数是用来对表面轮廓微观几何形状作定量描述的数据，分为基本评定参数和附加评定参数。就常用的五个评定参数中基本评定参数包含：微观不平度十点高度 R_z、轮廓算数平均偏差 R_a 和轮廓最大高度 R_y；附加评定参数包含：轮廓支承长度率 T_p和轮廓微观不平度的平均间距 S_m。

1）轮廓算数平均偏差 R_a：一般情况下是指取样长度内轮廓偏距绝对值的算数平均值。

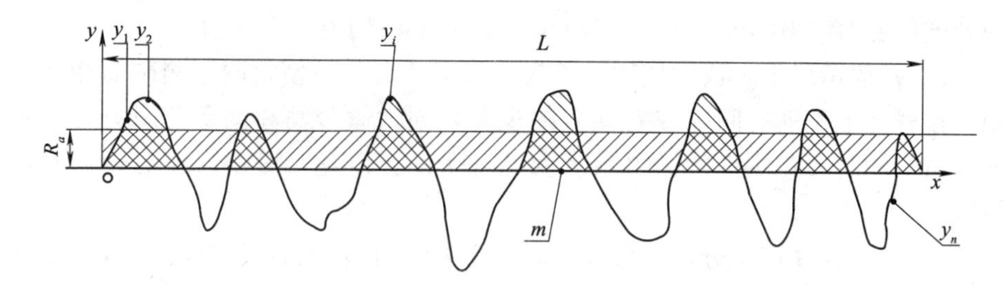

图 10-2　轮廓算数平均偏差

$$R_a = \frac{1}{L}\int_0^L |y(x)| \mathrm{d}x$$

2）微观不平度十点高度 R_z：一般情况下是指在取样长度内，其中五个最大轮廓峰高 y_{pi} 的平均值与五个最大轮廓谷深 y_{vi} 的平均值之和。

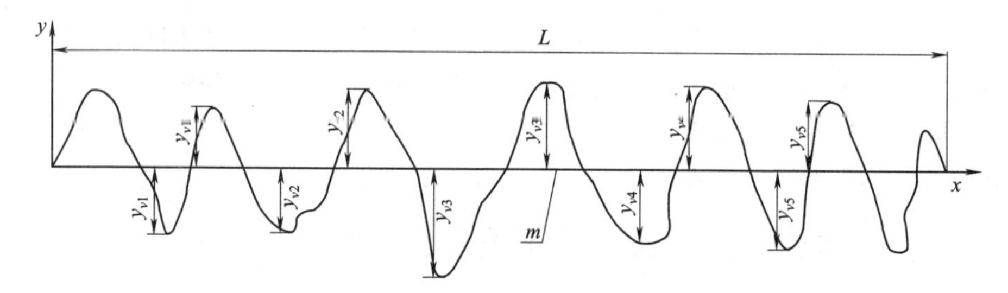

图 10-3　微观不平度十点高度

$$R_z = \frac{1}{5}\left(\sum_{i=1}^{5} y_{pi} + \sum_{i=1}^{5} y_{vi}\right)$$

3）轮廓最大高度 R_y：一般情况下指在取样长度内，轮廓峰顶线和轮廓谷底线之间的距离。

$$R_y = y_{p\max} + y_{v\max}$$

由定义可知轮廓算数平均偏差 R_a、轮廓最大高度 R_y 和微观不平度十点高度 R_z，越大则被测表面越粗糙。

4）轮廓微观不平度的平均间距 S_m：一般指轮廓峰和相邻轮廓谷在中线上的长度。

5）轮廓支承长度率 T_p：是指在水平截距 C 下的轮廓支承长度与取样长度之比。

$$T_p = \frac{n_p}{L}$$

$$S_m = \frac{1}{n}\sum_{1}^{n} S_{m_i}$$

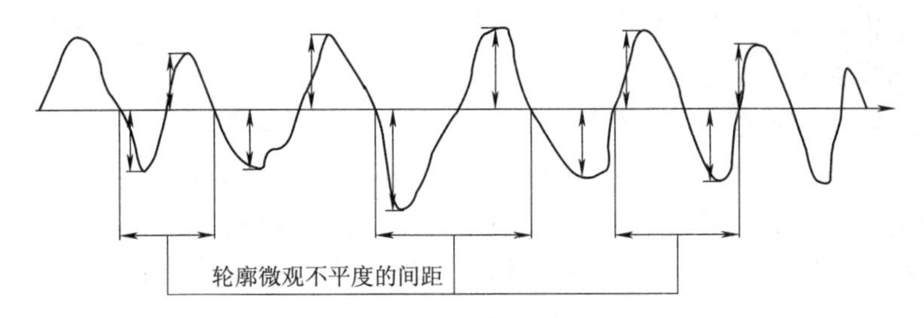

图 10-4　微观不平度间距特性

(2) 检验的基本原则

由于零件表面各处的粗糙度不尽相同，在不同位置对同一零件检验的结果也会各不相同，因此对表面粗糙度的检验需要同一的检验原则。

1) 检测方向：当粗糙度的测量方向没有被规定时，我们可以在垂直于表面加工痕迹的法向截面内测量；对于加工痕迹不规则或不明显的表面，如电火花、研磨、腐蚀等加工的表面，应选择多个测量方向测量表面粗糙度，比较其测量结果，一般情况下我们可以取其中最大值作为评定被测表面的粗糙度值。

2) 测量部位：一般情况下我们为了使测得的表面粗糙度值可以比较客观地反映出整个被测表面，应选择几个具有代表性的部位进行测量，避开气孔、划痕、碰伤等有表面缺陷的位置，根据加工痕迹的均匀性在工件的实际工作区域内选择测量部位。

3) 取样长度和评定长度的选择：我们在评定粗糙度的时候必须取一段能反映加工表面粗糙度特性的最小长度，它包含一个或数个取样长度，我们把这几个取样长度的总和称为评定长度。取样长度和评定长度在选取时按图样和技术文件中的规定选取，当未作明确规定时，应根据表面加工方法和粗糙度参数值大小按相应标准选用。

2. 表面粗糙度的测量方法和测量器具

(1) 比较测量法

生产中最常用的方法是比较测量法，即通过人的触觉和视觉将被测零件和不同粗糙度值的比较样块进行比较，直至两者相同或差异最小，从而来确定零件表面粗糙度数值，此方法类似于我们在日常生活中采用 pH 试纸来检测溶液 pH 值。需要注意的是被测零件和比较样块应具有相同的材质和加工方法，因为材质不同表面的反光特性和手感就会不同，加工方法不同零件表面留下的加工痕迹也是不一样的，如果采用不同材质或不同加工方法的样块去比较，就会造成较大的误差。

可见，比较测量法测量表面粗糙度的准确性完全取决于检验者的经验和技术水平，这并不是一种准确的测量方法，但由于它具有成本低、测量方便、对环境条件要求不高等这些特点，因此这种方法被广泛用于生产现场检验一般表面的粗糙度。

（2）接触测量法

接触测量法是通过直接接触被测零件表面来检测表面粗糙度的一种方法。一般情况下触针式电动轮廓仪是利用接触测量法来测量表面粗糙度的一种仪器，其触针在被测零件表面上轻轻划过，测取表面微观轮廓值，经运算处理后便可得到被测零件的表面粗糙度参数值和微观轮廓图。

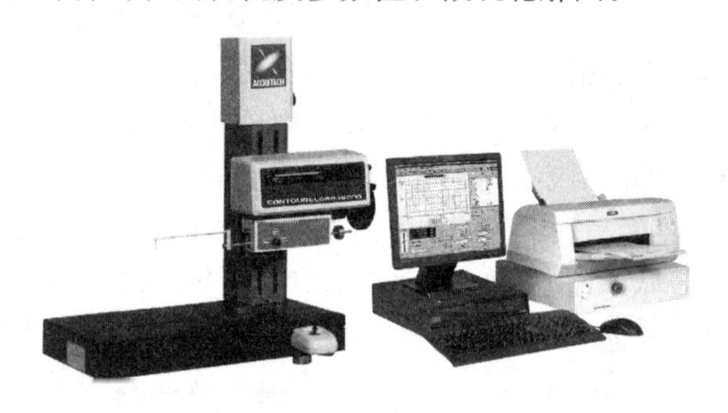

图 10-5　触针式电动轮廓仪

触针式电动轮廓仪由电箱、传感器、驱动器、指示表、工作台和记录器等主要部分组成。测量时将触针垂直搭在被测零件表面，在驱动器的拖动下以一定的速度经过被测表面，由于被测表面轮廓起伏不平，触针在行进过程中将会上下跳动，传感器通过将这种机械运动转化为电量的变化，经电子装置放大后，在记录仪上记录下来，便可得到被测表面的轮廓放大图，经过适当的滤波和积分计算可得到 R_a。

接触测量法具有使用方便、测量效率高、可测量各种粗糙度参数等优点，但常常容易受触针圆弧半径的限制，很难准确地测到被测轮廓的实际谷底，在一定的程度上会影响测量精度，同时触针容易划伤被测表面，而且不能测量磁性零件的表面粗糙度。

图 10-6　光切显微镜

（3）非接触测量法

非接触测量法是一种和接触测量法相反的测量方法，即不需要和被测零件接触就可测得零件表面粗糙度。光切显微镜利用光切法原理测量工件表面的微观不平度 R_z 值的方法就属于非接触测量法。一般情况下，其测量范围取决于选用物镜的放大倍数，可测量 R_z＝0.8～80μm 的表面粗糙度。

如图 10-7 所示，光源发出的光线通过聚光镜，穿过狭缝后形成带状光束，光束再经物镜以 45°角照射在被测零件表面上，被测表面的波峰在 S 点产生反射，波谷在 S′产生反射，经物镜分别成像在分划板的 a 和 a′点。在目镜中观察到的即与被测表面一样的曲折亮带，其凹凸不平反映的是被测表面的不平度。

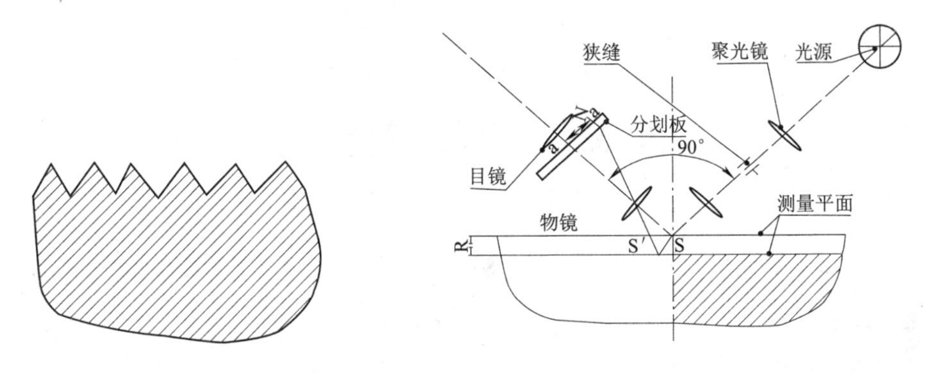

图 10-7　光切显微镜工作原理

在使用时，首先要根据被测零件粗糙度的估计值选合适的物镜组，并按照 R_z 值查表确定取样长度 l 与评定长度 l_n，然后调节光切显微镜，显示清晰后，按取样长度移动工作台千分尺，在取样长度 l 范围内，找出 5 个最低谷点和 5 个最高峰点，用目镜中的十字线的水平线与之相切（图 10-8，图 10-9），读出十个读数 a_1、a_2、a_3……a_{10}，并按下面的关系式计算出 10 点平均高度 R_z 值。一般情况下，对于表面粗糙度不均匀的被测零件，为了可以充分反映表面粗糙度的特性，需在评定长度 l_n 范围内取几个取样长度进行测量然后取其平均值。

$$R_z = \left(\sum a_{峰} - \sum a_{谷}\right) \cdot E$$

式中 a 的单位为套筒格数，目镜视场内刻度每变化一格套筒视为转过一周（100 格）。

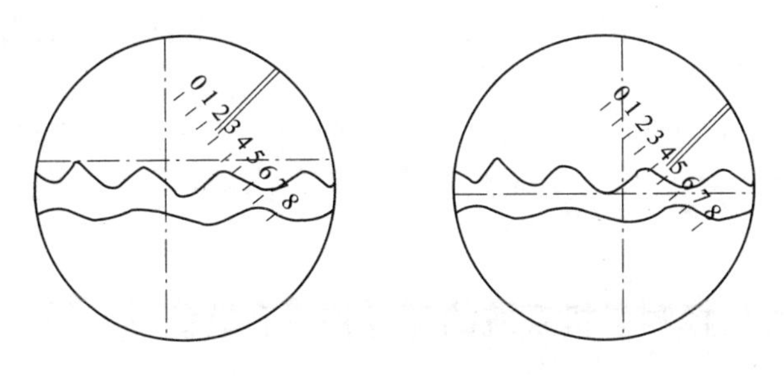

图 10-8　十字线移动的轨迹

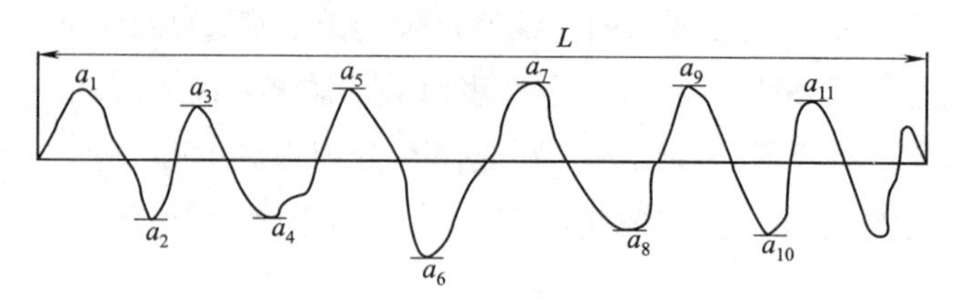

图 10-9　测量位置示意图

10.3　三坐标测量技术

10.3.1　三坐标测量机系统的初步认识

三坐标测量机是 20 世纪 60 年代后期发展起来的一种高效的新型精密测量设备，目前被广泛应用于机械、电子、汽车、飞机等工业部门，它不仅用于测量各种机械零件、模具等的形状尺寸、孔位、孔中心距以及各种形状的轮廓，特别适用于测量带有空间曲面的工件。由于三坐标测量机具有高准确度、高效率、测量范围大的优点，已成为几何量测量仪器的一个主要发展方向。

三坐标测量机的测量过程是由测头通过三个坐标轴导轨在三个空间方向自由移动实现的，在测量范围内可到达任意一个测点。三个轴的测量系统可以测出测点在 X、Y、Z 三个方向上的精确坐标位置。根据被测几何型面上若干个测点的坐标值即可计算出待测的几何尺寸和形位误差。另外，在测量工作台上，还可以配置绕 Z 轴旋转的分度转台和绕 X 轴旋转的带顶尖座的分度头，以方便螺纹、齿轮、凸轮等的测量。

三坐标测量机按其精度分为两大类：

精密型万能测量机（UMM）：是一种计量型三坐标测量机，其精度可以达到 $1.5\ \mu\text{m}+2L/1000$，一般放在有恒温条件的计量室内，用于精密测量，分辨率为 0.5 μm、1 μm 或 2 μm，也有达 0.2 μm 或 0.1 μm 的。生产型测量机（CMM）：一般放在生产车间，用于生产过程的检测，并可进行末道工序的精加工，分辨率为 5 μm 或 10 μm，小型生产型测量机也有1 μm或 2 μm 的。

10.3.2　三坐标测量机系统的硬件构成和功能

1. 三坐标测量机系统的硬件的组成

(1) 终端控制计算机和打印机：在三坐标测量机系统的硬件结构中，计算机是整个测量系统的管理者。计算机实现与操作者对话、控制程序的执行和结果处理、与外设的通讯等功能。

（2）数控设备及其外设：数控设备是计算机和测量机的接口（I/O，工具信号，紧急情况等）。数控设备通过由计算机传来的数据计算出参考路径，不断地控制测量机的运动及与手提式控制盒的通讯。

（3）三坐标测量机：三坐标测量机的主体主要由以下各部分组成：底座、测量工作台、立柱、X 向支撑梁和导轨、Y 向支撑梁和导轨、Z 轴部件、测头、驱动电机及测长系统。其结构形式（总体布局形式）主要取决于三组坐标的相对运动方式，它对测量机的精度和适用性影响很大。图 10-10 列出了常见的几种结构形式：

1）悬臂式［图 10-10（a）、（b）］：悬臂式又可分为 Z 架移动式［图 10-10（a）］和 Y 架移动式［图 10-10（b）］。Z 架移动式的特点是 Y 轴悬臂在 Y 方向位置固定，而 Z 轴框架在 Y 轴上移动；Y 架移动式的特点是 Z 轴固定在 Y 轴悬臂上，Y 轴带着 Z 轴作整体运动（包括 Y 方向）。悬臂式结构的特点是工作面开阔，有利于测量操作，缺点是悬臂结构容易变形。采用这种结构必须考虑对变形的补偿。

2）桥式［图 10-10（c）、（d）］：以桥框作为导向面，X 轴能沿 Y 或 X 方向移动。这种结构的特点是刚性好，缺点是桥框立柱限制了工件的装卸。这种结构适宜用于大型测量机。

3）龙门式［图 10-10（e）、（f）］：龙门式又可以分为龙门移动式和龙门固定式。龙门移动式便于工件的装卸，操作性能好、龙门固定式的龙门刚度大，结构稳定性好，但不宜测量重型工件，否则工作台运动时的惯性太大。

4）坐标镗床式或卧式镗床式［图 10-10（g）、（h）］：结构形式与坐标镗床或卧式镗床相似。坐标镗床式［图 10-10（g）］的测量范围较小，精度较高；卧式镗床式［图 10-10（h）］适宜于完成与工作台面垂直的工件端面上的检测项目。

2. 三坐标测量机的测量系统的主要部件是测量头和测长系统

（1）测量头

三坐标测量机的准确度和测量效率与测量头密切相关。现代三坐标测量机测头主要采用电气式测量头，或以电气式测头为基本配置，另外再辅助配置光学测头。电气式测头按其原理和功能可分为动态测头和静态测头。

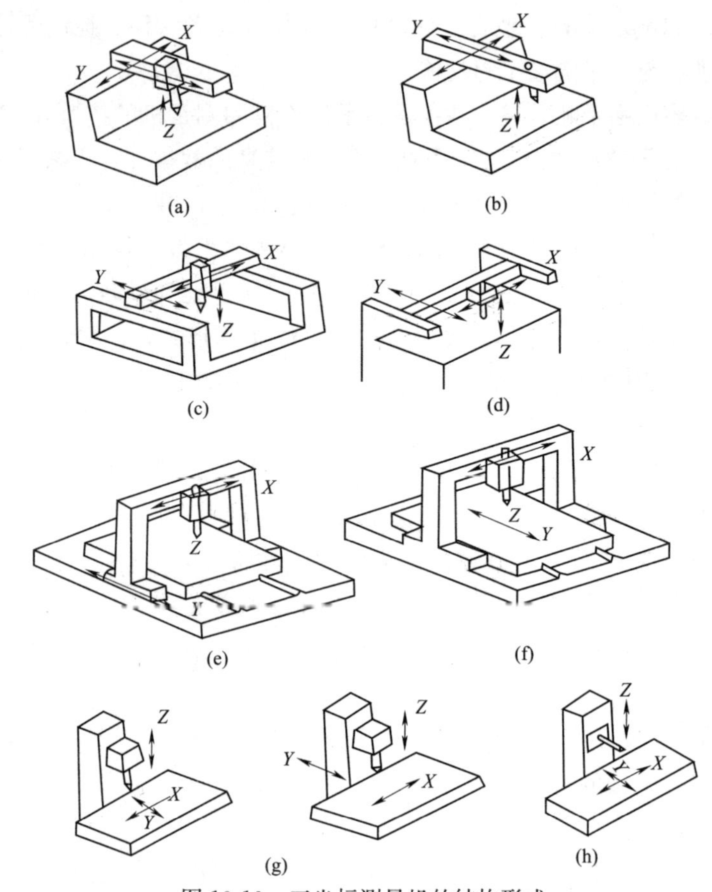

图 10-10　三坐标测量机的结构形式

(a)、(b) 悬臂式；(c)、(d) 桥式；(e)、(f) 龙门式；(g) 坐标镗床式；(h) 卧式镗床式

1）动态测头。常用的动态测头的简图如图 10-11 所示。测针通过三个钢珠安放在 6 个触点上。测量时，测针的球状端部接触工件，不论受到 X、Y、Z 哪个方向的接触力，都会引起支承钢球与触点脱离，从而引起电路的断开，产生阶跃信号，直接或通过计算机控制采样电路，将三维测长数据送至存储器，供数据处理用。

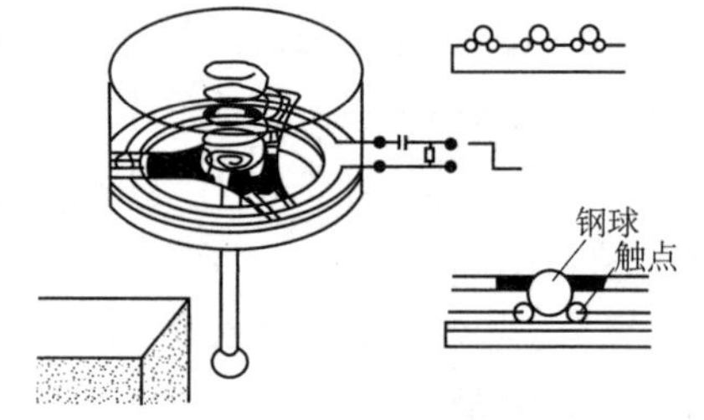

图 10-11　电气式动态测头

可见，测头是在工件表面触碰的运动过程中，在与工件接触的瞬间进行测量采样的，故称为动态测头，也称触发式测头。动态测头不能以接触状态停留在工件旁，因而只能对工件表面作离散的逐点测量，而不能作连续的扫描测量。在测量曲线、曲面时，需作扫

描测量，此时应使用静态测头。

2）静态测头。在静态测头中有三维几何量传感器，借助传感器可以将测头与工件表面接触时测球的三维位移量转换成电量，驱动伺服系统进行自动调整，使测头停在规定的位移量（相当一定的测量力）上，在测头静止的状态下采集三维坐标数据，故称为静态测头。静态测头沿工件表面移动时，可始终保持接触状态，进行扫描测量，故静态测头也称扫描测头。静态测头常用电感式位移传感器，此时也称电感测头。图 10-12 为三维电感式静态测头的示意图。测头上装有三个方向互相垂直的导轨，在 X、Y、Z 三个方向上都设有电感差动式变压器，可以灵敏地指示出方向和位置。

3）光学非接触式测头。光学非接触式测头可用于对空间曲面、软体表面、光学刻线等的测量，尤其是不能用机械测头和电测头测量的工件，只能用光学非接触式测头。光学点位测量头的原理如图 10-13 所示。光源 4 发出的光线经聚光镜 5，照到十字分划板 6 上，分划板出来的光线经反射镜 8、物镜 7 投射到工件表面上，经工件漫反射，再经棱镜 9、10、物镜 11、直角屋脊棱镜 3，成像在分划板 2 上，通过目镜 1 进行观察。当显微镜与工件之间的调焦距离很准确时，在目镜分划板上只有一个像，如果距离偏长或偏短，就出现两个像，这种方法的瞄准准确度一般为 $\pm 1 \sim 3\mu m$。

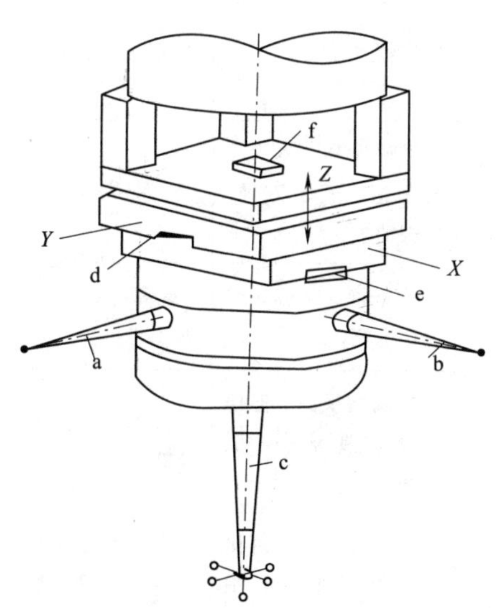

图 10-12　静态测头

a—X-Z 平面测头；b—Y-Z 平面测头；c—X-Y 平面测头，具有五倍小探针；d，e，f—Y、X 和 Z 的直线导轨

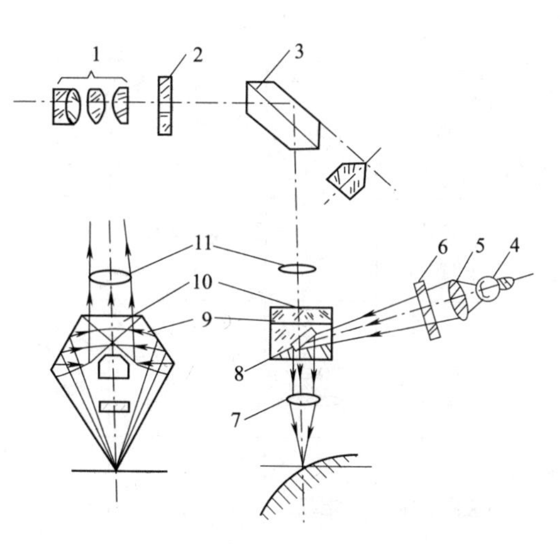

图 10-13　光学非接触式测头

1—目镜；2—分划板；3—直角屋脊棱镜；4—光源；5—聚光镜；6—分划板；7—物镜；8—反射镜；9、10—棱镜；11—物镜

（2）测长系统

三坐标测量机采用的测长方法很多，以测长的标准器划分，机械类有刻线标尺、精密丝杠、精密齿条等；光学类有光栅式、激光干涉式；电类有感应同步器、磁栅式、编码器等。现代的三坐标测量机多采用光栅测长。三坐标测量机的测量系统的特性比较见表10-2。

表10-2 三坐标测量机中测量系统的特性综合比较

测量系统名称	原理	元件准确度 μm/m	准确度 μ/m	特性	使用范围
测量丝杠加微分鼓	机械	0.7～1	1～2	适于手动，拖动力大，与控制电机配合，可实现自动控制	坐标镗床式测量机
精密齿轮与齿条	机械+光电	—	—	可靠性好，维护简便，成本低	中等准确度大型机
光学读数刻度尺	光学	2～5	3～7	可靠性高，维护简便，成本低。由于手动，效率低	手动测量样机
光电显微镜和金属刻线尺	光电	2～5	3～6	准确度较高，但系统比较复杂，由于自动，效率高	仪器台式样机
光栅	光电	1～3	2～4	准确度高，体积小易制造，安装方便，但怕油污，灰尘，	各种测量机
直线编码器 旋转编码器	光电	3～5（直）—（圆）	5～10（直）（圆）	抗干扰能力强，但制作麻烦，成本高	需要绝对码的测量机
激光	光电	—	1	准确度很高，但使用条件要求高，成本高	高准确度测量机
感应同步器	电气	3～5/250	～10	元件易制造，可接长，价格低，不怕油污	中等准确度、中等及大型测量机
磁尺	电气	—	±0.01/200～600 ±0.015/800～1200	易于生产、安装，但易受外界干扰	中等准确度测量机

10.3.3　三坐标测量机系统的软件功能

现代三坐标测量机都配备有计算机，有计算机来采集数据，通过计算，并与预先存储的理论数据相比较，然后输出测量结果。图 10-14 为测量机与计算机及外设关系示意图。

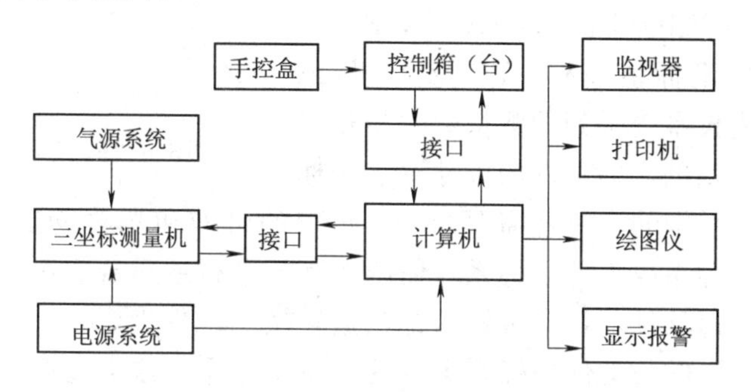

图 10-14　测量机与计算机及外设关系示意图

测量机生成厂家一般提供若干测量软件，如测头校验程序、坐标转换程序、普通测量程序、齿轮测量程序、形位误差评定程序、凸轮测量程序、螺纹测量程序、叶片测量程序、学习程序等等。用户可使用厂方提供的程序，也可以使用提供的语言自编程序，或通过功能键操作。

由于测量对象和测量项目多种多样，利用计算机进行测量数据处理的内容很多。不同的测量机，不同的测量方法，选取测头的数目不同，数据处理软件也不通用。但其中有一些处理内容是共同的，主要有：

测头校验三坐标测量机的测量，是以测头上测针的球状端部（测球）与被测工件表面接触的方式进行的，三维测长装置在测球接触表面的瞬间进行采样。因此，测球的位置和半径将直接影响三维坐标数据。在测量一个工件的过程中，为满足不同表面的测量要求，往往需要更换测针甚至测头，同一个测头上也可以有多个测针（称为星形测头，如图 10-15）。此时，必须测定各测针的球径和测针间的相互位置。这就是测头校验的基本任务。为了进行测头校验，需在三坐标测量机的工作台上固定一校验基准件。校验基准件有基准球和基准立力体两种类型，相应地，有两种校验方法和程序。

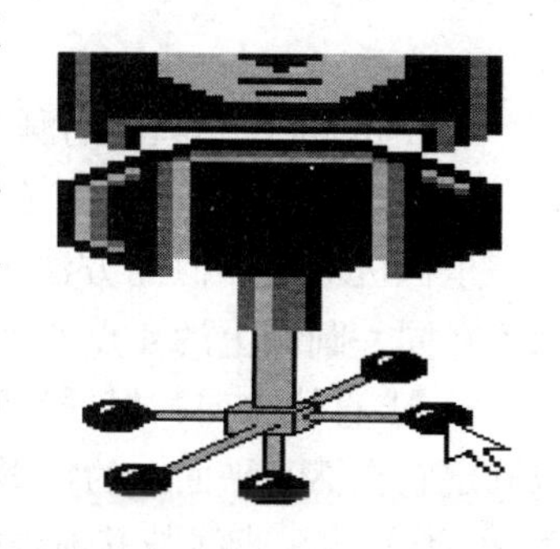

图 10-15　星形测头

(1) 坐标变换：在三坐标测量机中，存在三种坐标系，如图 10-16 所示。

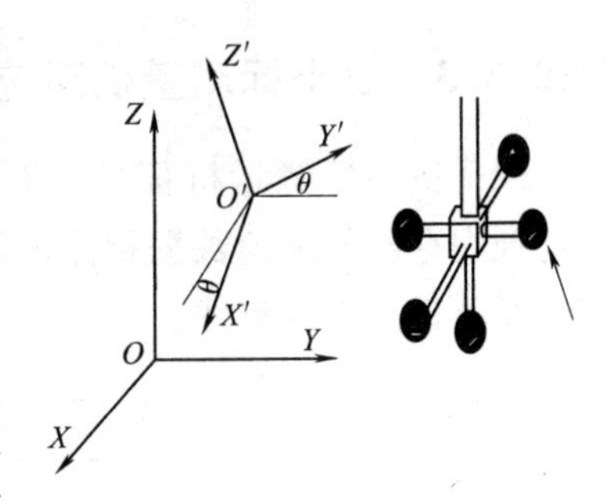

图 10-16　三种坐标系

(2) 测头坐标系 (A, B, C)：不同测针在此坐标系中有不同的坐标位置，引起测量数据基准不统一。测头校验，相当于将不同位置的测针统一到一个位置固定的“虚拟”测针上。

(3) 三坐标测量机坐标系 (X, Y, Z)

(4) 工件坐标系 (X', Y', Z')：从三坐标测量机测长系统采到的测量数据是相对于测量机坐标系的，但工件的尺寸要求是标注在工件坐标系中的，两者需要统一。传统的机械和光学坐标系的测量中，需调整测量坐标系或工件坐标系，使两者互相平行或重合。在三坐标测量机中，则可以通过软件，将测量机坐标数据转换到工件坐标系中来，相当于建立一个“虚拟”的与工件坐标系重合的测量坐标系。这个虚拟的坐标系有软件形成，可随工件位置而变，故称为柔性坐标系。

(5) 建立坐标系：按工件的实际位置确定虚拟坐标系的位置，即测定工件坐标系与测量机坐标系的相对位置。

(6) 坐标转换：每次测量后，用程序将采得的测量机坐标值转换到工件坐标系中，再进行几何参数计算。

$$\begin{pmatrix} X \\ Y \\ Z \end{pmatrix} = \begin{pmatrix} l_1 \\ l_2 \\ l_3 \end{pmatrix} \begin{pmatrix} m_1 & n_1 \\ m_2 & n_2 \\ m_3 & n_3 \end{pmatrix} \begin{pmatrix} x' \\ y' \\ z' \end{pmatrix} + \begin{pmatrix} g \\ h \\ k \end{pmatrix}$$

(7) 几何参数计算：根据工件表面各测点的坐标值，计算各种几何参数值。

1) 两点间距离的测量：A (x_1, y_1, z_1)，B (x_2, y_2, z_2) 两点的距离 L 可由下式计算：

$$L = \sqrt{(x_2 - x_1)^2 + (y_2 - y_1)^2 + (z_2 - z_1)^2}$$

2) 圆的直径和圆心的测量：测量圆上任意三点的坐标值 (x_1, y_1)，(x_2, y_2)，(x_3, y_3)，则圆心 C 的坐标 x_C、y_C，半径 R 通过公式即可计算出来，在三坐标机上用类似的方法可以测量球面的曲率半径，这时，需在球面上测取不在同一圆周上的 4 点的坐标值。

3) 求直线方向：根据空间两点 P_1 (x_1, y_1, z_1)，P_2 (x_2, y_2, z_2)，可以确定它在 XY 平面上的投影与 X 轴夹角 θ，直线与同 XY 面相垂直的轴的夹角 β。类似的，直线与其他坐标轴的夹角，直线在其他坐标平面的投影与坐标轴的夹角也可计算出来。

对于形位误差评定，应用比较普遍的是最小二乘法。最小区域法是最合理的评定方法，但算法较为复杂，有的形位误差的数据处理，如圆柱度的评定，只能是近似计算。计算机数控三坐标测量机能实现自动测量。测量时可用预先编好的程序或采用“学习程序”。学习程序是模拟人工测量的方式来编制程序的。计算机记录下第一个零件手工测量的全过程，包括测头移动的轨迹、测量点坐标、子程序的调用等，作为这一批零件的测量程序。在测量同批零件时，可反复调用此程序，并通过数控伺服机构控制测量机按程序自动测量。这种方法可缩短编程时间，提高测量效率。

10.4　机械零件检验

在机械制造使用过程中，机械零件的检验工作始终占据着重要地位，机械及其零件通过检验确定其技术状况和所要采取的工艺措施。上节已提到对机械零件的检验包括零件几何精度的检验和表面质量的检验，不同零件由于其使用特性的不同，对这两方面的要求和侧重点各不相同。实际生产中，企业应根据实际情况来合理地把控零件检验标准，既要避免标准过低造成零件质量不合格，又要避免标准过高对企业造成不必要的负担和成本压力。

10.4.1　轴类零件的检验

众所周知，轴类零件是五金配件中经常遇到的最典型的零件之一，它的作用是用来支承传动零部件，同时传递扭矩和承受载荷。按轴类零件结构形式不同，一般可分为阶梯轴、异形轴和光轴三类，或分为空心轴、实心轴等。轴的检验主要是对几何要素的检验，从而判定轴类零件是否合格。

轴径的检验主要为几何尺寸的检验、形状位置的检验和表面粗糙度的检验。在大批量生产过程中，中、低精度的轴一般情况下用极限量规来检验。若生产批量较小，或需要得到被测工件的实际尺寸时，中、低精度的轴常用外径千分尺、内径百分表、游标卡尺等普通仪器测量。高精度的轴可采用机械式比较仪、万能测长仪、接触式干涉仪等精密仪器进行检测。具体工具的使用方法参考上节内容。

10.4.2　盘类零件的检验

通常情况下，盘类零件是机械加工中常见的最典型的零件之一，起导向和支撑作用。盘类零件由于在使用过程中多需与其他机械零件相配合，所以一般有较高的尺寸精度，形状精度、表面粗糙度和同轴度。盘类零件的主要表面是孔，所以对盘类零件的检测主要是对孔的检测。

1. 孔的检验要素

(1) 孔的技术要求

一般情况下，孔是套筒类零件起导向和支撑的主要表面，通常与运动的刀具、轴或活塞相配合。通常情况下孔的直径尺寸公差等级一般在 IT6～IT9，常用 IT7。精度要求较低可取 IT9，精密轴套可取 IT6。

(2) 孔与外圆的同轴度要求

配套零件和孔同轴度要求较高时，一般为 0.01～0.05 mm。对于批量生产的零件，检验两个孔的同轴度时，可使用同轴度验棒。如果是单件生产，可将工件放在镗床或铣床的工作台上找正，将磁力表座、杠杆式百分表固定在刀杆上，慢慢旋转，测一个孔，移动工作台，之后测另一个孔，观察百分表的数值变化和数值方向和大小的变化，即可测出两个孔的同轴度。

(3) 孔与孔之间的位置度要求

通常情况下，我们根据零件的功能要求，位置度公差可分为给定一个方向、给定相互垂直的两个方向和任意方向这三种情况。位置度常用于控制具有孔组零件的各孔轴线的位置误差，公差一般为 0.01～0.1 mm。

(4) 轴线与端面的垂直度

如果盘类零件的端面在工作中承受轴向载荷，或是作为装配基准和定位基准，这是端面与轴线有较高的端面圆或垂直度跳动要求，一般为 0.02～0.05 mm。

(5) 孔的表面粗糙度

为了保证零件的提高耐磨性和功用，孔的表面粗糙度 Ra 一般为 1.6～0.2 μm，要求高的精密套筒 Ra 可达到 0.04 μm。粗糙度的测量可按前述方法进行。

2. 孔的尺寸检测方法

低精度的孔通常情况下多用极限量规来检验。若生产批量小，亦或是需要得到被测工件的实际尺寸时，内径千分尺、中、低精度的孔常用游标卡尺、内径百分表等普通计量器具测量；高精度的孔可采用光学比较仪、显微镜等精密仪器进行测量。

表 10-3　孔的尺寸检测方法

测量器具	适用范围
塞规	测量内表面尺寸，如孔径和槽宽
内径百分表	相对测量法测量孔径、槽宽的尺寸
内径千分尺	不能测通孔的零件
卡钳	间接测量须有钢直尺或其他刻度线量具配合

10.4.3　叉架类零件的检验

叉架类零件的形态比较复杂，一般情况下为不对称零件，一般都有板、肋、杆、座、筒、凸台、凹坑等结构，例如支架、连杆、拨叉、吊架、摇臂等，这些都属于叉架类零件。不同的叉架类零件所具有的形状、结构没有一定的规则，且具有多种不同的形体机构，但是多数叉架类零件的主体部分可以分为固定、工作及连接三大部分。

1. 叉架类零件的检验要素

叉架类零件一般以孔的中心线或轴线、重要的安装面、对称平面或端面为主要尺寸基准。定位尺寸较多，常见的有孔的中心线或轴线之间的距离、孔的中心线或轴线到平面间的距离。

图 10-17　龙门吊架

叉类零件的技术要求按功用和结构的不同而有较大的差异。主要孔的精度一般要求较高，IT6～IT7 级；孔与孔、孔与其他表面的相对位置精度要求也较高，常有垂直度、平行度、平面度等要求；通常情况下工作表面的粗糙度 Ra 值都小于 1.6 μm。

2. 叉架类零件的测量方法

主要用到钢尺、游标卡尺、内游标卡尺等进行几何尺寸的测量，表面粗糙度可由比较法、光切法、干涉法得出。仪器的使用方法见上节。

10.4.4　螺纹类零件的检验

螺纹是指在圆柱或圆锥母体表面上制出的具有特定截面、螺旋线形的连续凸起部分。螺纹按不同特征可有多种分类，例如按其在母体所处位置分为内螺纹、外螺纹；按其截面形状（牙型）可分为矩形螺纹、三角形螺纹、锯齿形螺纹、梯形螺纹；按螺纹几何性质和使用要求可分为普通螺纹、传动螺纹、密封螺纹等。螺纹的检验主要是检验螺纹各个要素对互换性和旋合性的影响，包括螺纹中径的误差、螺距偏差、牙侧角偏差等。

螺纹的检测分为单项检测和综合检查两种。同时检测螺纹的几个参数称螺纹的综合检测。综合测量能够检验螺纹合格与否，一般情况下但不能给出各项参数的具体数值，因此螺纹测量最终要落到单项参数的测量上。螺纹单项检验主要有顶径、底径、中径、螺距和牙形半角测量因素，所以检验螺纹零件是否合格主要围绕这五个参数进行。

一般情况下螺纹的顶径可用内、外径量具检测，底径需要控制其最大实体尺寸，保证旋合时不发生干涉现象即可，故这里只对螺距、螺纹中径和牙形半角检测方法进行介绍。

(1) 三针法测量螺纹中径

还有一种间接简易测量中径的方法叫做三针测量法。测量时将直径相同的三根量针放在被测螺纹的沟槽里，其中两根放在同侧相邻的沟槽里，另一根放在对面与之相对应的中间沟槽内，如图 10-18 所示。用杠杆千分尺，测出量针外廓最大距离 M 值，然后通过下面公式计算，从而得到被测螺纹的中径 M。

$$M=d_2+2(A-B)+d_0$$

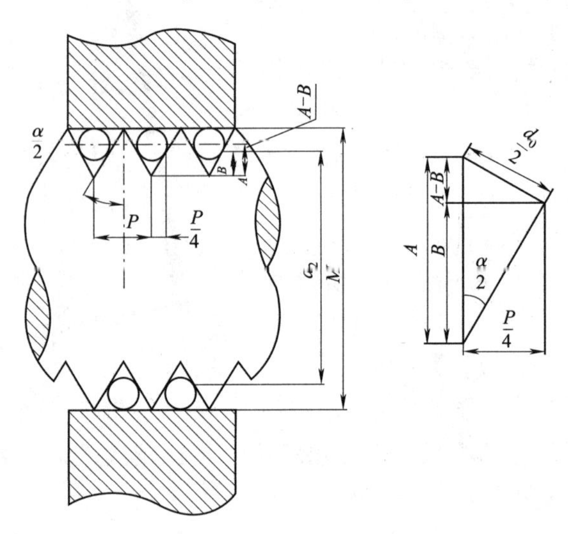

图 10-18　三针法测量螺纹中径

由图知：

$$A=\frac{d_0}{2\sin\frac{\alpha}{2}} \qquad B=\frac{P}{4}\cot\frac{\alpha}{2}$$

代入上式，经整理得：

$$d_2=M-d_0\left(1+\frac{1}{\sin\frac{\alpha}{2}}\right)+\frac{P}{2}\cdot\cot\frac{\alpha}{2}$$

对于公制螺纹，用 $\alpha=60°$，则：

$$d_2=M-3d_0+0.866P$$

式中：d_0——量针直径；P——螺纹螺距。

为了消除牙型半角误差对测量结果的影响，通常选择最佳直径的量针，使得其在螺纹侧面的中径线上接触。量针最佳直径 $d_{最佳}$ 通常可以按下式计算。

$$d_{最佳}=\frac{P}{2\cos\frac{\alpha}{2}}$$

对于公制螺纹：　　　　$d_{最佳}=0.577P$

在使用三针法测量螺纹中径，一般情况下可按以下步骤进行：

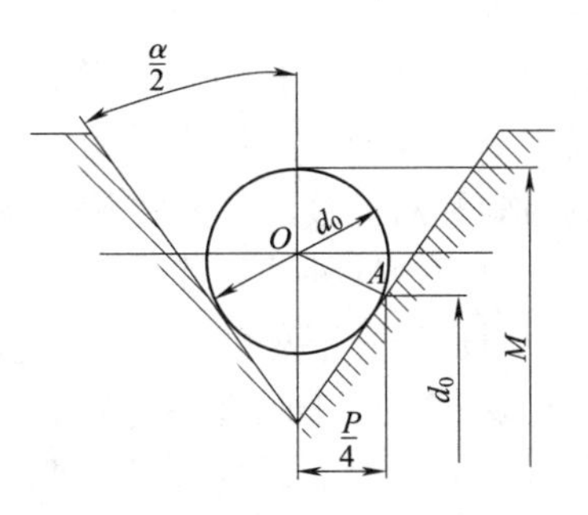

图 10-19　测量公制螺纹中径

①根据被测螺纹的螺距，计算然后选择最佳量针直径。

②擦净被测螺纹，并将其夹持在支架上；擦净杠杆千分尺，并调整零位。

③将量针放入螺纹沟槽内，旋转杠杆千分尺的微分筒，使得两测头与量针接触，然后读出 M 值。

④在同一截面相互垂直的两个方向上分别测出 M 值，并将其平均值代入公式计算出螺纹中径。

⑤最后判断被测螺纹中径的合格性。

(2) 用螺距规检测螺距

一般情况下，螺距规（图 10-20）是成套的不同螺距的钢片，上面刻有螺距数值，其螺距与牙型角都做得比较准确。使用时可用试验的办法，看哪一片最能和被测螺纹吻合，即可确定被测螺纹螺距的实际尺寸。

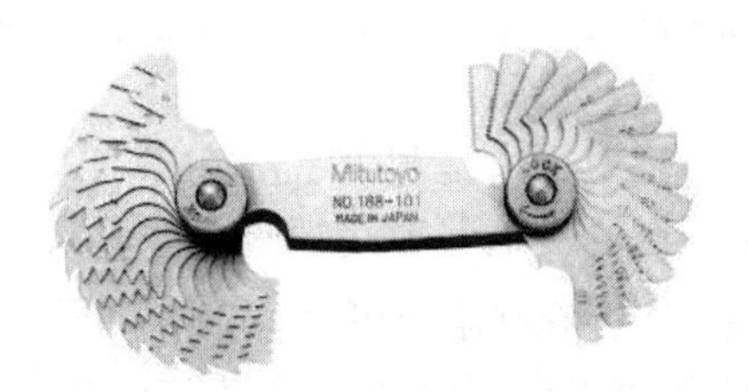

图 10-20　螺距规

10.5　焊缝及铸锻毛坯的质量检验

焊接后焊件之间所形成的结合部分称为焊缝。焊缝按焊缝截面不同，可分为角焊缝和对接焊缝；按形状可分为角焊缝、平焊缝、船形焊缝等。

铸件是把冶炼好的液态金属浇注到预先制好的磨具中，冷却成型后经打磨等后续加工得到具有一定形状、尺寸和性能的物件。

通过利用锻压机械对金属坯料施加压力，使其产生塑性变形以获得具有一定机械性能、一定形状和尺寸的零件称为锻件。

在使用过程中焊缝、锻件和铸件的质量将影响机械正常运转和后续使用，所以对这三种产品的检验也显得尤为重要。

10.5.1 焊接焊缝的质量检验

焊接缺欠主要包括焊接裂纹、固体加杂、未熔合、孔穴、未焊透和形状缺陷等。焊接缺欠会减少焊缝截面积，造成焊接处应力集中，从而引起焊接件疲劳强度和承载能力的降低，严重影响焊件性能，所以对焊缝的质量检验是十分必要的。焊接质量的检验通常包含对焊缝外形尺寸检验、对焊接缺陷的检验和对焊接成品的密封性检验和压力检验。

（1）焊缝外形尺寸检验

对焊缝外形尺寸检验可直接肉眼观察测量焊缝的形状，或借助于放大镜进行观察；对于眼睛不能接近的被焊结构件可借助于工业内窥镜等工具进行观察实验。通常情况下对焊缝外形尺寸的测量，可以借助量规和标准样板。

图 10-21　焊缝

（2）焊接焊缝的无损检验

对焊接焊缝的检验可采用多种方法，常见的有辐射方法、声学方法、磁粉检验法、渗透检测法等。

辐射方法是利用密度差异和厚度变化所引起的对辐射射线的吸收差异来检测焊缝是否存在缺陷。可分为计算机层析成像检测、X 射线照相检测、中子辐射照相检测等，其中应用最为广泛就是 X 射线照相检测法。它通过采用专用底片记录透过被检焊缝未被吸收的射线来检测不同位置对射线吸收量的变化，从而判断缺陷的性质、形状、大小和分布。

声学方法中的超声波检测、超声波脉冲回波法、超声波共振法声发射等方法是利用声波在介质中传播时产生衰减，遇到界面产生反射性质来检测缺陷，通过对透过被检件的超声波或反射的回波进行显示然后分析，可以确定缺陷是否存在及其位置。声发射方法是借助受应力材料中局部瞬态位移所产生的应力波一声发射进行检测的动态无损检测方法。典型的声发射源一般情况下是与缺陷有关的变形过程，声发射检测通常就是在加载过程中进行的，一般情况下，这属于动态检测。

通常情况下磁粉检测就是利用当被检材料或零件被磁化时，近表面缺陷处由于磁的不连续会产生漏磁场漏磁场的存在即缺陷的存在的原理来进行检验的，检测时常常通过借助漏磁场处聚集和保持施加于工件表面的磁粉形成的显示可指示出缺陷的尺寸、位置、形状以及程度。

基于毛细管现象揭示非多孔性固体材料表面开口缺陷的无损检测方法称

为渗透检测方法。通常将液体渗透液借助毛细管作用渗入工件的表面开口缺陷中，再用去除剂清除掉表面多余的渗透液，然后将显现剂喷涂在被检表面，之后经毛细管作用，缺陷中的渗透液被吸附出来并在表面显示。

（3）焊接焊缝的力学检验

焊接的力学性能主要通过拉伸、弯曲、冲击和硬度等方法检验。通常情况下大多数焊接接头力学性能试验用式样制备、试验条件及试验要求等常常会有相应的国家标准。试验主要包括：焊接头拉伸试验、焊缝及熔敷金属拉伸试验、焊接接头弯曲及压扁试验和焊接接头冲击试验。

（4）焊接焊缝的金相检验

金属材料焊接成型的过程中，由于焊缝区域受局部不稳定高温的作用，所获得的焊接组织会有很大的差异，从而导致机械性能的变化。对焊接接头进行金相分析，是对接头性能进行分析和鉴定的一个重要手段，包括宏观和显微分析两方面。

宏观分析是指用肉眼、放大镜或低倍显微镜观察与分析焊缝成形、焊缝金属结晶方向和宏观缺陷等。通过宏观分析，根据端口分析可以了解焊接缺陷的产生部位、形态和扩展情况。

显微分析是借助于光学显微镜或电子显微镜进行观察、焊接热影响区的组织、分析焊缝的结晶形态、分布特点以及微观缺陷等。焊缝的显微组织有焊缝铸态二次固态相变组织和一次结晶组织。一次结晶常表现为各种形态的柱状晶组织。一般情况下，柱状晶越粗大，杂质偏析越严重，焊缝金属的力学性质越差，裂纹倾向越大。

10.5.2　铸造毛坯的质量检验

铸件质量可分为外观、内在和使用三方面的质量。外观质量指表面粗糙度、表面缺陷、尺寸偏差、形状偏差等；内在质量主要指铸件的物理性能、化学成分、以及内部的孔洞、机械性能、夹杂、裂纹、偏析等情况；使用质量指铸件在不同条件下的工作耐久能力，包括耐磨、疲劳、耐腐蚀、吸震等性能以及被切削性、可焊性等工艺性能。铸件常见的缺陷有：粘砂、气孔、夹砂、缩松、砂眼、胀砂、冷隔、缩孔、浇不足、缺肉，肉瘤等。铸件中的缺陷会造成应力集中、铸件的抗冲击性和抗疲劳性下降等影响，严重影响铸件的正常使用。

1．铸件外观质量检验

铸件外观质量检验项目包括表面粗糙度、形状、尺寸、表面缺陷、重量偏差、表面硬度等。尺寸检测和铸件形状，一般情况下就是检查铸件实际尺寸是否落在铸件图规定的铸件尺寸公差带内。铸件的尺寸公差参考下表：

表 10-4 铸件尺寸公差数值（mm）GB6414-86

基本尺寸		公差等级 CT															
大于	至	1	2	3	4	5	6	7	8	9	10	11	12	13	14	15	16
—	10	—	—	0.18	0.26	0.36	0.52	0.74	1.0	1.5	2.0	2.8	4.2	—	—	—	—
10	16	—	—	0.20	0.28	0.38	0.54	0.78	1.1	1.6	2.2	3.0	4.4	—	—	—	—
16	25	—	—	0.22	0.30	0.42	0.58	0.82	1.2	1.7	2.4	3.2	4.6	6	8	10	12
25	40	—	—	0.26	0.32	0.46	0.64	0.90	1.3	1.8	2.6	3.6	5.0	7	9	11	14
40	63	—	—	0.26	0.36	0.50	0.70	1.0	1.4	2.0	2.8	4.0	5.6	8	10	12	16
63	100	—	—	0.28	0.40	0.56	0.78	1.1	1.6	2.2	3.2	4.4	6	9	11	14	18
100	160	—	—	0.30	0.44	0.62	0.88	1.2	1.8	2.5	3.6	5.0	7	10	12	16	20
160	250	—	—	0.34	0.50	0.70	1.0	1.4	2.0	2.8	4.0	5.6	8	11	14	18	22
250	400	—	—	0.40	0.56	0.78	1.1	1.6	2.2	3.2	4.4	6.2	9	12	16	20	25
400	630	—	—	—	0.64	0.90	1.2	1.8	2.6	3.6	5	7	10	14	18	22	28
630	1000	—	—	—	—	1.0	1.4	2.0	2.8	4.0	6	8	11	16	20	25	32
1000	1600	—	—	—	—	—	1.6	2.2	3.2	4.6	7	9	13	18	23	29	37
1600	2500	—	—	—	—	—	—	2.6	3.8	5.4	8	10	15	21	26	33	42
2500	4000	—	—	—	—	—	—	—	4.4	6.2	9	12	17	24	30	38	49
4000	6300	—	—	—	—	—	—	—	—	7.0	10	14	20	28	35	44	56
6300	10000	—	—	—	—	—	—	—	—	—	11	16	23	32	40	50	64

（1）铸件表面粗糙度的评定

一般情况下铸件表面粗糙度是用来衡量未经过机械加工的毛坯铸件表面的重要指标。铸件表面粗糙度，我们用其微观不平度十点高度 R_z 或者表面轮廓算数平均偏差 R_a 进行分级，同时并按照 GB/T6060.1—1997《表面粗糙度比较样块——铸造表面》的规定，然后由全国铸造标准化技术委员会监制的铸造表面粗糙度比较样块进行评定。

（2）铸件重量偏差的检测

组建实测重量与公称重量的差值占铸件公称重量的百分比称为铸件重量偏差。其允许偏差的标准通常按照按照 GB/T 11351-1989《铸件重量公差》来确定。

（3）铸件表面和近表面缺陷检验

对铸件表面和近表面缺陷检验可采用目视外观检验、磁粉检测和渗透检测。用肉眼或借助低倍放大镜检查暴露在铸件表面的宏观缺陷通常叫做目视外观检验。磁粉检测和渗透检测方法在上节对焊缝的检验方法中已介绍。

2. 铸件的内在质量检验

铸件的内在质量检验包括对显微组织、力学性能、内部缺陷、化学成分和特殊性能的检验。

铸件力学性能检验一般包括抗拉强度、屈服强度、断后伸长率、端面收缩率、挠度、冲击吸收能量和硬度。可由拉伸试验机、冲击试验机、弯曲试验机和硬度仪来测定。

对铸件内部缺陷的无损检测及金相组织检验和对焊缝检验所采用的方法相同。

一般情况下，对于非铁合金以及要求特殊性能的高合金铸件和特种铸铁件，我们常常把化学成分作为铸件验收条件之一，同时采用光谱分析法或化学分析法进行检验。

铸件的特殊性能包括摩擦性能、耐热性、耐腐蚀性、防爆性能、减振性、磁学性能、电学性能、声学性能、压力密封性能等。特殊性能的检验方法应符合有关仪器的方法和标准，或由供需双方协定。

10.5.3　锻造毛坯的质量检验

锻件在锻造加工过程中难免会有锻造缺陷的产生，影响锻件的质量，对锻件的性能及使用寿命造成不确定的影响。因而为了保证或提高锻件质量，除了在工艺上加强质量控制的基础上，我们还应该采取相应措施杜绝锻件缺陷的产生外的方法，还应进行必要的质量检验。以及锻件质量的检验同样可分为外观质量及内部质量的检验。

1. 锻件的外观质量检测

锻件的外观质量检验同样主要是检查锻件的形状、几何尺寸以及表面状态。表面状态的检验内容一般是检查锻件表面是否有表面橘皮、裂纹、折皱、压坑、凹坑、缺肉、碰伤、划痕等缺陷。通常情况下，外观质量的检验一般属于非破坏性检验，也会用肉眼或低倍放大镜进行检查，也可采用磁粉检验、荧光检验、着色渗透探伤等无损探伤的方法。其中磁粉检验只适用碳钢、工具钢、合金结构钢等有磁性的材料；荧光检验可用于非铁磁类材料。

2. 锻件的内部质量检测

在我们的检查过程中，内部质量的检验，由于其检查内容的要求，有些务必要采用破坏性检验，这也就是通常所讲的解剖试验，如断口检验、高倍组织检验、低倍检验、化学成分分析和力学性能测试等；有些也可以采用无损检测的方法。同时为了更准确地评价锻件质量，我们常常也将破坏性试验方法与无损检测方法结合起来使用。

通常锻件内部质量的检验方法可归结为：微观组织检验法、力学性能检验、宏观组织检验法、无损检测法和化学成分分析法。其力学性能检验、化学成分分析和无损检验所采用的方法同铸造件和焊缝的检验方法是一致的。

(1) 宏观组织检验

锻件的宏观组织检验就是采用目视或者低倍放大镜来观察分析锻的低倍组织特征的一种检验。一般情况下锻件的宏观组织检验常用的方法有低倍腐蚀法、硫印法和断口试验法。

1）低倍腐蚀法。低倍腐蚀法用以检查不锈钢、结构钢、铝及铝合金、高温合金、铜合金、镁及镁合金、钛合金等材料锻件的折叠、裂纹、白点、缩孔、非金属夹杂、疏松、流线的分布形式、偏析集聚、晶粒大小及分布等。

2）断口试验法。断口试验法用以检查不锈钢（奥氏体型除外）的白点、层状、内裂等缺陷、结构钢、检查弹簧钢锻件的石墨碳及上述各钢种的过烧、过热等，对于镁、铝、铜等合金用来检查其晶粒是否细致均匀，是否有氧化物、氧化膜夹杂等缺陷。

3）硫印法。硫印法常常应用于某些结构钢的大型锻件，用来检查硫的分布是否均匀以及硫含量的多少。

(2) 微观组织检验法

一般情况下，微观组织检验法则就是利用光学显微镜来检查各种材料牌号锻件的显微组织。检查的项目一般有本质晶粒度或非金属夹杂物、实际晶粒度、显微组织，如共晶碳化物不均匀度、过热组织、脱碳层、过烧组织及其他要求的显微组织。

10.6 质量监控

质量监控是指采用一系列的技术和管理手段对产品质量进行管控，使其满足要求的行为。质量监控和产品检验一样作为产品质量管理的一部分，是产品生产过程中不可或缺的组成部分。通过质量监控能够使产品的生产过程处于受控状态，预防不合格产品的产生，及时发现并纠正不合格项，从而使产品质量得到持续改进和不断提高。

质量监控通过运用各种有效的控制技术对质量管理体系、产品实物质量和产品制造过程进行状态识别、过程检验、故障诊断、参数调整、系统优化等活动，这使产品的质量和生产过程始终处于受控状态。从管理和技术层面来分，质量监控可分为质量管理体系监控、过程质量监控和成品质量监控三个方面。

质量管理体系监控是通过对产品生产工程中的质量管理体系进行监控，评价其符合 GJB9001A-2001 标准的程度，监督和控制质量管理体系的有效运行，来确保质量管理体系能够满足产品生产过程的需要，推进其有效运行和持续改进。

过程质量监控是针对产品生产全过程而言的，主要包括生产准备状态监控、外购原材料和器材监控、生产过程工序质量监控、产品标识和可追溯性监控、批次管理监控、不合格品监控和质量记录监控等，通过对这些生产环节进行质量监督、质量控制、质量管理和质量改进等活动，使整个生产过程实现可控。

成品质量监控是保证产品质量的最后一关，控制成品质量对提高产品质量水平有着重要的作用。由于部分质量问题的不确定性和潜在性，在生产过程中难以发现或解决，只有在最终形成产品时才得以暴露，因此只有通过对成品进行出厂检验，才能消除一部分潜在的质量问题。

随着生产制造技术和生产模式的不断发展，质量监控理论与技术也越来越完善和先进。计算机辅助质量监控技术（CAQC）、基于因特网技术的网络化制造技术和协同质量监控技术、基于虚拟现实（VR）技术以及在虚拟制造环境下质量监控技术以及 6σ 质量管理技术等各种新型的质量监控技术都得到了迅速发展，随着这些新的监控技术的成熟应用，产品质量将会得到极大的提升，从而降低产品成本、提升资源利用率，提高企业的生存力和竞争力。

第 11 章 现代陶艺制作

11.1 现代陶艺概述

当今社会正处于后工业时代，而“现代主义”的出现，是以现代人的态度、价值观和行为方式来显现，以一种精神理念和一种心理表现来传达，是短暂的、偶然的，它代表着我们当今“文明形式”的时代特征之一。

中国商代中期发明了原始青瓷，东汉时期瓷器开始成熟，宋代更是成立了五大官窑，对瓷器有了更高的艺术追求。河南汝州的汝瓷，禹州的钧瓷，浙江龙泉哥窑的青瓷，定窑的白瓷，各具特色，景德镇作为宋代官窑，至今仍是世界陶瓷的烧造中心，在历史上有过许多发明创烧。晚唐、五代的“青瓷”“白瓷”，宋代的“影青瓷”、元代的“青花瓷”、大明朝的“五彩”、康熙的“古彩”、雍正的“粉彩”等等，每一个时代都有标志性的新瓷种，中国的瓷器一度占领了世界大部分的陶瓷市场，得到了世界人民的瞩目。“现代陶艺”是从传统陶瓷艺术中衍生出来的一门艺术，它摆脱了传统意义上的陶瓷的实用性与装饰性的束缚，注重个性的张扬，强调陶艺自身独特的语言和审美取向，它的生命在于艺术家的创新思维和对艺术不断探索的精神。

中国的传统陶瓷以实用主义的日用瓷为主，而现代陶艺则注重精神领域的开拓与表达，是属于现代陶瓷艺术文明的一个分支，与传统陶瓷不同的是，它充满着创造性的前卫观念和新的思考，是在现代高科技快速发展的当下，张扬艺术家个性审美及人文观念的陶瓷艺术，这使得当代陶艺充满了象征与浪漫的气质。在大工业革命时期，古典主义最终解体，后工业时代的来临使得象征主义、浪漫主义迅速回归，现代陶艺的兴起与快速发展印证了存在主义、未来主义将得到升华与凝固，而这一切从古典到现代、实用到象征的变化，使陶瓷与生俱来的古典气质与独特的艺术魅力融会了其一万多年的真实历史。她凝聚了泥土之生机，善水之气度，艺术之魅力，更是泥与火的激情对话！

古典主义作为一种艺术思潮，它的美学原则是用古代的艺术思维与规范来表现当代艺术，现代陶艺继承了古典陶瓷艺术的独特气质与魅力，但偏重于发挥艺术家自己的想象和创造，摆脱了古典主义审美的羁绊及工业化、机械化带来的麻木。现代主义的艺术家们对待现代科学和机械文明的心理和态度是复杂的，他们对工业社会人性的贬值、机械的升值表示不满。但这丝毫并不意味着现代陶艺发展与工业社会的进程相反。事实上，工业、科技文明剧烈地改变着现代社会的面貌，从精神上有力地推动了现代陶艺的迅速发展。现代主义的观念和审美对当今社会起到了一种审美导向的作用！

11.1.1　现代陶艺发展与现状

现代陶艺注重艺术家个人情感的表达，是西方现代主义在陶艺领域的一个呈现。

现代派是20世纪以来具有前卫思潮特色、与传统艺术分道扬镳的艺术流派。现代工业的兴起，使得人与人之间的关系越来越疏远，冷漠，孤僻。两次世界大战，西方的文明被抛进了一场深刻的危机之中，现代主义就在这样的背景下诞生。现代主义艺术家们在美术作品里采取愤怒的态度表现丑和恶，现代艺术作品中的场景总有梦魇的特征，表现出荒谬、混乱、猥琐、邪恶、丑陋、意识颓废或玩世不恭的倾向，其艺术形式千变万化，没有固定的形式，强调“从着魔状态下清醒过来”，是“天真状态的结束。”

现代陶艺就是在现代主义美术思潮影响之下诞生的，二十世纪五十年代，以美国陶艺家彼得·沃克斯为首的一些青年教师深受现代主义思潮影响，开始了西方现代陶艺革命。他们冲破传统陶艺的实用性，以实验性和自由的手法进行陶瓷艺术的创作。他们认为，传统陶艺表现无法把人的个性从集体意识中解放出来，只有用这种方法才能更深刻更准确地把人的个性和复杂的心理体验表现出来，几乎在同一时期，东方的日本京都“走泥社”，以八木一夫为代表的一群年轻的陶瓷艺术家开始了现代陶艺革命，他们在现代陶艺创作过程中，追求陶瓷材料的肌理美、残缺美，尝试陶瓷材料语言多种表达的可能性，使陶艺得到更加千变万化，自由发挥，充分体现“泥与火”的艺术魅力。

现代陶艺在美国兴起以后，不断发展，风靡全球。

20世纪80年代末90年代初，现代陶艺伴随着中国改革开放和国门的打开而传入，并渐渐形成了自己的艺术特色。受西方现代艺术观念影响，逐渐在形式及创作思维方面从传统意识中脱离出来，冲破一切旧的表现形式和手法，开发新的技术材料，从既定的模式中寻找断裂口和突破点。多年的发展过程中，许多艺术家功不可没：祝大年、高庄、梅健鹰、陈若菊可算是第一代倡导者，而后张守智、周国桢、杨永善、陈进海、秦锡麟、姚永康等为中国陶艺的发展做了多方面的有益的尝试，为全国各大院校培养艺术人才作出了一定的贡献。现在的陶艺界涌现了一批风格迥异的陶艺家，陶艺也因这些艺术家的参与而变得越来越丰富多彩。国家的飞速发展、经济的繁荣，以及对外交流的不断融合与互动，使我国的现代陶艺不断的焕发出蓬勃的生机，同时，几乎所有的美术院校都开设了现代陶艺课程，现代陶艺教育得到了很好的普及，新的观念、新的思想、各种材料的运用与情感的表达都在这个时代初绽光芒。

China 代表的不仅是一个国家的名称，还代表陶瓷。

互联网与全球化的时代，促进了人类文明的相互影响，陶艺家们从东半球到西半球，或从西半球到东半球，已经不是一件难事。文明的相互促进与融合，正在迅速发展。但艺术和科技不一样的地方就是，科学技术可以一路高歌猛进的创新，而艺术却要不断地溯源和寻根，回到文化的原点重新思考未来之路，就像文艺复兴，一方面是地理大发现开阔了西方人的眼界，另一方面是大量的考古发现，人们从古希腊和古罗马的遗迹中寻找智慧的启迪。中国的陶瓷艺术也一样，我们要从全球化中开阔自己的视野，同样也要在文化自觉中，重新思考我们的文化历史，景德镇几千年的积累，之所以世界许多的陶艺家源源不断地来到景德镇，就是这里曾是他们心中的“麦加”、“圣地”。

从整个艺术发展史看，中国并没有经过现代主义艺术这个阶段，直接跨入了西方的“后现代主义”时期，所以中国现代陶艺的兴起受到了西方现代艺术和后现代主义各种思潮的综合影响。纵观中国现代艺术发展的各个时期，80 年代中国现代陶艺主要是对西方现代主义艺术的一种模仿和“追赶”，到 90 年代之后，随着中国综合国力的崛起，建立了文化自信，中国现代陶艺逐渐回归中华民族语言，并形成一种文化自觉，朝多元化发展。现代陶艺作为中国现代艺术的一个分支，从对西方现代艺术的模仿，到后来思考自身民族文化价值，寻求自己的民族语言，建立自己的艺术风格。中国的现代陶艺家除了有自身潜意识的民族情结和审美追求之外，也离不开对西方一些现代艺术形式的借鉴，在这个转变过程当中，后现代艺术思潮的一些观念正好符合了中国艺术家这种寻找自身民族语言的心理。

艺术如何薪火相传？民族的就是世界的，从关注现当代到历史溯源，这就是我们今天要走的路。历史并不仅仅属于过去，历史活在今天也活在未来，同时现代也不仅仅属于现代，它的根通向远古，扎向历史的最深处，就像在日本京都“走泥社”提倡前卫陶艺一样，他们一方面是要打破传统，另一方面追求天然窑变，肌理质朴之美，这些观念又都来自中国的宋代，“走泥”二字就是源于宋钧窑的“蚯蚓走泥痕”一词。

11.1.2 现代陶艺的表现形式

陶艺是最古老的一门“泥与火”的艺术，不同时期、不同地域的陶艺有着其不同的风格和特点，而现代陶艺伴随着现代文明而产生，陶艺创作是艺术家对当今世界的一种认知和表达，通过陶瓷这种特殊的媒材来传达其精神理念，将生活体验、专业知识融于整个陶瓷艺术的创作当中。

现代陶艺在材料选用上，没有粗细优劣之分，而是强调材质个性；在工艺制作上，常常追求技法上的缺陷美；在装饰技法上，追求肌理效果的随机性和窑变效果的偶然性，保持并显露出手工的痕迹：在造型工艺上，打破传统规整有序的对称美，有意造成残缺变形的形态空间。现代陶艺的表现形式丰富多样，可从两方面来分：

1. 从造型上来分

（1）雕塑性的陶艺（如图 11-1）

图 11-1 《人物》(作者 罗小平)

（2）器皿型的陶艺（如图 11-2）

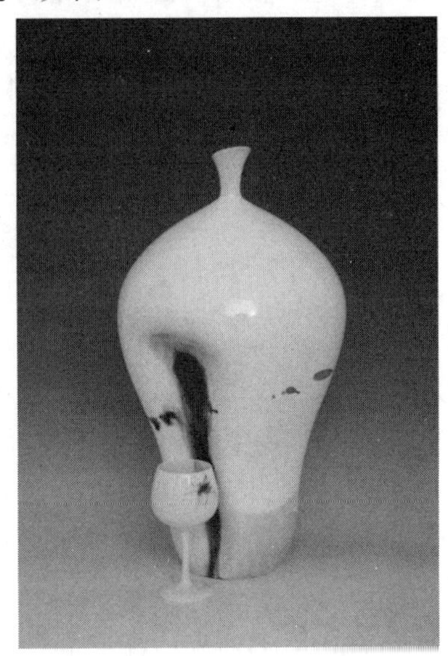

图 11-2 《高脚杯的传说》（作者 张小兰）

2. 从表现手法来分

（1）装饰性的陶艺（如图 11-3）

图 11-3 《印象敦煌》（作者 张小兰）

（2）抽象性的陶艺（如图 11-4）

图 11-4 《天上的云》（作者 张小兰）

（3）具象的陶艺（如图11-5）

图11-5　《和谐》(作者　张小兰)

陶艺的造型和表现形式丰富多样，透过作品，我们可以清晰地读出作者丰富、细腻的内心世界。陶艺语言中蕴含着自然，对自然界山水、花鸟的描绘，是对美好大自然的热爱；对人物、飞禽走兽的塑造，是对世间万物的情感寄托，现代陶艺正以一种特殊的表现形式与传达方式在不断地影响着人们的现代生活，其独特的艺术魅力呈现出一种具有生命的艺术表现力，融合着创作者的美好精神情感世界，也影响着人们的审美取向。

11.2　现代陶艺制作的设备、原材料及工具

11.2.1　现代陶艺的设备

1. 现代陶艺制作的设备

1）成型设备：拉坯机，真空练泥机、常压练泥机、泥板机、泥条器、滚压机、水幕喷釉台、球磨机，车模机，修坯机、搅拌机、振动筛、打浆机，磨底机，内腔淋釉机，手动转台、雕塑转台等。

2）烧成设备：电窑、抽屉窑、乐烧窑、柴窑、推板窑、辊道窑、隧道窑。

2. 设备安装及制作空间

每件陶艺作品的制作都需要几十道工序才能完成，而每道工序都需要特

定的操作场地和安装设备的固定空间，如：成型车间的拉坯机、练泥机、喷釉台的位置；彩绘车间的工作台、各种颜料杯的空间；窑炉车间的窑炉、坯架等的位置；泥料，釉料的保管空间；毛坯，作品的放置空间等等。因此，设备安装及足够大的的操作空间是陶艺创作必不可或缺的要素。

（1）真空练泥机、常压练泥机

一般是用于拉坯之前泥料练制或者回收再加工所用的设备，通过螺旋转动将泥料搅拌均匀，同时利用气压作用将泥料颗粒之间的空气抽出，可增强泥料的可塑性、粘性和适当的干湿度。

（2）球磨机

用来碾磨泥料或者色釉料，是加工磨细的设备，球磨机内装硅球、水和泥料或者色釉料，机器滚动使硅球和泥料相互摩擦达到泥料磨细的功用，不过球磨泥料的球磨机容积大的多，色釉料球磨机小很多。

（3）窑炉

窑炉是陶艺制作最后一道工艺的设备，包括窑车、窑具、烧嘴、电热偶、管道等燃烧系统。窑的种类很多，一般以燃料分有：电窑、气窑、乐烧窑、柴窑；以造型分：抽屉窑、推板窑、辊道窑、隧道窑。

1）电窑：是靠电阻丝发热的一种无焰式的窑炉。一般用来烧制小件作品或用于泥料和釉料的试验，还可用于烧制低温色釉和烧烤釉上彩等。电窑燃料是电，相对其他类型的窑来说，电窑比较安全，安装空间也较小，目前国内院校大都多采用的全自动电脑控温电窑，对于中小型的陶艺制作空间来说使用电窑最为理想，缺点是没有焰性，一般不用于还原焰烧成，烧成效果不是很理想。

2）气窑：气窑烧制效果较好，可氧化和还原两烧，当下基本上采用天然气烧成，环保无污染，品质也大幅度提高，是使用最为广泛的窑炉类型之一。它主要是由热电偶、温度计等组成的温度控制系统，烧嘴、管道等组成的燃烧系统，窑具、轨道、耐高温的箱体等组成的燃烧空间以及烟道等多个部分组成。箱体由耐火砖和高温棉墙体组成，外壁是金属构造，耐 1 400 ℃的高温。可根据需要设计大小不同的体积，升温曲线由电脑或人为控制，由温度表显示当前温度，并由观火孔观测测温锥掌控窑内实际温度。烟道的闸门控制系统可任意调节烧成气氛，确保作品不同的烧制效果。

3）煤窑：燃料是煤，因污染重，煤窑大部分从城市迁到较边远的乡镇。因建煤窑成本低，煤炭资源丰富，一般所建煤窑体积都较大。煤窑有倒烟窑、馒头窑、阶梯窑等，它主要由耐高温窑体、燃烧系统、烧制空间和烟道组成。窑体的内壁耐火砖质量的选择一般根据烧制物件而定。烧制瓷器的耐火砖需抗 1400℃的高温，烧色釉作品还需有密封作品的匣钵，匣钵能层层叠放，大小不同，使窑内空间得到充分利用。为确保有效的温度烧成曲线，需由经验丰富的烧窑陶工来操作。烟道的闸门控制系统可任意调节烧成气氛. 以实现不同作品的烧制效果。

4）柴窑：是烧造陶艺的理想窑炉，因燃料是柴，作品烧制时能产生意想不到的窑变效果，但因环境污染大、能源匮乏，现在中国很少用木材作为烧制陶瓷的燃料，但柴窑所烧造的窑变作品深受人们喜爱。

11.2.2　现代陶艺的泥料应用

陶艺的原材料从古代到当下虽然都没有什么特殊的大的变化，但是其元素的含量和配方有所不同，传统与现代陶艺的差异在泥料的应用上也有所不同。

对于传统陶艺来说，由于交通不便，受泥料地域性的影响，泥料的地域差异对陶瓷生产有着极为重大的影响。适用于制造陶瓷的特殊泥料是矿，不是一般的泥土，并不是随处可见，如江西景德镇的高岭土、江苏宜兴的紫砂泥、湖南洪江的大球泥等等。中国仅有几个地区拥有着地域性差异的特殊泥料，不同泥料的产区形成了不同特色的陶瓷产品的高产区，也就有了不同的瓷种。当地的陶瓷工人只需要考虑一种泥料的性能，熟料运用一种泥料的制造就够了。适用于泥料的成型工艺、装饰手法、烧成工艺等都是相对固定的。

对于现代陶艺来说，随着社会的进步，交通的便利，泥料产地的限制已经不再是大问题，泥料的地域性差异慢慢的消除。现代陶艺家们对泥料的选择自由度较大，能将陶瓷艺术的创新推到前所未有的高度。只要有灵感，陶艺家就可以非常方便地得到所想要的泥料甚至可以自己配制泥料，尝试各种不同性能的泥料的综合应用。泥料选择的便利带来的是更多的机遇和挑战，是传统陶艺走向现代陶艺的关键所在，在设计领域，一种新材料出现能带来一次重大的变革，在制作上，不同性能的新材料可以用不同的手段幻化出无限的可能，带给陶艺家们泉涌般的灵感，呈现给人们的是无数的惊喜。

当陶艺家一触碰到新的不同泥料，手感受到它的水分感、颗粒感，眼感受到它的色泽，鼻感受到它的气味，由此生发的无限艺术灵感，产生无限变化的陶艺作品。

泥料的种类繁多，不同泥料有不同的泥性，而每种泥料的性能千差万别，即使是同一种泥料，带给每个人的感受也不尽相同；不同泥料的糅合，产生的陶艺作品效果也是特殊的、不同的，陶艺家根据不同泥料的质感、颜色、颗粒感、可塑性等将两种甚至两种以上的泥料相互融合，不同的色釉烧制，带来不同的特殊艺术效果，独具魅力。在现代陶艺创作中，除了采用独特的艺术形式表现，很大程度上是通过对材料的全面了解和采用特殊材料的混合来张扬艺术作品的个性和意图的表达，我们在进行陶艺创作前，除造型和装饰外，最先考虑的就是选择什么泥料能够完成创意，能够达到完美的效果，因此，对泥料的选择和调整至关重要。

现代陶艺是艺术家个人思想、情感的表达以及对世界万物的感悟，表现的是精神层面，其追求的是作品的独特性，在陶艺创作中，不同种类的泥料没有优劣之分，就像颜色没有好坏之分一样，因为不同的材质可以表现不同的“美”的艺术效果。如：高白泥色泽白皙光滑、颗粒细腻，适合创作典雅、精致的陶艺作品；而粗陶泥适合创作粗犷、古朴、自然和肌理感强烈的作品。在进行陶艺创作之前，应正确选择符合自己作品的表现手法、创意和艺术效果的泥料，才能更好地创作出令人满意的作品。

泥料的分类，主要从陶艺作品的角度将泥料分为陶泥、炻瓷泥、瓷泥三大类。

1. 陶泥

陶泥颗粒有粗有细，颜色有深有浅，一般按所含的矿物成分、烧结温度和直观效果区分其类别。

1）粗陶泥：颗粒粗，气孔大，结构粗糙，烧制后不透光，收缩率 8%左右，敲击声混浊，一般不宜施釉，烧成温度 900 ℃左右。

2）普通陶泥：气孔较大，结构较粗糙，烧制后不透光，收缩率 10%左右，敲击声较混浊，表面可施透釉，烧成温度 1 100 ℃左右。

3）细陶泥：颗粒较细，气孔较小，结构致密，烧制后不透光，收缩率 15%左右，敲击声较清脆，表面可施各种颜色釉，烧成温度 1 200 ℃左右。

2. 炻瓷泥

介于陶与瓷之间的一种材料，颗粒较细，气孔较小，结构较致密，烧制后透光性差，收缩率 18%左右，敲击声较清脆，坯体较厚，表面可施各种色釉. 断面呈石状或贝壳状，烧成温度 1 230℃左右。

3. 瓷泥

瓷泥颗粒有粗有细. 颜色大多偏白，它同陶泥一样，按所含矿物的成分、烧结温度和直观效果区分其类别。

1）普通瓷泥：颗粒细，气孔小，结构致密，烧制后有一定透光性，收缩率 15%左右，敲击声清脆，坯体较薄，表面可施各种色釉，断面呈石状或贝壳状，烧成温度 1 330 ℃左右。

2）高温高白瓷泥：颗粒很细，气孔很小，结构非常致密，烧制后透光性好，收缩率在 17%左右，敲击声非常清脆，可制作非常薄的坯体，表面可施各种色釉，断面呈石状或贝壳状，烧成温度 1 380 ℃左右。

泥料的几个特性：

1）泥料的可塑性：指在黏土中加入适量的水并加工成泥团，泥团在外力作用下发生形变，但不开裂，当外力除掉后仍能保持形状不变的性能。

2）泥料的结合性：指黏土与具有一定细度的瘠性料混合后，塑造成一定形状的泥坯，当泥坯干燥后仍能保持原形而不松散的性能。

3）泥料的触变性：指黏土加水溶解成泥浆，在静置后发生稠化，但经过搅拌又会恢复流动的性质。

4）泥料的收缩性：用黏上做成的坯料经过干燥和烧成后，由于水分的排除，发生了氧化分解反应以及液相的形成和填充作用等，使黏土坯料孔隙减少，颗粒间距缩短，从而导致泥料的长度和体积缩小的现象。要选择收缩率小的泥料，以避免干燥和烧制中的变形和开裂。

5）泥料的耐火性：黏土在高温下具有抗熔性能，即一定的耐火度，烧成后能保持作品的原状。

11.2.3　现代陶艺的色、釉料选择

陶艺色、釉料它包括釉上彩、釉下彩、色釉、有色化妆土和泥料中整体呈色的材料，是全部着色材料的统称。

1. 色料

可认为是陶艺着色中最基本的发色物质。这种基本发色物质通常是包括各种人工合成的着色化合物、天然着色矿物或金属氧化物。

2. 色剂

是能在泥坯上使色料、彩料呈现颜色的物质，是制造陶瓷色料、彩料和色料的基本原料。

3. 色基

是用着色剂和其他原料配制，经过煅烧后制得的无机着色材料。

4. 熔剂

是熔点较低的高温玻璃态物质和色基配合可以得到低温釉料。

5. 彩料

是能在陶艺坯体或釉面上直接进行彩绘的着色颜料，有釉上彩料、釉下彩料等。

1）釉上彩：有新彩、粉彩、古彩，是在烧成瓷后的釉面上彩绘着色的彩料，经 700 ℃烤花使彩料熔融并附着在釉面上。

2）釉下彩：是在未烧坯体或低温素烧坯体上进行彩绘，然后施一层透明釉，经高温烧制而成，因颜料在釉的下面故称为釉下彩。

①青花釉里红：主要是以氧化钴、氧化铜做呈色剂，用茶叶水调配，经高温烧制呈现蓝色和红色，1 300 ℃还原烧制。

②釉下五彩：是指釉下多彩，以钴、铜、铁、钒、等氧化物做呈色剂，用茶水调配，高温 1 380 ℃还原烧制。

6. 釉

高温时，一种熔融液态无机氧化物覆盖在坯体的表面，冷却时形成一种光亮的玻璃质，称为釉。在釉里加入有色金属氧化物得到色釉。颜色釉料的组成由基础釉、色基。基础釉主要有矿物化合物组成，因成分的配方不同烧结温度也不相同。基础釉的种类很多，一般分为透明釉和乳浊釉两种。色基主要由金属氧化物加工而成。金属氧化物由于烧制气氛、金属离子结构和光源的不同，混合后出现不同的颜色。一般陶艺的釉料烧成温度可分为：1 000 ℃以下低温釉，1 000～1 260 ℃中温釉，1 260 ℃以上高温釉。烧成焰性可分为：还原焰和氧化烧成。

现代陶艺家的作品都具有自己的特色，前卫、时尚而又独特，这种独特就是陶艺家的符号和标识。为了追求构思创新、造型独特、独树一帜的艺术风格，现代陶艺家需要更多种类的釉色来进行创作创新，不仅仅限于传统常见的釉色，更需要表现力丰富、强烈、新颖、有特殊效果的釉色与作品相匹配。

11.2.4 现代陶艺的制作工具

在陶艺成型的过程中，泥料的可塑性极强，大多数比泥料硬的物件都能够改变它的形状，直接用手捏、按、贴、抹、盘、剥也能做出千变万化的造型。然而，复杂多变的造型形仅仅两只手来完成是很困难的。尽管手是最好的工具，但做陶时的一些常备工具也是必不可少。“工欲善其事，必先利其器”，工具运用得当，也能取得一定的特殊效果。

陶艺的常用工具：

1）练泥机：电力传动，炼制坯料，使坯料联系严密、平均。

2）转盘：是现代陶艺创作中不可缺少的工具之一。它是制作陶艺作品的工作台。做陶艺不像绘画那样，自始至终固定一个角度观察，陶艺是三维的、立体的，需要从不同角度各个细节部分观察和制作，不仅陶艺家自身要走动，转盘也要随之而转动。陶艺使用的转盘具有从多角度观察和制作的特点，一般由金属台架和转板组成，台架和转板之间用轮轴相连，转板大小和台架高低由作品尺寸决定。

3）碾锟：用润滑的硬木做成，用于压泥板和泥片，像擀面杖。它的主要作用是制作泥板 ，是非常方便和行之有效的压板工具。

4）泥板机：压制泥板的简略机械设备，有两个圆锟，可调理泥片的厚薄，泥料在两者之间被挤压成所需求的泥片。

5）麻布和帆布：压泥时隔离用，压泥板和泥片时很适用，目标是使工作台和泥片不会粘连。

6）刮刀和修形刀：普遍是木制，也可用塑料或其他物质制成，是手工成型的主要工具，这些东西因其不同功用的多样性而具有各类外形。

7）环形雕塑刀：用于挖空实心的器皿，也可用来刮平外表，普通木制把手上装置各类外形的金属环，圆环用于削去多余的泥料，带角的环用于平坦外表，如器皿的平底。

8）割线和钢丝弓：用于切割泥块、泥片，或拉坯成型的最终工序，从拉坯机上切离湿坯等。

9）陶拍：一般用木材制成，主要用来调整坯体的基本型拍打泥板、泥面、泥团等，也可用方木替代。

10）喷水壶：制作陶艺的过程中，特别是制作较大作品时，如不能及时完成作品，为保持泥的湿度或使泥与泥更好地衔接，往往会用喷水壶向坯体均匀地喷水，再用塑料布包裹好，以确保作品能长时间塑造。

11）杯、桶、盆、毛笔、毛刷、盛水、补水、涂抹、修坯、施釉用。

12）釉喷壶和气泵：釉喷壶主要用于上釉，是色釉装饰的用具之一。釉喷壶有两种：一种是传统的釉喷壶，用嘴吹气，将釉从釉喷壶中均匀吹出；另一种是现代常用的以气泵为动力的釉喷壶，能非常方便、快捷地将釉从釉喷壶中均匀喷出。

13）木板：木板是现代陶艺创作中非常重要的用具之。陶艺塑造的全过程均在木板上完成，它使作品可以不受影响地随时移动。它是用结实的木料做成的，木板尺寸完全由作品的大小决定，板底钉有两根木条，使木板与地面隔离，以便随时搬动，

14）陶艺拉坯机：用于以圆心轴为对称的圆体器皿形进行拉坯。

陶艺制作工具繁多，除以上主要工具外，如圈尺、角尺、条刀挖刀、板刀、关坯刀、钳具、锉刀、刮刀、刻刀、篦刀、塑料布、木棒、木槌等都是制陶常用的工具。每一种工具都有它独特的功能和作用。除此之外，往往还需要根据特定的造型要求制作一些因人而异又非常实用的制陶工具。现代经验丰富的陶艺家，新颖独特的利用身边的各种物品来代替传统的陶艺工具。

11.3　现代陶艺制作工艺

11.3.1　现代陶艺成型工艺

陶艺成型工艺，是指陶艺形体塑造的工艺过程，利用各种成型工艺，将

练好的泥料进行形体塑造。作品的创意需求不同，采用的工艺手段也不同，较为常见的成型工艺有：泥条盘筑法、泥板拼接法、捏塑成型法、拉坯成型法、模具印坯成型法、模具注浆成型法、综合成型法。每种成型工艺都各有特色，各种不同的成型工艺还可相互结合、综合运用。熟悉并掌握各种陶艺成型工艺，将是创作陶艺作品不可逾越的关键。

1. 泥条盘筑成型法

泥条盘筑成型是人类最古老的陶艺成型手段，现代陶艺将这种既传统又古老的成型方法继承下来，并结合现代创新思维，创作出具有时代特征的艺术形式。

在陶艺形体塑造的过程当中，泥条盘筑法的自由度和随意性较强，根据作品外观效果的需要，泥条可长可短、可上可下、可粗可细、可圆可扁、可横可竖、可宽可窄，不仅能塑造规整的造型，还能塑造一些扭动和弯曲的异形，有宽广的空间给我们施展创意才能、抒发情感、意念表达，从而使不同的盘筑手法筑出的线型变化产生不同的装饰效果，是陶艺独特的表现形式，不同的手压痕迹会产生不同的手工感。在塑造的过程中，一层一层的泥条用手指向下按捺，使泥条之间紧密结合，又保留了手工按捏的痕迹，可以明确感受到作品表面泥条走向、形成的手印痕迹、肌理、条纹装饰和形体之间相辅相成的协调关系，产生一种自然而又有节奏的肌理装饰效果。

2. 捏塑成型法

手捏、雕塑成型法是制作陶艺最原始的方法之一，也是初学陶艺者体验泥性的厚薄、软硬、干湿水分最根本的练习，可以不用工具，光用手捏，有较大的自由度，只需用手把泥团捏成你本人想要造型的外形即可，这也是最古老的制陶办法之一。还可用雕塑刀等东西做成雕像，在泥半干时将雕像挖空。捏塑的手工成型体现出泥料的本质面貌特征，它利用泥的可塑性和柔软性，在人为的和有意识的外力作用下将泥性从死板的状态中释放出来，体现出具有人情味和自然味的艺术生命力，表现出原始而古朴的艺术风格。

3. 泥板成型法

泥板成型就是将泥块经过人工或压泥机滚压成泥板，然后用这些泥板来进行塑造。泥的可塑性和柔软性，使其通过外力作用可达到预想的泥板形状，并可任意切割和搓捏。泥板成型是现代陶艺表现力丰富，能体现艺术个性的有效成型方法。

滚泥板时，应把泥块放在两块布中心进行，从泥块的中间向周围分散，留意泥的厚度，要契合所做陶艺作品的需求。制作时要应用泥的柔韧性，可以像用布一样成型，而应用泥板的坚固特点时又可把它当成木板一样来成型。泥板成型在陶艺作品中的应用广泛，形式多样。较干的泥板，有非常强的站立性，便于表现挺直，棱角转折分明、结构明确、肌理丰富、有棱有角的器皿性陶艺造型，如同木工制作，称为“黏土术工”。较湿的泥板，掌握得好也有较强的站立性，可任意扭曲、卷台、裁剪，便于表现随意性、自由性强，具泥性、泥感，肌理丰富，有个性的圆筒状陶艺作品。泥板成型使用很广，从平面到立体，都可以进行造型转变，可应用泥板湿软时进行弯曲、卷合，制作成天然、美好的造型，也可应用泥板半干时制作挺直的器物。

4. 拉坯成型法

拉坯成型是古代到现代应用最为广泛的圆柱体成型工艺和手法。是一种技术性很强的成型方法。传统轱辘车的发明为圆器拉坯成型和整体修坯创造了必要的条件。现代多利用拉坯机制作器皿类圆柱形陶艺。拉坯是应用拉坯机的扭转力将泥团拉成各类外形的成型办法。也是陶瓷制作中一种常见的和传统的成型办法。

5. 印坯成型法

印坯成型法是应用石膏模具来进行成型的一种办法。自古以来。此法就普遍地运用在陶瓷生产中，普遍我们运用的是石膏模具，母模可以用石膏或陶泥制作成型，然后依据造型翻成若干块模具，待模具干燥后，即可印制坯体，印模成型。印模时要用力平均，压紧，才能把造型完好的印制出来，对造型复杂的作品，要分模印制，然后再组成，在接口处要用泥浆粘接好，坯体脱模后有残损的要修补，多余的要刮落。这种办法可以大量地复制产品，适合大批量生产，依据需求可在模具上制作出不同的肌理和其他装饰效果。

6. 模具注浆成型法

注浆成型法在日用陶瓷批量生产中使用普遍，也是陶艺成型的技法之一。先用泥或石膏做母模翻成石膏模（分块），石膏模留有注浆口，模具干燥后，把配制好的泥浆注入石膏模内，跟着石膏模的吸水速度，实时注满泥浆，当石膏模吸浆到达所需厚度时，将模内多余的泥浆倒出，控干待泥坯离开模壁后，再从石膏模内掏出坯体即可，待半干湿时修坯、粘接、装饰等。

11.3.2　现代陶艺装饰工艺

从 20 世纪 50 年代至今，陶艺的成型工艺、质地、造型、装饰是从简到繁，从繁到简不断变化发展的，不同历史时期的装饰各具特色、纷繁多样，蕴含着丰厚的历史文化背景。和谐美观的纹案装饰能为器皿造型锦上添花。装饰因做到“饰必应型”，必须以造型为依托，在器皿造型的基础上再进行装饰，取得整体的协调与统一，才能增强陶瓷整体艺术效果。东汉至三国时期是我国陶瓷艺术完成从无釉到有釉、釉层由薄增厚，实行整体上釉的转变，装饰特色为“古拙质朴、厚重”。到了唐代，北方的白瓷与南方的青瓷遥相呼应，形成了唐代著名的“南青北白”的陶艺布格局。“唐三彩”在当时广泛流行，它以“博大清新、华丽丰满”的艺术风格著称。宋朝是中国陶瓷艺术蓬勃发展的时代，这个时期有著名的“钧、汝、官、哥、定”五大名窑，装饰特色为“素淡、恬静、幽雅”。产出的作品有单色刻划花纹片釉与堆雕影青及釉上加彩等技法的创新运用，大大丰富了陶艺的装饰效果。清朝是中国陶瓷艺术的鼎盛时期，陶艺彩绘的色料越来越丰富，陶艺装饰技法也不断在提升，有青花、古彩、斗彩、镶金等，争奇斗妍、五彩缤纷、各具特色。陶瓷彩绘的运用在这个时期极为广泛，青花、釉里红，古彩，粉彩、色釉等各式陶瓷装饰手法之巅峰造极使得当时的陶艺作品成为达官贵人、外商、收藏家趋之若鹜的宝贝，与人们欣赏把玩的珍品。清末至解放前，陶瓷艺术的发展基本是延续清朝时期的模式并没有实质性的变化。而到解放后，中国着重发展日用陶瓷，在生产工艺上，将柴窑的烧成工艺逐渐改变成为运用煤窑、油窑。大规模的生产，使陶瓷产量急剧上升，社会、人民生活对日用陶瓷的需求量增大。陶艺装饰的内容也从传统的纹样装饰演变为主要以生活化的题材为主，并与现代艺术理论结合得更加紧密。改革开放后，新生代的陶艺工作者创造出了大量独具特色的陶艺流派：学院派和民间派。学院派指的是解放后从属于专业陶瓷院校的师生，拥有着较高的学历，从理论到实践将两者深入融合，从上世纪八十年代至今，成为了一个巨大的流派，结合了现代美术和西洋美术的理论及表现手法，创造了崭新的陶艺风格。他们的表现手法时而利用国画的写意性，运用到花的描绘上，创造出推陈出新、前所未有的陶瓷艺术效果；时而结合白描手绘的工笔画，表现在造型上使装饰画面既有古典韵味又有现代时尚之感。现代陶艺家创作出一件件令人惊叹的艺术作品，把古代的书法艺术运用到陶瓷装饰上，从坯体到雕刻，到彩绘，上釉每一个至关重要的制陶工艺细腻而又精致，粗犷又不失大方。他们精确的把握住了陶艺的价值在于完美艺术性体现，陶土、泥料是不可再生的，应用有限的资源，被陶艺家运用到无限的艺术中去，创造出超乎想象的艺术价值和经济价值。

现代陶艺的审美要求，也是随着时代的发展循序渐进。现代陶艺的装饰是审美功能，物质技术条件和艺术表现手法的综合体现，是科学技术和装饰艺术形成的统一体，是人们深厚的精神产物，是无价的艺术品。随着时代的进步，人们对于物质侧面的不满足，在精神层面也就有了更高标准，更注重美的享受。陶艺装饰对美化陶瓷起着至关重要的作用，赋予了陶瓷强有力的生命力，从简单的雕刻到纷繁的彩绘，再至技法多样的融合各色装饰技巧的综合装饰，逐渐形成了一套完整全面的装饰技法。不同的表现手法体现不同的审美趣味，丰富了人们的品味，也增强了独特的艺术感。现代陶艺是造型、装饰、观念的完美结合。装饰，就如同明信片，每件陶艺作品都其个人的特色和个性。造型别致与和谐的装饰，为整个陶瓷作品锦上添花。二者相互联系，相辅相成，组成了一个完美的艺术整体。造型犹如一个人的形体，装饰是一个人的衣着服装，二者是不可分割的。因此要充分表现好造型和装饰的关系，才能创作出令人惊叹的艺术品。

基本装饰方法有：绞胎肌理、压印肌理、雕刻、镂空、捏塑、贴花、彩绘、色釉等都是在烧成前对坯体的装饰，利用不同烧制气氛，完成还原烧、氧化烧、熏烧及盐烧等，某些在烧造好的坯体表面上还可以做多一次的装饰，釉上彩绘等（古彩、新彩、粉彩）。

1. 肌理

1）绞胎机理，用不同的色泥柔和一起成型，会形成不同的颜色肌理质感。

2）印压机理，在光滑的泥土表面上使用不同花纹的布料拍压，会产生不同长短、粗细的痕迹，若是运用得体，可形成具有特色的装饰。

3）在不同种类的泥土中适量比例添加煅烧后的泥料，形成较为粗糙的质感。

4）在泥土中添加不同比例成分的金属氧化物，通过烧制使其显现出不同的颜色，利用在泥条盘筑和拉坯等成形方法上。

2. 彩绘装饰

1）釉上彩绘：有新彩、粉彩、古彩、金彩，是指在烧成瓷后的釉面上彩绘，经 700 ℃烤花使彩料熔融并附着在釉面上，其缺点是含铅。

2）釉中彩绘：颜料的熔剂成分不含铅或少含铅，按釉上彩方法施于器物釉面，通过 1 100～1 260 ℃的高温快烧，釉面软化熔融，使颜料渗入釉内，冷却后釉面封闭。细腻晶莹、滋润夺目，抗腐蚀、耐磨损，具有釉下彩的效果。

3）釉下彩绘：是直接在未烧泥坯上或是在上了一层透明釉的素烧坯体上进行彩绘，最后再施一层透明釉，经高温烧制而成，例如青花、釉里红、釉下五彩。

3. 贴花

设计的装饰纹样制作成花纸，只要在坯子表面装饰部位贴上花纸，再烤花即可。有釉上花纸、釉下花纸、釉中花纸。

4. 雕刻、捏塑法

在坯体成形后利用金属或木制雕刻刀在坯体表面刻出不同的线条或块面，也可以运用其他工具留下痕迹得到不同的效果，亦可在坯体上捏塑增加立体感。

5. 镂空装饰

把坯子按设计的纹样用雕刻刀透雕，既有画面感，又有层次感。

6. 色釉装饰法

主要利用喷、涂、浸、甩等手法上釉，色诱在高温烧制下，产生窑变效果等。

11.3.3 现代陶艺烧成工艺

施釉与烧制是体验制作过程中的最后工序，该工序操作的好坏决定作品的呈色效果和质量。

1. 施釉

1）浸釉：一般是小件产品直接采用浸入釉中方法施釉。

2）涂釉：是指直接手工涂釉。

3）荡釉：给坯子上内釉，采用荡釉。

4）吹釉与喷釉：采用喷壶吹釉或喷枪喷釉。

5）弹釉：用手或者工具弹釉。

2. 烧制

装窑烧制是作品最终成败的关键。装窑时要根据不同泥料的坯体，不同色釉的组成和呈色要求来制定烧制程序，只有这样才能使坯体在特定的条件下，经过高温烧制成理想的作品。

陶艺被称为火与土的艺术，所谓烧成，就是将干燥的或施釉后的坯体装入窑炉中，经由高温烧炼，使泥坯和釉层在高温中发挥一系列物理、化学转变，烧成进程是陶艺制作工艺中最复杂的进程。

1）柴烧：以木材为烧制燃料，通过柴烧的陶艺作品有特殊的窑变艺术效果。

2）氧化烧成：一般用电可烧制，无焰性或氧化焰烧成。

3）还原烧成：一般用气窑，还原焰烧制，根据不同作品效果的需求，制定升温曲线。

4）乐烧：是仿柴烧的一种方法，先用气还原烧成，达到一定的温度后拿出放入乐烧桶，加入木屑等氧化烧制，再放入水中急冷，乐烧作品原材料需要熟料。

由于陶瓷的制作，从选择原料到制作成品的工序繁杂，目前大约也有几十道工序，每道工序有各自的重要性，尤其是最终的烧窑操作十分重要，稍不留意就会前功尽弃，既浪费了原料和燃料，又消耗了很多的人力。在陶艺工艺方面，就其重要性来说，可以分为“一烧、二土、三制作”，烧窑排在第一位显得多么的重要，是重中之重。特别是颜色釉的烧成，更要强调“烧窑”，颜色釉的烧成火焰、性质、温度、烧成工艺及燃料品种对颜色呈色转变有非常重要的影响，颜色釉的烧成是一门“火的艺术”，如“窑变”就是在烧成进程中天然发生的釉色转变，不是人可猜测和调控的，有些十分可贵的颜色釉窑变，是稀有的精品，宝贵且价值不菲。

陶瓷半制品入窑时必须要干透，不然会烧炸，刚刚开始烧时，升温一定要慢，达到 400 ℃之前要慢烧，最好一小时记载一次烧成温度，烧窑的升温曲线和气氛的调控是陶艺烧成效果的关键，装窑时陶瓷半制品所放的窑位也很重要，不同的窑位温差不一，窑变效果就不一。

烧窑的几个关键步骤：

1）装窑：根据作品大小，用立柱和碳化硅板分层摆放作品，注意作品与作品之间不能靠拢，要保留缝隙。

2）点火：慢慢的，依次点着烧嘴，不要一次性全点着，让窑体慢慢升温。

3）调气压：根据材料的不同，设置升温曲线，调气压。

4）保温、冷却：根据作品材质的烧成需求，每隔一个温度段都要保温，冷却时要慢慢的，以免作品坯胎或釉面开裂。

5）出窑：温度冷却到 160 ℃以下时可以慢慢打开窑门，当温度降到80 ℃以下就可以出窑了。

3. 素烧和本烧

素烧是在以干燥的陶艺坯体表面不上釉的情况下，直接烧成，称为素烧。它的目的是保留陶艺作品上的手工痕迹，体现材质的本质，肌理和自然之感。陶的素烧温度为 700～900℃，瓷的素烧温度为 1 100～1 380 ℃。另一种情况是，上了釉的瓷坯温度在 700～900 ℃之间烧成，也叫素烧，之后再彩绘装饰。泥坯在干燥后仍然会有少量水分存在，开始烧制时窑门留有缝隙，使坯体水分慢慢蒸发，需要小火控温，坯体炸裂多数发在 200～400 ℃之间这个阶段。300～900 ℃的主要变化时粘土中的水分、碳素、有机物、硫化物和杂质的分解和排除。素烧在冷却时，不可降温过快，否则坯体会发生裂缝，待窑温降到 80 ℃以下时再取出窑内作品。未素烧坯体或素烧后上釉，再入窑烧制的过程叫做本烧。要根据泥土和釉料的特性和种类而定最后的烧成温度，一般陶器温度在 1 200～1 280 ℃，而瓷器的温度在 1 300～1 380 ℃. 泥土在高温的作用下，变得坚硬、质地缜密、吸水率低，这种变化称为瓷化。一次烧成的釉本烧开始阶段和素烧的方法一样，等到 900 ℃后才能加快，二次烧成可以稍快一点。在烧制过程中运用技巧和经验达到预想的效果。在釉烧完成后，如果冷却太快，会使坯体产生裂缝或是裂釉现象，要待窑温降到 80 ℃以下时取出窑内作品。因不同温度的烧成，造就出作品不同的色泽和质感，窑变的装饰变化有时也是让人感到十分惊异。体现在任何一个釉色在经过上千度的“洗礼”之后变化都不会完全相同，这就是陶艺的魅力之处和神奇所在。

第 12 章 生产工艺流程

12.1 概　　述

生产工艺流程，就是指生产过程中，劳动者采用生产工具把原料、半成品用一定的设备、按照特定的顺序进行加工，最终成为成品的一种方法或过程。亦可称之为“加工流程”或者“生产流程”。

由于不同的工厂之间的设备的生产效率、加工精度、工人操作方式及熟练程度等因素都不相同，因此，就算是生产同一种产品，通过不同的工厂制定其工艺有可能是完全不同；甚至还存在即使是同一个工厂的内部，在不同时期或阶段也需要采取不同的生产工艺流程。因此，就某一产品来说，它的生产工艺流程具有不确定性和不唯一性的特点。其工艺流程设计的原则包括技术上的先进性和经济上的合理性。

生产工艺流程就是从原材料到成品的制作过程中各要素的组合。包括输入资源、活动、活动的相互作用（结构）、输出结果等。本书以纯净水制备及灌装生产线为例，介绍纯净水制备及灌装的生产工艺流程及各组成要素。

12.2 纯净水制备生产线的一般流程

12.2.1 水源与生产目标

何谓纯净水？国家《食品安全国家标准　包装饮用水》(GB19298—2014)对其定义为：以符合生活饮用水水质标准的水为原料，通过电渗析法、离子交换法、反渗透法、蒸馏法及其他适当的加工方法，去除水中的矿物质、有机成分、有害物质及微生物等加工制得的密封在容器中，并且不含任何添加物，可直接饮用的水。

饮用纯净水的生产大都采用自来水，纯净水生产水源虽然满足我们的生活饮用水卫生标准，但由于城市管网、供水系统、二次供水等原因，导致水质不同程度仍然还有多种物质：悬浮物（细菌、藻类及原生物、泥沙、粘土及其他不溶性物质）、胶体物质（硅酸及铁、铝的某些化合物、腐殖胶体）、溶解性固体、微量有机物、消毒剩余的氯气等。纯净水的生产就是对自来水进行深度处理，进一步去除水中的各类杂质，提高感官性状，保证毒理学、细菌学指标，特别是去除水中溶解性固体，以便提高纯净水的口感，制备出可以直接饮用的优质水。其水质应符合 GB19298—2014 的水质标准。

12.2.2　纯净水制备生产线的一般流程

根据水源的特点，纯净水制备的原理就是采用适当的方法和装置，将水中所含有的各种杂质去除。因此纯净水的生产过程是一个多级处理的过程。根据水源水质和出水水质要求不同，纯净水生产线的设计和组装可以是多种多样的。如硬度较高的水源，需增加软化装置以确保下一级系统正常生产。若浊度较高的水源，则需添加絮凝单元。纯净水制备生产的一般工艺由前处理/预处理、中段处理和终端处理三个工序组成。

1. 前处理

前处理工艺的主要目的是去除水源中的全部或者部分悬浮物、微生物、胶体以及部分有机物和无机物杂质，为下一个处理单元做准备。常见的前处理工艺包括絮凝沉淀、多介质过滤、活性炭吸附、软化处理等。

2. 中段处理

中段处理的主要目的是去除水中盐类为主的各种杂质，也称之为脱盐处理。该过程是纯净水生产的重要环节，目前主要采用四种方法：蒸馏法、离子交换法、电渗析和反渗透膜处理法。其中膜处理方法是最新发展起来的除盐技术，在纯净水处理中的应用日益扩大，它可处理含盐量较高的水，如海水，也可以处理含盐量较低的进水。其不仅仅能去除水中的带电离子，还能去除胶体、细菌及有机物。

3. 终端处理

纯净水的终端处理包含杀菌消毒和终端过滤两个部分。杀菌消毒可采取紫外光照射法或灌注臭氧法。终端过滤目的是保证产品水质在浊度、色度等符合感官上的质量要求，通常有超滤、微孔过滤或精密过滤等方法。

以下为几种不同类型的纯净水生产工艺流程。

图 12-1 是电渗析、离子交换和超滤工艺相结合的纯净水生产流程，该工

艺流程的特点是运行时所需的压力低。

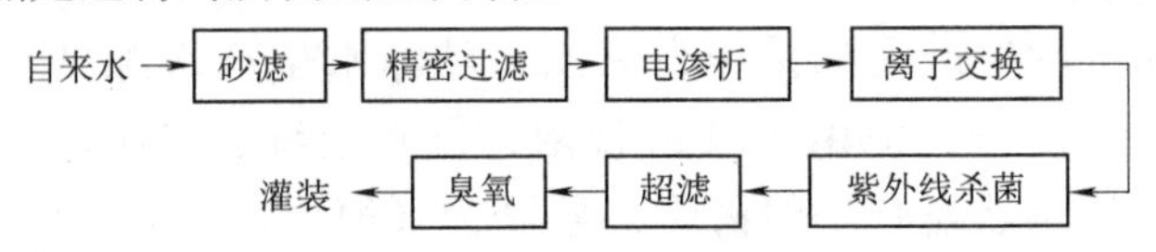

图 12-1　电渗析-离子交换-超滤纯净水生产工艺流程

图 12-2 是电渗析和反渗透相结合的纯净水生产工艺流程，该工艺流程的特点运行可用于处理污染程度较高的地表水。

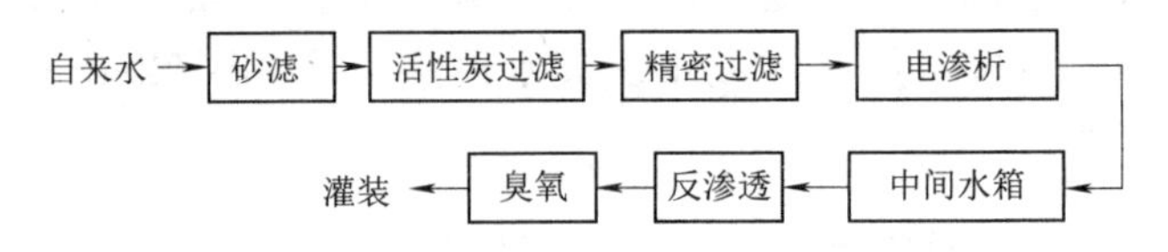

图 12-2　电渗析-反渗透纯净水生产工艺流程

随着工艺的不断发展，特别是二级反渗透系统的研制成功，采用二级反渗透的纯净水生产工艺流程是较为先进的一种工艺，其生产流程如图 12-3 所示。该工艺技术在我国多家著名的纯净水生产企业得到推广应用。其工艺流程的特点是水质透明度高、口感佳、微生物指标控制安全稳定。

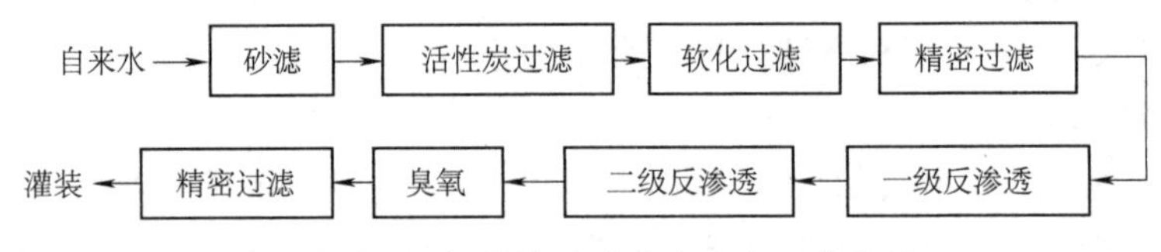

图 12-3　二级反渗透纯净水生产工艺流程

本实训室的生产线采取的是二级反渗透的纯净水生产流程，参见图 12-4。

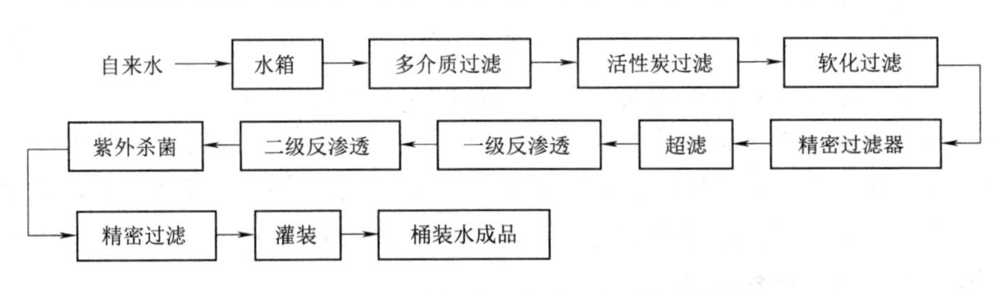

图 12-4　实训系统桶装纯净水生产总体工艺流程

12.3　纯净水制备工艺流程的单元设施

纯净水的制备是一个多级的处理过程，每一个单元都去除一定的杂质，并为下一级做准备。根据前文纯净水一般工艺流程，纯净水制备工艺可分为前处理、中段处理和终端处理三个部分。以下就各段单元设施的原理、构造组成及主要相关参数等进行介绍。

12.3.1 前处理单元设施

由于纯净水制备的工艺流程中主要采用反渗透和超滤等膜技术进行处理，而膜技术对进水水质有较高的要求，特别是反渗透要求非常严格，例如进水浊度低于 1NTU，污泥密度指数 SDI 不超过 4，细菌含量 TBC 低于 10 个/mL，允许游离氯含量低于 0.1 ppm。表 12-1 为不同反渗透膜材料对进水水质要求。

表 12-1 反渗透的进水水质参数要求

项　目	反渗透膜特性			
	中空纤维式聚酰胺膜	卷式醋酸纤维膜	常规卷式复合膜	超低压卷式复合膜
浊度/NTU	＜0.3	＜0.5	＜0.5	＜0.5
SDI_{15}	＜3	＜4	＜4	＜4
水温/℃	5～40	5～40	5～45	5～45
余氯/（mg/L）	＜0.1	＜0.2	＜0.1	＜0.2
水压/MPa	2.4～2.8	2.5～3.0	1.0～4.0	1.0～4.0
Fe/（mg/L）	＜0.1	＜0.1	＜0.1	＜0.1
pH 值	4～11	4～6.5	2～11	3～10
Al/（mg/L）	＜0.05	＜0.05	＜0.05	＜0.05
COD/（mg/L）	＜2	＜2	＜2	＜2
TOC/（mg/L）	＜5	＜5	＜5	＜5

因此，水在进入反渗透的膜组件前，必须采取合适的前处理工艺进行净化，以确保膜组件等设备的正常安全运行。

1. 水箱

市政自来水一天当中供水的水量和水压是不断变化的，而纯净水的生产要求水源供水水压处于基本稳定状态，为此，通常情况下会根据生产线的运行情况设置调节水箱或水池，使原水在水箱中暂停、缓冲，并且在水箱后设置加压水泵，以确保生产线工艺所要求的水压和水量。

原水箱或水池一般采用塑料或者不锈钢材质，也可以采用钢筋水泥池，调节容量需考虑生产线的原水利用率、自来水供水的水压和水量变化情况，一般按照生产线设计水量的 1.5～2.5 倍设计即可。

本纯净水生产线的原水箱采用 304 不锈钢材质作为箱体，容积为1 000 L。

水箱顶部设置清洗人孔，清洗人孔是安装在水箱的安全应急通气装置，通常直径为600 mm，人孔中心距地板一般为750 mm。便于工作人员在安装、清洗、维护时进出或通风。水箱侧面安装连通管和溢流管，连通管用于观测水箱水位。

2. 机械过滤器

机械过滤器也称为压力过滤器，如只装一种石英砂滤料，则称为沙滤器，若装有两种及两种以上（石英砂和无烟煤等）过滤介质，则称为多介质过滤器。其主要作用是去除粒度大于20 μm的泥沙、悬浮物等杂质、部分胶体和小分子有机物。

机械过滤器由过滤罐、多路阀、上布水器、下布水器、中心管、冲洗水管、进出水、反洗进出水阀门等组成。

过滤器起关键作用的是过滤床层，一般也称为滤料。滤料层粒度的组成情况对改善滤料层中杂质的分布状况，提高滤层含污能力，降低滤层中水头损失，增大过滤速率都有非常重要的作用。纯净水处理所用的滤料，必须符合以下要求：①具有足够的机械强度，以防止冲洗时滤料产生磨损和破碎情况。②具有稳定的化学性能，以免与水发生化学反应从而引起水质的二次污染。③具有一定的颗粒级配和适当的孔隙率。多介质过滤器常用的滤料主要有石英砂、无烟煤、石榴石、钛铁矿、磁铁矿、金刚砂等。

根据需要滤料可以分成单层、双层和多层三种。

（1）单层滤料

通常是在承托层上放置滤料，分为两种，一种是均质滤料，其粒径相差不大；另外一种是不均匀滤料，粒径相差较大。目前大部分过滤器采用滤头进行布水，承托层可采用粗砂粒。

（2）双层滤料

通常双层滤料上层采用密度较小、粒径较大的轻质滤料，如无烟煤；下层采用密度较大、粒径较小的重质滤料，如石英砂。由于两种滤料存在一定的密度差，在生产过程中反冲洗后，轻质滤料仍然在上层，重质滤料仍然处于下层。虽然每层滤料内部粒径是从上往下递减，但从整个过滤层而言，上层滤层的平均粒径总是大于下层的平均粒径。据报道，双层滤料含污能力较单层滤料约高1倍以上。在相同滤速下，过滤周期长；在相同过滤周期下，滤速快。

（3）多层滤料

多层滤料比一般单层、双层滤料具有更大的截污能力和适应性，过滤效果更好。较为常用的是三层滤料。上层为大粒径、小密度的轻质滤料，如无烟煤；中层为中等粒径、中等密度的滤料，如石英砂；下层为小粒径大密度的重质滤料，如石榴石。各层滤料平均粒径由上而下递减。经过反冲洗后，由于滤料层的适度混杂，在滤层的每一个横断面上均有三种滤料存在，则称为“混合滤料”，但不是三个滤料在整个滤层内完全均匀混合在一起，上层仍以无烟煤为主，掺杂有少量的石英砂和石榴石；中层仍以石英砂为主，掺杂少量无烟煤和石榴石；下层仍以石榴石为主，掺杂少量石英砂和无烟煤。其平均粒径仍由上而下递减。最多的滤层有五层滤料，一般五层滤料有较合理的配级，过滤效果好，且有较长的过滤周期。

本纯净水生产线的机械过滤器是多介质过滤器，其过滤罐采用不锈钢材质，设计处理水量为 3 m^3/h。过滤器顶部设置自动控制阀，结合自动控制阀和管路可实现过滤器的自动反冲洗。

3. 活性炭过滤器

活性炭过滤器是纯净水生产过程中主要的预处理设备。如前所述，纯净水生产的原水通常使用城市自来水，其中含有一定数量的细小颗粒、悬浮物等残留杂质。这些杂质的存在会对生产线的后续设备特别是膜处理设备产生严重危害。吸附法可利用多孔的吸附剂，去除水中的这些残留杂质，主要是把水中污染物吸附至固体孔隙内。而活性炭是最常用的吸附剂。

活性炭是用木制、煤质、果壳等含碳物质通过化学或者物理活化法制成的。它具有非常大比例的微孔，巨大的比表面积，良好的活性炭的比表面积一般大于 1 000 m^2/g，总孔容可达 0.6～1.18 mg/L。此外，活性炭在活化过程中，表面会形成一些含氧官能团，这些官能团使活性炭具有化学吸附、催化氧化、还原等性能，能有效去除水中的一些金属离子。

市场上售卖的活性炭有粉末活性炭、不定型颗粒活性炭、圆柱形活性炭和球形活性炭等，常用的是果壳/果核不定型颗粒活性炭。

活性炭过滤器从结构上和机械过滤器/多介质过滤器基本相同，不同的是内部装的是具有较强吸附功能的活性炭，用于吸附和截留水中的有机物、胶体颗粒、微生物、余氯、氨、溴、金属离子等，去除色度和气味，使出水余氯不超过 0.1 mL/m^3，SDI 不超过 4。氯是属于强氧化剂，对各种膜都有破坏作用，特别是反渗透膜对余氯特别敏感。

活性炭过滤器储水中的氯并非为单纯的吸附作用，而是在碳的表面上催化了某些化学反应，具体公式如下：

$$Cl_2+H_2O \rightarrow HOCl+H^+ +Cl^-$$

$$C^* +xHOCl \rightarrow CO_x+xH^+ +xCl^-$$

公式中的 C^* 代表活性炭，CO_x 代表活性炭表面上的氧化物（$x=1$ 或者 2）。由于活性炭与水中的余氯发生催化作用，碳由小颗粒状变为粉末状，容易穿透碳滤料层进入后续设备，因此需定期进行反冲洗。和多介质过滤器相同，定期反冲洗由多功能控制阀实现。

活性炭过滤器的壳体有玻璃钢、塑料或者不锈钢等，和前面多介质过滤器相同，我们活性炭过滤器的壳体采用不锈钢材质。处理水量为 $3m^3/h$，内部填充物为果壳颗粒活性炭。

活性炭在吸附饱和后，需要进行再生处理。再生的方法有很多，如加热法再生、溶剂萃取法再生、酸碱洗脱法、蒸汽催脱法、电解氧化法、微波加热法等。再生方法虽然很多，但真正用于生产的方法仍然为高温加热法。因此，对于小型的纯净水生产企业，活性炭失效后，一般采取更换的方式，很少进行再生处理。一般一年左右更换一次，具体视水质情况定。

4. 软化过滤器

为防止膜处理过程中产生水垢，在纯净水生产的预处理过程中，需进行软化处理，其实质就是将水中的钙镁离子降低或者接近全部去除掉。

目前，常用的水的软化方式主要有以下三种：

（1）加热软化法

借助加热的方式，将硬度较高的碳酸盐转化成为溶解度很小的碳酸钙和氢氧化镁沉淀出来。加热软化法的缺点是不能降低非碳酸盐的硬度。

（2）药剂软化法

在不需要加热的条件下，借助化学试剂的方式把钙、镁等盐类转化成为溶解度很小的物质沉淀出来。药剂软化法的缺点是处理不够彻底，即处理后的水仍然还会残留有少量的钙、镁离子，这部分残余的离子随着使用时间的累积，仍然会产生结垢的问题。

（3）离子交换法

采用离子交换剂，将水中的钙、镁离子转化成其他离子如钠离子。这个方法能够比较彻底地去除水中的硬度。在纯净水生产中，主要采用钠离子交换树脂（NaR）对硬水根据离子交换反应的原理进行软化处理。其反应方程式如下：

$$Ca(HCO_3)_2+2Na\mathit{R}\rightarrow Ca\mathit{R}+2NaHCO_3$$

$$Mg(HCO_3)_2+2Na\mathit{R}\rightarrow Mg\mathit{R}+2NaHCO_3$$

$$CaCl+2Na\mathit{R}\rightarrow Ca\mathit{R}+2NaCl$$

$$CaSO_4+2Na\mathit{R}\rightarrow Ca\mathit{R}+Na_2SO_4$$

$$MgSO_4+2Na\mathit{R}\rightarrow Mg\mathit{R}_2+Na_2SO_4$$

从反应式可知，水中的钙、镁离子被钠离子置换出来以后就留在树脂上，于是树脂就失效了，这时需采用饱和食盐水对交换树脂进行再生处理。再生处理后的树脂可恢复软化能力。

软化过滤器一般采用压力式，其结构和压力过滤器基本类似，由控制器、树脂罐、盐罐组成的一体化设备。其控制器可选用自动冲洗控制器，手动冲洗控制器。自动控制器可自动完成软水、反洗、再生、正洗及盐业箱自动补水全部工作的循环过程。树脂罐可选用玻璃钢罐、炭钢罐或不锈钢罐。我们的系统采用不锈钢罐体。盐罐主要装备饱和盐水用于树脂胞和后的再生。

软化过滤器（SF 过滤器）由软化阀控制一般 1～3 天再生一次，具体由水质和使用情况而定。软化树脂一般工作 2 年后更换，软化树脂由于再生不彻底和使用时间延长而逐步失效，不能再生。

5. 精密过滤器

精密过滤也称为微孔粗过滤。它采用型材，如滤布、滤片、滤芯等，用以去除粒径微细的颗粒。多介质过滤器等能够除去很小的胶体颗粒，使浊度达到 1 NTU 左右，但每毫升水中仍含有几十万粒个粒径约为 1～5 μm 的颗粒。微孔过滤可去除这些细微颗粒。

精密过滤器通常设在压力过滤器之后，以进一步降低浊度，来满足后续工序对进水的要求。有时候也设在整个水处理生产线的末端，其作用是防止细微颗粒进入成品水中。由于精密过滤器主要作用是防止上一工序的微粒进入下一道工序中，确保下一道工序的安全运行，因此也常被称为保安过滤器。

精密过滤器可分为滤布过滤器、烧结管过滤器、蜂房过滤器或者线绕过滤器和叠片式过滤器等。其中滤布过滤器是将尼龙网布包扎在多孔管上，组成过滤单元，多个这种过滤单元可安装至一块多孔板上，再放置于承压容器内。烧结管过滤器的烧结管是由粉末材料通过烧结形成的微孔过滤单元，滤管材料有陶瓷、塑料、玻璃砂等。蜂房过滤器又称为线绕过滤器，是由纺织纤维粗纱精密缠绕在多孔骨架上形成，根据滤芯的缠绕密度不同可得到不同精度的滤芯，滤芯的孔径外层大，中心小，这种深层网孔状结构具有较高的过滤效果。

本纯净水生产系统采用平均精度 5 μm 滤芯。滤芯更换时间一般为 3 个月，根据水质和使用情况而定，亦可根据标准压差来判断，及新更换滤芯时压力和堵塞后压力差，如压差超过 0.07 MPa 时，说明需要更换滤芯。

12.3.2　中段处理单元设施

中段处理主要是利用膜分离技术去除水中的盐类杂质。目前主要的膜分离技术有微孔滤、超滤、钠滤、反渗透、电渗析和离子交换膜。膜分离技术的优点如下：

膜分离过程的装置比较简单，同时操作容易，便于维修，易实现自动化控制。

膜分离过程一般不发生相变，其分离过程可以在室温或低温下进行，和其他方法相比能耗低。同时，分离过程无化学反应不存在二次污染。

膜分离过程的使用对象广泛，从有机物到无机物，从病毒、细菌到大颗粒物等。

膜处理过程可在密闭系统中循环进行，可防止外界的污染。结合本纯净水生产系统，对几种常见膜分离的单元设施进行介绍。

1. 微滤

微滤（Micro-filtration，简称 MF），又称为微孔过滤，是以多孔膜（微孔滤膜）为过滤介质，在 0.1～0.3 MPa 的压力推动下，截留溶液中的微小颗粒、藻类和一部细菌等，而大量溶剂、小分子及少量大分子溶质能顺利透过膜的一种分离过程。其显著特点是过滤微滤尺寸 0.1～10 μm，微滤膜两侧的运行压力差即有效推动力一般为 0.7 kPa。微滤属于精密过滤。

微孔膜的过滤原理如图 12-5 所示。

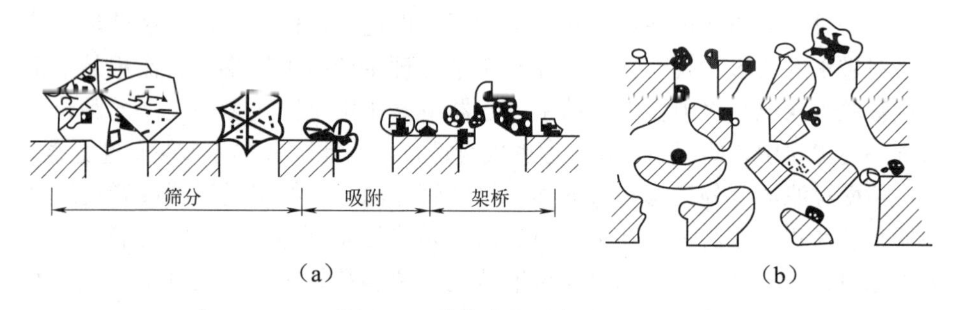

图 12-5　微孔膜的过滤原理

(a) 膜表面的截留；(b) 膜内部的截留

筛分作用：是指膜具有截留比它孔径大或孔径相当的微粒等杂质，也称为机械截留作用。

吸附作用：在实际过滤过程中发现微粒尺寸小于膜孔的也可被截留，因为膜还具有通过物理化学吸附作用而被截留。

架桥作用：由于微粒相互堆积或推挤，导致无法进入膜孔或卡在孔中而被截留。

膜内部的截留作用：这种作用是将微粒截留在膜的内部，而非在膜的表面。

微滤的操作过程有死端过滤和错流过滤两种模式。

在压力推动下，水流动方向与膜表面垂直的过滤方式称为死端过滤，又称为全量过滤、直流过滤。这种过滤模式下，溶剂和小于膜孔的溶质离子在压力的推动下透过膜，随着使用时间的延长，膜表面上堆积的颗粒越来越多，膜的渗透性降低。

错流过滤是水流动的方向与膜表面平行的一种过滤方式。在过滤过程中，水沿膜表面流动，对膜表面截留物产生剪切力，使其部分杂质返回主水流中，从而减轻了膜的污染，膜透过速度也能在相对长的时间里保持一个较高的水平。

微滤设备由微孔滤膜、内外导流层、滤芯端盖、壳体及中心杆组成。滤芯有折叠滤芯、熔喷滤芯等。

2. 超滤

超滤（Ultrafiltration，简称 UF），在外界推动力（压力）作用下截留水中胶体、颗粒和分子量相对较高的物质，而水和小的溶质颗粒透过膜的分离过程。超滤膜的孔径大致在 0.005～1 μm 左右，通过膜表面的微孔筛选可截留分子量（MW）为 500～1 000 000 的物质。当被处理水借助于外界压力的作用以一定的流速通过膜表面时，水分子和分子量小于 300～500 的溶质透过膜，而大于膜孔的微粒、大分子等由于筛分作用被截留，从而使水得到净化。也就是说，当水通过超滤膜后，可将水中含有的大部分胶体硅除去，同时可去除大量的有机物、蛋白质等。

超滤和微孔过滤的过滤方式有所不同。微孔过滤为静态过滤，而超滤为动态过滤。静态过滤容易形成浓差极化层，而动态过滤时，膜表面不断受到流动液体的冲刷，不易形成浓差极化层，若处理浓度较高的溶液，可通过增加浓缩液的回流量（提高回流比）的方式，加强对膜表面的冲刷作用以阻止浓差极化层的扩展。这是超滤相比于微滤的技术优势。

超滤的特性：①与反渗透和钠滤相似，属于压力驱动型膜分离过程；②分离机理一般认为是机械筛分原理；③操作压力低，一般不考虑渗透压的影响；④对于水中悬浮物、胶体和微生物具有很高的去除率，与传统工艺相比，能够显著提高饮用水水质，可有效避免杀菌副作用的产生。超滤膜对水中的泥沙、悬浮物、胶体、细菌及大分子物质有很高的去除率，对水中的 COD、BOD 也有较高的去除率。

超滤装置由超滤膜组组件、壳体、正反冲洗系统、在线化学清洗系统、电控系统等部分组成。其中超滤膜组件是装置的核心部分，组件有板框、管式、螺旋卷式和中空纤维四种形式。

（1）板框式膜组件

板框式膜组件是超滤和反渗透技术中最早使用的一种组件。其设计类似于常规的板框过滤装置，其最小单元是把膜放置在微孔支撑板上，两块微孔支撑板叠压在一起形成料液流道。单元与单元之间可采用并联或者串联的方式进行组装。单元组装完后，装入密封耐压容器中。原水沿着膜与膜的间隙流过，在此过程中通过超滤/反渗透作用由膜进入微孔支撑板，再通过周边的液料流道流出装置。不同的板框式膜组件的设计其主要区别在于料液流道的结构设计。板框式膜组件又可细分为圆形板框和长方形板框等。

(2) 管式膜组件

管式膜组件中膜的形状是管状的。管状的膜衬在耐压微孔套管上，并把许多单管以串联或者并联的方式安装连接成管束状，构成管式膜组件，如图 12-7所示。

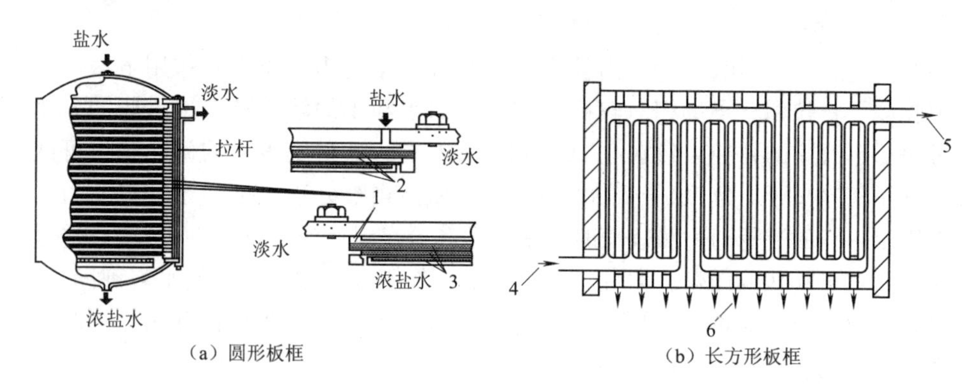

(a) 圆形板框　　(b) 长方形板框

图 12-6　板框式膜组件

1—O形密封环；2—膜；3—多孔板；4—进料；5—浓缩液；6—渗透液

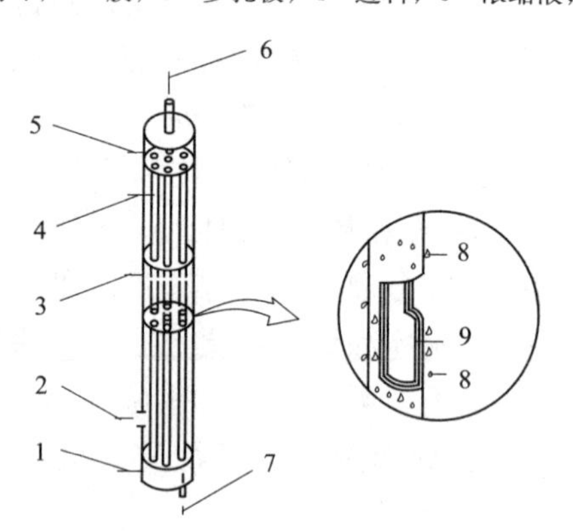

图 12-7　管式膜组件

1—耐压端套；2—淡水；3—淡水收集外壳；4—玻璃钢管；5—耐压端套；6—浓盐水；7—咸水；8—淡化水；9—玻璃钢管

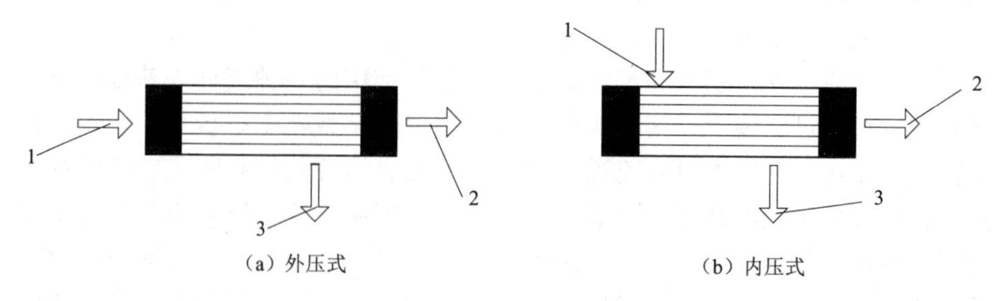

(a) 外压式　　(b) 内压式

图 12-8　管式膜组件示意图

1—原料；2—渗透物；3—截留物

管式膜组件有内压式和外压式两种，参见图 12-8 示意图。对于内压式膜组件，膜被直接浇铸在多孔的不锈钢管内或用玻璃纤维增强的塑料管内，也有把膜先浇铸在多孔纸上，然后外面再用管子支撑。对外压式管式膜组件，膜被浇铸在支撑管的外侧面，当水在反渗透操作压力推动下，从每根管外壁透过膜向管内渗出，即渗透液通过管内侧收集。对于内压式膜组件，水从每根管内透过膜并由管套的微孔壁向管外渗出，即渗透液通过管外侧收集。外压式水流流态较差，生产线更多采用内压式膜组件。内压式的优点是水流流态好，易安装、清洗、拆换，缺点是单位体积内膜的面积小。无论外压式还是内压式，都根据实际设计需要设计成串联或并联装置。

管式膜装置的优点是对水的预处理要求不高，可用于处理高浓度悬浮液。流速可以在很宽的范围内进行调节，这有利于控制处理过程中的浓差极化现象。当表面生成污垢后，无需将装置拆卸，可直接采用化学药剂清洗。缺点是投资和操作费用高，单位体积内的填装密度比较低。

（3）卷式膜组件

目前，卷式膜组件被广泛应用到钠滤和反渗透工艺当中。其组件是由中间夹入一层多孔的支撑材料的两张膜连成一起组成最小膜单元，单元之间设置浓水导流网，导流网与最小膜单元的开口边固定在纯水多孔收集管上，并以纯水收集管轴卷成螺旋卷状而成。卷式膜装置是由膜组件串联而成，原水由一端导入导流隔网，另一端流出，如图 12-9 所示。

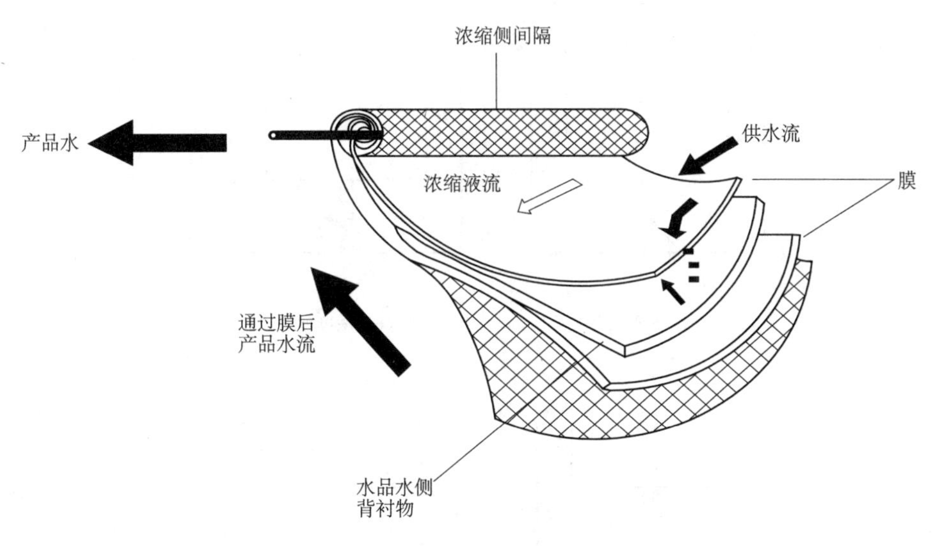

图 12-9　卷式膜组件

卷式膜组件的优点是单位体积膜面积大，水流流态好，结构紧凑。卷式膜组件单位体积内的膜面积可达 600 m^2，最高可达 800 m^2。缺点是容易堵塞，清洗困难。因为狭窄的流道内还有导流网，水中一旦有微粒或者悬浮物会导致膜组件流道的堵塞。

工程上常用的卷式膜组件型号为 4 040（4 寸）、8 040（8 寸），其组件的膜面积分别约为 7.9 m^2 和>30 m^2。

（4）中空纤维膜组件

空心纤维的外径通常为 50～100 μm，膜壁厚度约为 12～25 μm，内经为 25～50 μm，外径与内径比约为 2∶1，因此能承受纤维管内外的极大压差。一般将几十万根中空纤维完成 U 型装在耐压容器中，其开口端固定在圆板上并用环氧树脂密封发。在高压作用下，淡水透过每根纤维管管壁进入管内，由开口端汇集流出容器。

中空纤维膜组件的主要特点是：组件可做到非常小型化，因其无需支撑体，在组件内能装到几十万到上百万根中空纤维，所以具有极高的填充密度；透过膜的水是由中空纤维管内部引出（外压式）或者有组件中心部位的导水管引出（内压式），压力损失能达到数个大气压；膜表面的污垢处理非常困难，只能采取化学清洗而不能采用机械清理；中空纤维膜一旦损坏是无法更换。

本系统采用的是美国陶氏的超滤膜，中空纤维膜组件外压式，型号为 2660。

3. 反渗透

反渗透（Reverse Osmosis，RO）是以压力为推动力，利用反渗透膜只能透过水不能透过溶质的选择透过性，从某一含有各种无机物、有机物和微生物的水体中，提取纯水的分离过程。

渗透和反渗透现象由图 12-10 所示。

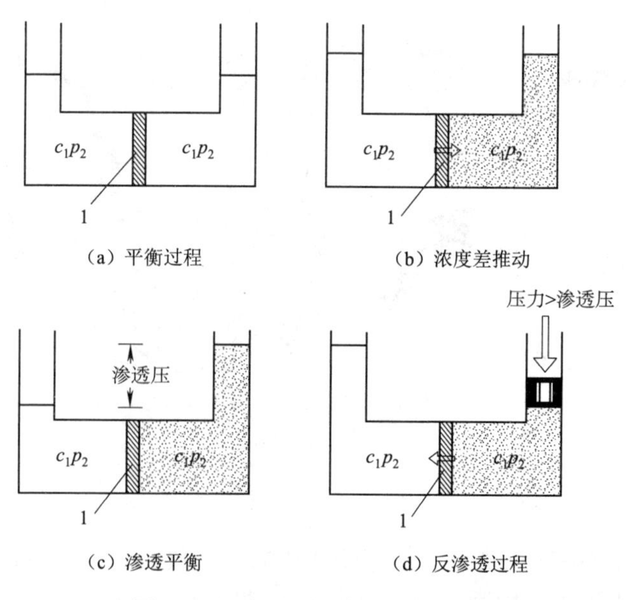

图 12-10　渗透和反渗透原理示意图

图 11-10 中（a）为平衡过程，膜两侧的浓度相同，压力相同；当膜两侧的浓度不同时，假定膜两侧压力相同，由于浓度差推动，溶剂会从低浓度往高浓度运动，图中（b）；图中（c）为渗透平衡过程；图中（d）为反渗透过程，当在右侧施加一个压力，使得膜两侧的压差大于两侧溶液的渗透压差时，溶剂从浓度高的溶液那侧透过膜流入浓度低的一侧，这种依靠外界压力使溶剂从高浓度溶质向低浓度溶质侧渗透的过程称为反渗透。

在饮用纯净水生产中，广泛采用反渗透作为脱盐的主要工序，其优点如下：装置脱盐率高，单只膜的脱盐率可达 99%，一级反渗透系统脱盐率一般可稳定在 90%以上，二级反渗透系统可稳定在 98%以上；反渗透系统能有效去除细菌等微生物、有机物，以及铁等无机物，出水水质优于其他方法。其缺点主要是反渗透装置要在高压下运转，须配置高压泵及耐高压管路；为延长反渗透装置的寿命，通常需对水进行严格的预处理，对进水水质要求高；反渗透膜需定期清洗。

反渗透膜组件有板框式、管式、卷式和中空纤维式四种，和超滤膜的组件相似。本系统采用的反渗透膜组件是美国陶氏的卷式反渗透膜组件，型号为 4040。

根据水质和用户需求，反渗透可采用一级一段，一级多段，多级多段的配置方式组成生产流程。所谓级数是指进料经过加压的次数，本系统采用的是二级反渗透工艺，即水在反渗透过程中经过两次加压。段是指在同一级中膜组件的排列方式，同一级中并联排列的组件称为段，段与段之间采用串联的连接，几个串联称为几段。

图 12-11 所示为一级一段连续式反渗透的流程，这种工艺的水进入膜组件后，浓缩液和纯净水连续排出，水的回收率不高。

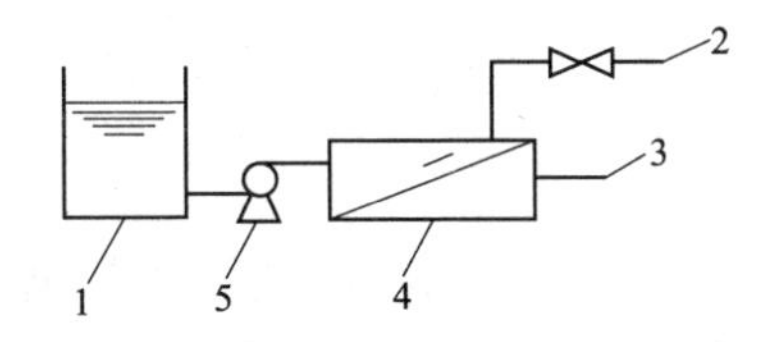

图 12-11　一级一段连续式反渗透流程

1—料液槽；2—浓缩液；3—渗透液；4—反渗透组件；5—高压泵

另一种是一级一段循环式反渗透流程，如图 12-12 所示。

图 12-13 表示的是一级三段连续式反渗透流程。

图 12-14 表示的是二级一段循环是反渗透流程，对于膜的脱盐率偏低，而水的渗透率较高时，采用一级工艺达不到要求时，可采用此方法，即把第二级的排水返回到第一级，可降低第一级进料液的浓度，使整个过程在低压、

低浓度下运行，提高膜的使用寿命。本系统采用此方法。

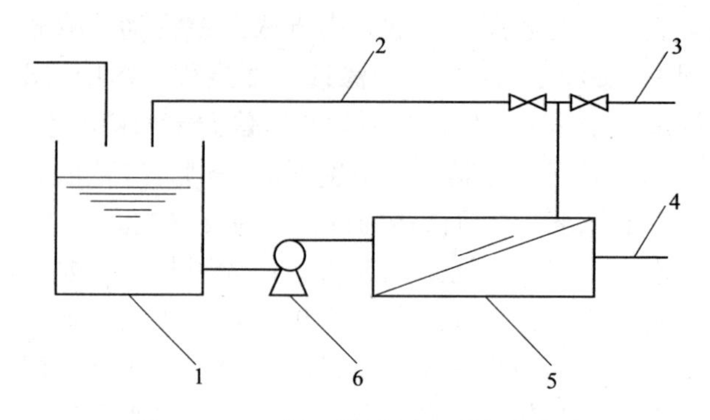

图 12-12　一级一段循环式反渗透流程

1—料液槽；2—循环液；3—浓缩液；4—渗透液；5—反渗透组件；6—高压泵

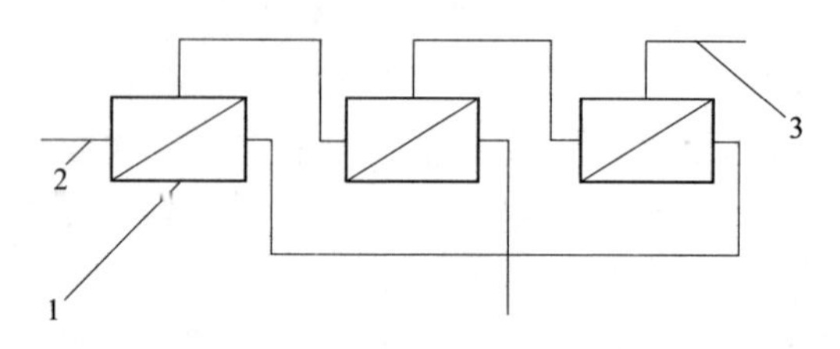

图 12-13　一级三段连续式反渗透流程

1—反渗透组件；2—料液；3—浓缩液

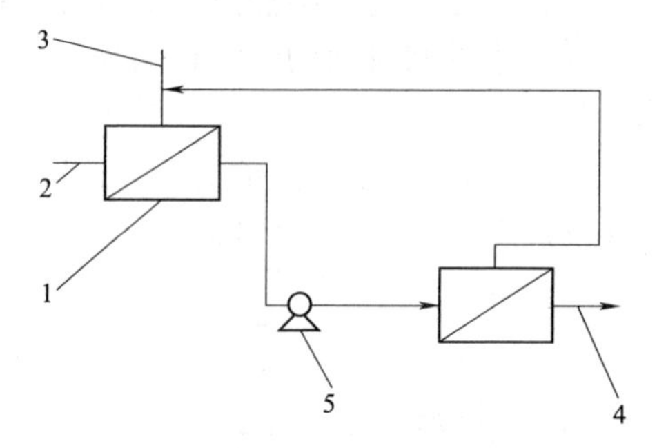

图 12-14　二级一段连续式反渗透流程

1—反渗透组件；2—浓缩液循环液；3—料液；4—透过液；5—高压泵

反渗透装置还需配置的配件有压力开关、流量计、压力表、电导率仪表、取样阀等。一般在高压泵的进出口管路上需设置高低压保护开关，以防止进水量不足造成水泵的气蚀及出水超压力导致反渗透膜的损坏。设置产水、浓水和回水流量计，并以此控制反渗透装置的回收率。在膜组件的进水、各段出水、浓水排放等管路上设置压力表，以监控运行压力、膜组件的进出口压差等。在膜组件的进水和排水管上设置取样阀，以监测各膜组件的水质状况。

12.3.3　终端处理设施

纯净水生产终端处理的目的主要有两个，第一个是对进行灌装前的水进行杀菌消毒处理，常用的方法有紫外线和臭氧；第二个是终端过滤，以保证产品在浊度、色度等感官上的质量要求，常用的方法有微滤或者精密过滤，这已在前面讲过，此部分主要介绍杀菌设施。

1. 紫外线杀菌

紫外线是一种波长介于可见光和伦琴射线之间，即 100～400 nm 之间的电磁波，其不同波长的作用效果不同，真空紫外线是波长在 100～200 nm 范围，能使空气中的氧气氧化为臭氧，称为臭氧发生线，臭氧具有杀菌能力，可用于果蔬清洗和空气等的消毒；C 波紫外线，是指波长在 200～280 nm 之间，具有杀菌作用，称为灭菌紫外线。这也是纯净水杀菌常用的波段紫外线。其中以 254 nm 左右的波段灭菌效果最好。

紫外线杀菌的原理一般认为是生物体内的核酸吸收了紫外光的能量而改变了自身的结构，进而破坏了核酸的功能。当核酸吸收的能量达到细菌的致死量而紫外光的照射又能保持一定时间时，细菌就大量死亡。

紫外光杀菌的特点：

1）杀菌效果速度快，效率高且广谱有效。当紫外强度为 3×10^4 $\mu W/cm^2$ 时，紫外线杀菌时间约为 0.1～1 s，而臭氧需 10 分钟以上，氯气杀菌需 30 分钟以上的接触时间。而目前我们的紫外光照强度可达到更高的值，因此常见的细菌、病毒、霉菌、藻类等都可以被有效杀死。

2）无副作用和二次污染。紫外杀菌无需添加化学药品而不存在外来化学药品的二次污染，基本上紫外光的照射也不会改变水的物理和化学性质，对于纯净水的产品不会带入附加物说引起的污染。根据目前的文献报道，还没有发现紫外线杀菌过程中会产生足够量的对人体有害的物质。通过杀菌后很快通过 0.1～0.45 μm 的微孔滤膜过滤，细菌残骸全部被截留。

3）操作简单，使用方便。能适用于各种水流量，操作简单，使用方便，只需要定期清洗石英套管和更换紫外灯管即可。装置体积小、省电、使用寿命长，适合自动化生产。

紫外杀菌装置由外筒、低压汞灯、石英套管及电气设施等组成。外筒由铝、镁、不锈钢等材料制成，本系统采用不锈钢材质外筒。

紫外线杀菌效果由紫外线的强度、光谱波长和照射时间来决定。具体有如下影响因素：

1）安装位置。紫外线杀菌器的安装位置离使用点越近越好，但应保留更换灯管和维护设备的操作空间。

2）流量。在同一杀菌器内，当紫外线的辐照能量一定，水中的细菌含量变化不大时，通过杀菌器的水流量大小对杀菌效果有显著影响，流量越大，流速月快，则紫外光照射时间越短，杀菌效果降低。

3）水的理化性质。水的色度、浊度等对紫外光有不同程度的吸收，一般对纯净水的终端工艺而言，紫外线杀菌还是很有效的。

2. 臭氧杀菌

在纯净水生产过程中，管道、水池等各种设施都会不断滋生和繁殖细菌，紫外杀菌却不能对管道和设备内的细菌进行处理。本系统设置了臭氧循环系统对管道和设备进行杀菌处理。

臭氧（O_3）是氧的同素异形体，由三个氧原子构成，在常温下是一种淡蓝色不稳定气体。其分子结构呈三角形，键角 116°。常温常压下臭氧可自行分解为氧气。臭氧在水中对病毒、细菌等微生物灭菌效率高、速度快，对有机物可彻底分解而不产生残余污染。

臭氧是用空气中的氧通过高压放电产生的。在生产时，利用两个带电的电极间的加速电子以产生臭氧，过程如下：

$$O_2 + \text{高能电子} \rightarrow 2O + \text{低能电子}$$

生成的氧原子活性很强，几乎立即和氧分子作用生成臭氧：

$$O + O_2 \rightarrow O_3$$

臭氧在常温下及其不稳定，分解时放出新生态的氧具有极强的氧化能力，可直接至细菌的细胞膜的破裂，能够氧化和破坏微生物的细胞膜、细胞质、酶系统和核酸，使细菌和病毒迅速灭活。

在纯净水生产工艺中，臭氧杀菌是非常有益的，但也不希望有过量的臭氧，一般残留量以 0.05～0.5 mg/L 为宜。臭氧杀菌是瞬间发生的，当水中臭氧浓度为 0.3～2 mg/L 时在 0.5～1 min 内细菌就可以致死。因此，纯净水生产线的臭氧投加量建议 0.4～0.6 mg/L。

臭氧杀菌的特点：

1）光谱性。臭氧主要是通过氧化作用来实现杀菌功能的。因此对细菌、病毒等微生物都适用。同时，臭氧还具有很强的除霉、腥、臭等功能。

2）高效性。臭氧杀菌是在相对密闭的环境下进行，扩散均匀，包容性好，克服了紫外线杀菌存在的死角。臭氧杀菌可达到全方位、快速、高效。

3）清洁无污染。臭氧由于稳定性差，很快会自行分解为氧气和单个氧原子，而单个氧原子又可以结合成为普通分子，不存在任何有毒害物残留。

臭氧的杀菌效果主要取决于水中臭氧的含量、温度、pH 值、有机物等因素。水中臭氧浓度越高，杀菌性能越好。水温越低，臭氧在水中的分散程度高，杀菌效果越好。

本系统的臭氧发生器是以空气为原料，采用放电的方法产生，包含空气压缩机、干燥器、储气罐、臭氧发生器等。臭氧用于纯净水消毒，必须使臭氧从气相扩散到液相，采用臭氧混合装置，包括单向阀、喷射器、管道混合器。

12.4　灌装生产线的一般流程及主要设备

12.4.1　灌装生产线的一般流程

灌装是纯净水生产的第二个重要环节。该环节在卫生方面要求非常严格，流程中的各个环节都要严格防止污染。灌装一般都采用流水作业，主要是把前面制备好的经过杀菌消毒的纯净水灌入瓶/桶中并进行压盖封口、贴标签、喷码、装箱。

根据国家标准，灌装有瓶装和桶装两种方式。瓶装饮用纯净水灌装的主要流程为如图12-15所示。

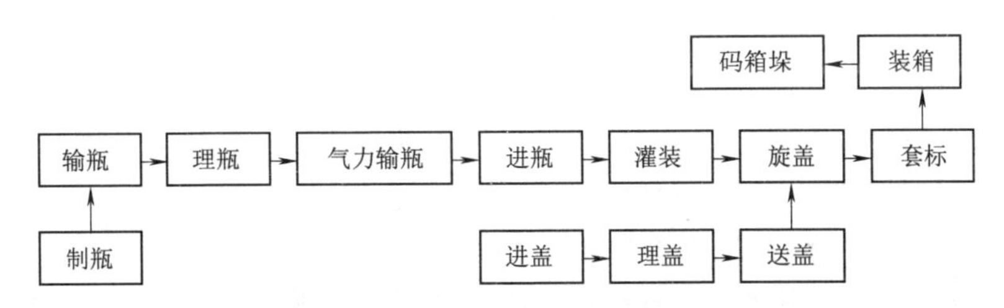

图12-15　瓶装水灌装生产线的主要生产流程

通常这类灌装生产线从制瓶的原材料投放起，制成瓶后，经过无菌空气吹扫净化，然后进行灌装纯净水、压盖、贴标签、包装、入库。该类生产线的特点是连续化、机械化、自动化，避免了空瓶的周转环节，省去了空瓶的运费和损耗，省去了洗瓶机器，降低了空瓶成本，同时保证了空瓶的质量和卫生要求。

桶装饮用纯净水的灌装主要流程为如图12-16所示。

目前，大中城市居民生活应用最多的是5加仑大桶纯净水。下面灌装生产线的主要设备结合我校建设的桶装水灌装生产线进行叙述。

12.4.2　灌装生产线的主要设备

1. 拔盖机

拔盖机主要由机架、拔盖头、导向机构、收集器、气缸、控制检测电路等部分组成。采用气缸驱动，PLC 控制。感应器检测到空桶进入拔盖工位时发出信号，限位气缸接收信号后伸出，使得桶口正对拔盖头。拔盖气缸在限位气缸完成动作后，发出下降指令，由拔盖头完成拔盖操作。拔盖头是由四片圆弧瓣组成，仿形抓手压在水桶口，收紧四片圆弧瓣，拉紧桶口盖边，然后通过气缸驱动向上提升实现拔盖。盖子拔下后，四片圆弧瓣松开，盖子下落，在下落过程吹气电磁阀打开，由压缩空气将桶盖吹向集盖槽。

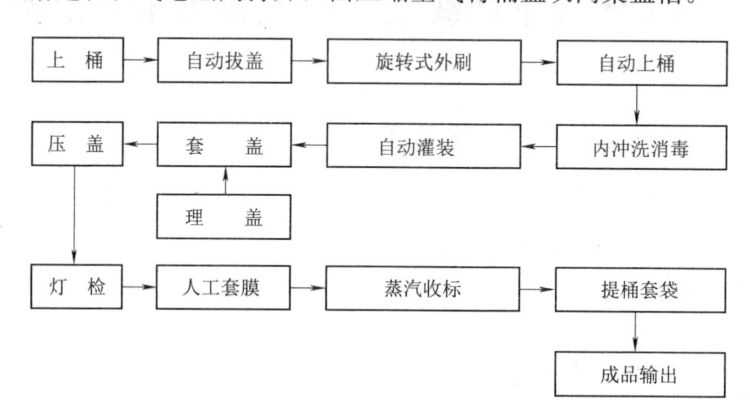

图 12-16 桶装水灌装生产线的主要生产流程

2. 外刷机

外刷机的作用是把回收水桶的外部污物进行清洗。本灌装系统选用的外刷机包括红外感应器、前阻挡气缸、后阻挡气缸、推桶气缸、刷子、外刷供水水泵、循环水箱、外刷电机和电控系统。

本灌装系统选用的外刷机每次需同时外刷两个水桶。当第一个水桶进入外刷工位后，感应器给后阻挡气缸发出信号，后阻挡气缸伸出挡杆进行阻挡并等待第二个水桶进入外刷工位。当第二个水桶进入后，推桶气缸将水桶推向刷子处，同时前阻挡气缸伸出挡杆，以避免后面的水桶继续进入外刷工位，后阻挡气缸挡杆缩回。当水桶接触到刷子后，在电控系统作用下，外刷供水水泵与刷子电机同时开始工作，持续旋转和喷水。外刷机的刷子由三部分组成：第一部分是顶部毛刷，主要对桶口和桶肩进行刷洗；第二个部分是中心毛刷，主要是对桶身进行刷洗；第三个部分为底部毛刷，主要对桶底部进行刷洗，不仅可清洗平底的水桶，而且还可清洗凹底水桶。外刷机底部配有循环水箱和外刷供水水泵。刷桶时间结束后，推桶气缸先收回，延时 2 秒后毛刷停止转动，水桶旋转到传送带离开外刷工位。

3. 上桶机

上桶机的作用相当于把水桶上下调换旋转 180°。上桶机包含红外感应器、阻挡气缸、推桶气缸、翻转托盘、翻转气缸及电路信号控制器。

当感应器感应到水桶进入上桶工位时，阻挡气缸打开，通过一个水桶后阻挡气缸归位至阻挡状态。此时，推桶气缸得到指令，将水桶推向翻转托盘，翻转气缸通过翻转动作将水桶的桶口送入主轴的定位口中，主轴运动，水桶离开翻转托盘，翻转气缸收回。翻转气缸收回的信号传递给阻挡气缸，阻挡气缸进行放行，如此进入下一轮循环。

4. 内冲洗及下桶装置

内冲洗机的作用是对水桶内的底部、侧面四周、桶肩等所有内表面进行消毒清洗、喷水冲洗和沥干。下桶装置是把内冲洗完成的水桶上下调换旋转180°。内冲洗及下桶装置包含定位口、主轴、主轴移动气缸、内冲洗水泵、水箱、顶桶气缸和电控系统。

主轴平移一个工位，带领水桶离开翻转托盘后，水桶呈倒立状态，且定位口对准高压水出口位置。消毒水水泵接收信号后，泵送消毒水从桶口正下方高速喷入水桶底部。由于桶底部为锥形，消毒水向四周喷洒，达到桶内部消毒的效果。水泵停止运转后，主轴再次平移一个单位，清洗水泵接收信号后，泵送产品纯净水从桶口正下方高速喷入水桶底部，进行内部清洗。水泵停止运转后，主轴再次平移一个单位，进行沥干。

经过内冲洗的干净水桶随主轴的链条向下转运 135°，桶自行从主轴上滑落至顶桶托盘，然后顶桶气缸将向上翻转 45°，使干净水桶置于灌装阀的下方，此时与主轴上的水桶比相比已完成 180°翻转。

5. 灌装与压盖机

检测机构检测到水桶置于灌装阀下方时，灌装机构开始工作。灌装头伸缩气缸开始下降并罩住桶口，阀门打开，成品水开始注入，灌装量达到设定值后，灌装泵停止运转，延时 2 s 后，灌装头提升离开桶口。当灌注满后，溢出的水顺着灌装阀的回流通道回流。受顶桶气缸的推挤，灌装完的水桶往前推动一个空桶位置移动至压盖机正下方，此过程经过理盖机导向槽的末端，受桶口的作用力，桶盖被罩到桶口处。待灌装阀下降时，压盖机同时下降进行压盖。

参考文献

[1] 张辽远. 现代加工技术 [M]. 北京：机械工业出版社，2008.

[2] 吕广庶，张远明．工程材料及成形技术基础 [M]．北京：高等教育出版社，2001.

[3] 高正一．金工实习 [M]．北京：机械工业出版社，2001.

[4] 汤酞则，吴安如.材料成形基础[M]. 长沙：中南大学出版社，2003.

[5] 王瑞芳. 金工实习（机类）[M]．北京：机械工业出版社，2002.

[6] 孙已安，鞠鲁奥. 金工实习[M].上海：上海交通大学出版社，2005.

[7] 潘晓弘，陈培里．工程训练指导 [M]．杭州：浙江大学出版社，2008.

[8] 谷春瑞，王桂新，韩文祥．热加工工艺基础 [M]．天津：天津大学出版社，2005.

[9] 卢志文，等．工程材料及成形工艺 [M]．北京：机械工业出版社，2005.

[10] 雷玉成，陈希章，朱强．金属材料焊接工艺 [M]．北京：化学工业出版社，2007.

[11] 童幸生，徐翔，胡建华，等．材料成形及机械制造工艺基础 [M]．武昌：华中科技大学出版社，2002.

[12] 陈作炳，马晋．工程训练教程 [M]．北京：清华大学出版社，2010.

[13] 陈铮，周飞，王国凡，等．材料连接原理 [M]．哈尔滨：哈尔滨工业大学出版社，2001.

[14] 周振丰，张文钺．焊接冶金与金属焊接性 [M]．北京：机械工业出版社，1988.

[15] 胡特生．电弧焊 [M]．北京：机械工业出版社，1996.

[16] 宋刚．镁合金低功率激光—氩弧复合热源技术的研究 [D]．大连：大连理工大学，2006.

[17] 钟翔山，钟礼耀．实用焊接操作技法 [M]．北京：机械工业出版社，2013.

[18] 许振明，徐孝勉．铝和镁的表面处理 [M]．上海：上海科学技术文献出版社，2005.

[19] 钱苗根．现代表面技术 [M]．北京：机械工业出版社，2002.
[20] 胡传炘．表面处理技术手册 [Z]．北京：北京工业大学出版社，2001.
[21] 董庆华．车削工艺分析及操作案例 [M]．北京：化学工业出版社，2009.
[22] 陈永泰．机械制造技术实践[M]．北京：机械工业出版社，2006.
[23] 张木青，于兆勤．机械制造工程训练教材 [M]．广州：华南理工大学出版社，2005.
[24] 严绍华，张学政．金属工艺学实习[M]．北京：清华大学出版社，1992.
[25] 邓文英．金属工艺学 [M]．北京：高等教育出版社，1990.
[26] 蒋次忍．金属工艺学 [M]．北京：高等教育出版社，1988.
[27] 张连凯．机械制造工程实践 [M]．北京：化学工业出版社，2004.
[28] 王雅然．金属工艺学 [M]．北京：机械工业出版社，1999.
[29] 金禧德．金工实习 [M]．北京：高等教育出版社，1995.
[30] 赵小东，贺锡生．金工实习 [M]．南京：东南大学出版社，2000.
[31] 全国数控培训网络天津分中心．数控编程 [M]．北京：机械工业出版社，1997.
[32] 申晓龙．数控机床操作与编程 [M]．北京：机械工业出版社，2008.
[33] 宋放之．数控机床多轴加工技术实用教程 [M]．北京：清华大学出版社，2010.
[34] 吴拓．机械制造工程[M]．2版．北京：机械工业出版社，2005.
[35] 袁根福，祝锡晶．精密与特种加工技术 [M]．北京：北京大学出版社，2007.
[36] 张学仁．数控电火花线切割加工技术 [M]．哈尔滨：哈尔滨工业大学出版社，2004.
[37] 刘恂．机械制造检验技术：机械加工部分 [M]．北京：国防工业出版社，1987.
[38] 张新庄．公差配合与机械测量技术 [M]．沈阳：辽宁大学出版社，2013.
[39] 孔庆华，刘传绍．极限配合与测量技术基础 [M]．上海：同济大学出版社，2002.
[40] 梁国明，张保勤．百种量具的使用和保养 [M]．北京：国防工业出版社，1993.

[41] 谢正义．机械产品几何量检测［M］．合肥：中国科学技术大学出版社，2012.

[42] 孙鹏，谭动．机械制造工艺与装备［M］．西安：西安电子科技大学出版社，2014.

[43] 徐玉华．机械制图［M］．北京：人民邮电出版社，2006.

[44] 李亚江，刘强，王娟，等．焊接质量控制与检验［M］．北京：化学工业出版社，2006.

[45] 李卫平．机械基础［M］．北京：机械工业出版社，2004.

[46] 胡家骢．实用铸铁技术［M］．沈阳：辽宁科技出版社，2008.

[47] 唐英，赵培生．现代陶艺教程［M］．长沙：湖南美术出版社，2006.

[48] 康勇，王志，朱宏吉．工业纯水制备技术、设备、及应用［M］．北京：化学工业出版社，2007.

[49] 曲久辉，刘会娟．水处理电化学原理与技术［M］．北京：科学出版社，2007.

[50] 崔玉川，李福勤．纯净水与矿泉水处理工艺及设施设计计算［M］．北京：化学工业出版社，2003.

[51] 黄维菊，魏星．污水处理工程设计［M］．北京：国防工业出版社，2008.

[52] 江晶．污水处理技术与设备［M］．北京：冶金工业出版社，2014.

[53] 朱月海，郅玉声，范建伟．工业水处理［M］．上海：同济大学出版社，2016.